ÉTIENNE ROLLET

TRAITÉ
D'OPHTALMOSCOPIE

30 Photographies en couleurs

PARIS

MASSON & Cie ÉDITEURS

TRAITÉ

D'OPHTALMOSCOPIE

1026-98. — Corbeil. Imprimerie Éd. Crété.

TRAITÉ

D'OPHTALMOSCOPIE

PAR

ÉTIENNE ROLLET

PROFESSEUR AGRÉGÉ A LA FACULTÉ DE MÉDECINE
CHIRURGIEN DES HÔPITAUX DE LYON.

———

Avec 50 photographies en couleurs

ET 75 FIGURES DANS LE TEXTE.

———

PARIS

MASSON ET Cⁱᵉ, ÉDITEURS

LIBRAIRES DE L'ACADÉMIE DE MÉDECINE

120, BOULEVARD SAINT-GERMAIN

———

1898

PRÉFACE

Ce *Traité d'Ophtalmoscopie*, à tendance essentiellement pratique, est destiné au clinicien et à l'étudiant. Nous avons cru leur être utile en apportant cette nouvelle contribution à l'étude de l'Ophtalmologie. Certes les atlas d'ophtalmoscopie sont déjà nombreux, mais ils sont pour la plupart d'origine étrangère et s'adressent aux professionnels.

Nous avons cherché à combler une lacune en réunissant sous un petit format et avec des photogravures en couleurs, trois sujets d'étude étroitement liés, mais traités en général dans des ouvrages différents : l'ophtalmoscopie dans ses rapports avec l'état optique de l'œil ; la description ophtalmoscopique du fond d'œil normal et pathologique ; l'atlas iconographique du fond de l'œil chez l'homme et chez l'animal.

C'est aux élèves qui ont suivi nos Conférences à la Faculté de médecine que nous dédions ce livre. Chargé depuis l'année 1895 d'un enseignement auxiliaire de l'Ophtalmologie, nous avons dû insister sur les affections si intéressantes des membranes profondes et nous présentons aujourd'hui au lecteur leurs signes ophtalmoscopiques. Puissions-nous, par cet ouvrage, démontrer tout l'intérêt et toute l'importance de ces questions.

La première partie de ce volume est consacrée à l'ophtal-moscopie théorique et technique. L'ophtalmoscope servant à déterminer l'état optique d'un œil, nous avons cru néces-saire d'exposer les notions élémentaires des propriétés des miroirs, des dioptres, des lentilles et de la dioptrique ocu-laire, qui doivent guider l'observateur dans ses recherches. Ces éléments d'optique une fois connus, nous avons étudié la détermination de la réfraction à l'aide de l'ophtalmoscope, suivant les divers procédés auxquels il est bon de recourir avant d'examiner le fond de l'œil.

Dans les chapitres suivants, nous avons indiqué la théorie et la technique des examens méthodiques de l'œil avec la lentille et les ophtalmoscopes. Le déplacement parallac-tique, d'un grand intérêt clinique, a fait l'objet de démons-trations spéciales.

Cette première partie de l'ouvrage est accompagnée de nombreuses figures presque toutes inédites.

La description et l'iconographie du fond de l'œil normal et pathologique font l'objet de la deuxième partie.

Après avoir passé en revue les divers aspects ophtalmos-copiques normaux de la papille, de la rétine et de la choroïde, en nous appuyant préalablement sur quelques constatations anatomiques et physiologiques, nous avons abordé l'étude du fond de l'œil pathologique. Nos descriptions et nos des-sins ont surtout trait aux maladies les plus fréquentes. Peut-être avons-nous fait exception en faveur de la syphilis réti-nienne, pour laquelle nous sommes entré dans quelque développement. A ce propos on se rappellera que cette étude est d'un haut intérêt pratique, puisque c'est la mala-die du fond de l'œil la plus curable ; d'autre part nos fonc-tions à l'Antiquaille nous avaient jadis préparé à ces recher-ches spéciales.

On remarquera le chapitre sur le fond d'œil de l'animal, sujet mis à l'écart dans tous les atlas d'ophtalmoscopie ; ces exercices comparés doivent attirer l'attention de tout débutant en raison de leur extrême facilité.

Nos descriptions ophtalmoscopiques ont été complétées par l'énumération de quelques symptômes fonctionnels, de lésions anatomo-pathologiques, de notions d'étiologie et de pathogénie qu'il était nécessaire d'exposer à l'appui des constatations ophtalmoscopiques.

Sur divers points nous croyons avoir émis quelque idée neuve ; on verra, en outre, que la partie iconographique est entièrement originale. Nous avons puisé dans notre collection personnelle, d'origine lyonnaise, regrettant d'être obligé de nous limiter, et nous avons fait reproduire cinquante dessins répondant surtout aux types les plus classiques. Quelques-uns représentent des cas peu connus, mais qu'il est important de savoir diagnostiquer (syphilis rétinienne et chorio-rétinienne...) ; d'autres, quoique d'ordre banal, ne sont pas figurés dans les auteurs (astigmatisme, attaque de glaucome...).

Nous avons dû, pour recueillir les types très divers de fonds d'yeux normaux ou pathologiques, rechercher un grand nombre de sujets, dont beaucoup ne s'adressent pas d'ordinaire à l'ophtalmologiste. Aussi avons-nous eu recours à des malades de tous les hôpitaux de Lyon, aux enfants de l'Institution des jeunes aveugles, à nos malades particuliers, à nos élèves. L'administration des hospices a annexé, à notre service de chirurgie générale de l'hôpital de la Croix Rousse, un service d'ophtalmologie qui nous a permis de mener à bonne fin les recherches consignées dans ce livre.

Nous tenons à signaler quelques-uns de nos dessins

recueillis sur des malades à qui nous avons donné des soins à la clinique de M. le professeur Gayet, lors de diverses suppléances.

Nos dessins ophtalmoscopiques ont été esquissés d'après nature, à l'image droite et avec la plus rigoureuse exactitude; six d'entre eux ont été faits à l'image renversée, en raison de conditions spéciales indiquées dans les résumés d'observations que nous publions. Ces derniers dessins ont été redressés dans le texte pour éviter au lecteur toute erreur d'interprétation.

Ces aquarelles, agrandies pour notre enseignement universitaire ou hospitalier, ont été réduites pour cet ouvrage dans lequel nous donnons trois grossissements : fort, correspondant à 9 diamètres, moyen, à 4 1/2, et faible, à 3 1/4 environ.

La reproduction des aquarelles présente de si nombreuses difficultés que plusieurs ouvrages d'ophtalmoscopie, et des meilleurs, ne renferment que des photogravures ou photographies en noir. « Avec le pinceau il est plus facile qu'avec la chromolithographie d'obtenir une image correcte », écrivait jadis de Jæger.

Nous présentons, reproduits en photochromo-gravure, des dessins de fonds d'yeux, où l'on retrouve les dix ou douze couleurs de nos aquarelles. Au lecteur de juger, l'ophtalmoscope en main, la variété des fonds et la vigueur de coloris de nos planches, en attendant la photographie directe du fond de l'œil en couleurs.

En terminant, nous prions notre maître M. le professeur A. Poncet d'agréer l'expression de notre profonde gratitude, il nous a honoré de sa confiance à maintes reprises et c'est dans sa clinique que nous avons pratiqué nos premières opérations de chirurgie oculaire.

Nous ne saurions oublier d'évoquer le savant enseignement de notre excellent maître et ami le professeur Imbert ; on connaît sa compétence dans toutes les questions d'optique biologique, aussi nous sommes-nous largement inspiré de ses travaux.

Nous adressons nos meilleurs remerciements au Dr Bourcier, aide-major de l'armée, qui nous a prêté un concours très empressé dans nos diverses recherches, et à notre dessinateur M. Verni.

ÉTIENNE ROLLET.

Lyon, le 15 juin 1898.

TRAITÉ
D'OPHTALMOSCOPIE

PREMIÈRE PARTIE

OPHTALMOSCOPIE THÉORIQUE ET TECHNIQUE.

CHAPITRE PREMIER

NOTIONS D'OPTIQUE

On ne peut exposer ou comprendre les procédés optiques d'exploration de l'œil, ainsi que le fonctionnement de l'organe de la vision dans les divers cas qui peuvent se présenter, sans faire appel à chaque instant à des notions, d'ailleurs très élémentaires, d'optique. En outre, il est bien difficile de se familiariser avec la pratique de ces procédés et de déterminer l'état optique d'un œil, si l'on n'a pas présentes à l'esprit ces mêmes notions d'optique élémentaire.

Pour ces motifs, un résumé succinct des propriétés des miroirs, des dioptres simples, des lentilles, et même des systèmes centrés, constitue le premier chapitre obligatoire de tout Traité d'Ophtalmoscopie.

Nous nous contenterons du reste, dans ce chapitre, de rappeler les propriétés dont nous aurons souvent besoin dans la suite, supprimant les démonstrations géométriques, pour lesquelles nous renverrons aux Traités de Physique générale ou biologique.

1° **Miroirs plans**. — Un miroir *plan* donne, d'un point lumineux réel S (fig. 1), une image virtuelle S′ symétrique de

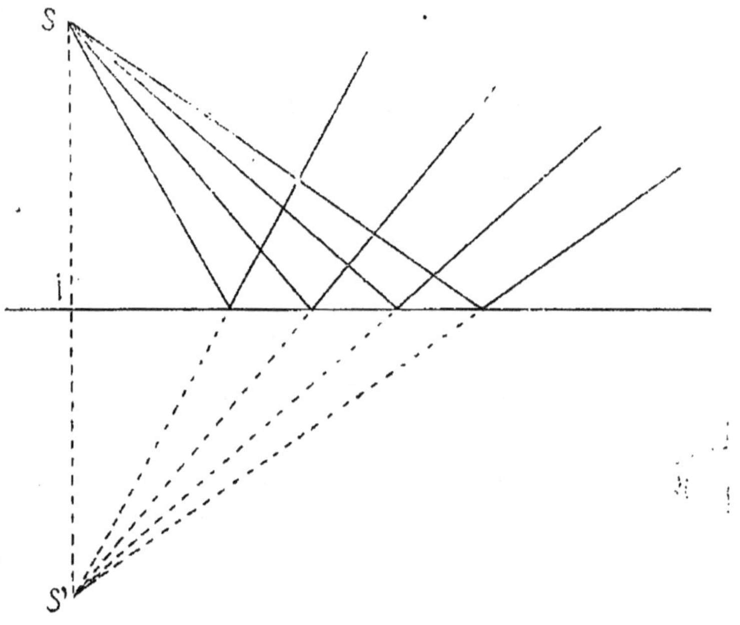

Fig. 1.

l'objet S par rapport au miroir, ce qui veut dire que S′ est situé, sur la perpendiculaire abaissée de S sur le miroir, à une distance telle que SI = S′I.

Un faisceau divergent de rayons partis de S forme donc, après réflexion, un faisceau divergent dont le sommet est en S′.

2° **Miroirs sphériques**. — Ces miroirs, constitués par une calotte sphérique, peuvent être *concaves* ou *convexes*.

Les miroirs plans et concaves sont seuls employés dans

les instruments d'Ophtalmologie, mais on fait jouer à la
cornée le rôle de miroir convexe lorsque l'on détermine
objectivement, avec l'ophtalmomètre pratique de Javal et
Schiötz et les instruments analogues, les éléments de l'astigmatisme cornéen. Aussi rappelerons-nous les propriétés
de ces deux catégories de miroirs concaves et convexes,
propriétés qui sont d'ailleurs analogues.

A. **Miroir concave**. — Les rayons parallèles à l'*axe principal* (droite qui passe par le centre de courbure C et le
centre de figure A) se réunissent, après réflexion, au point F,
foyer principal situé à égale distance entre A et C (fig. 2).

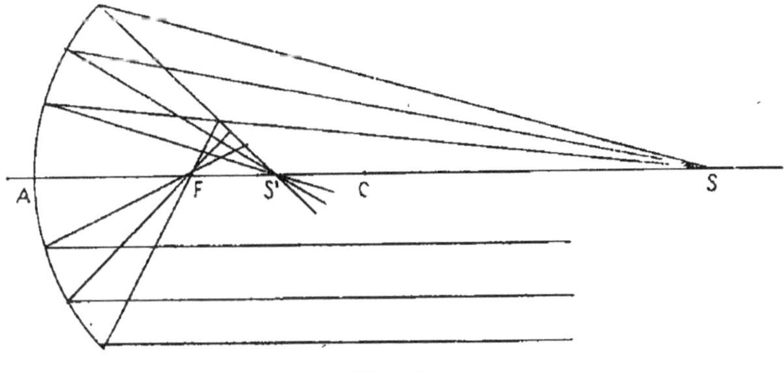

Fig. 2.

Si les rayons viennent d'un point S situé à distance finie
sur l'axe principal, c'est-à-dire forment un faisceau divergent, le faisceau réfléchi va se réunir sur l'axe principal en
un point S′ dont la position dépend de celle de S.

Les deux points S et S′ sont dits *foyers conjugués*. Ces
deux points se déplacent toujours en sens inverse l'un de
l'autre ; suivant que S se rapproche ou s'éloigne du miroir,
S′ s'éloigne ou se rapproche du même miroir.

Tant que S est situé au delà de C, son foyer conjugué S′
est compris entre F et C. Ces foyers conjugués, dans leur
marche inverse l'une de l'autre, se rapprochent simultanément de C, où ils se confondent.

Lorsque S passe entre C et F, S' passe au delà de C s'éloignant du miroir à mesure que S s'en approche.

Enfin lorsque C arrive en F, c'est-à-dire lorsque les rayons incidents partent du foyer principal, ces rayons se réfléchissent parallèlement à l'axe principal et vont rencontrer cet axe à l'infini.

Dans tous ces cas, le faisceau réfléchi a été convergent.

Il n'en est plus de même lorsque le point lumineux est situé entre F et le miroir, en S_1 par exemple (fig. 3). Les rayons réfléchis forment alors un faisceau divergent et leurs prolongements seuls vont rencontrer l'axe principal derrière le miroir, en un point S'_1 dont la position dépend encore de

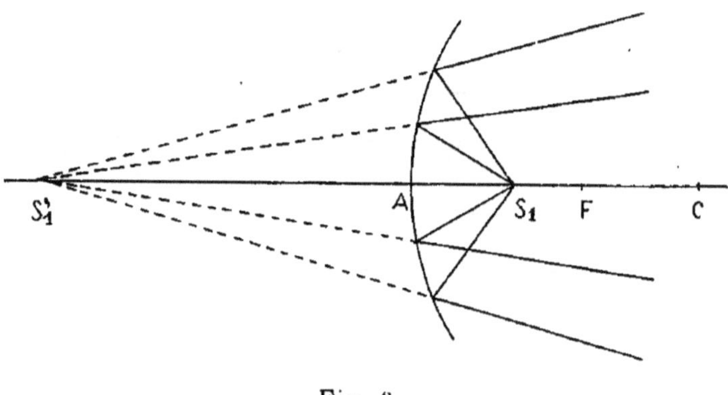

Fig. 3.

la position de S_1 entre le foyer principal et le miroir. Les foyers conjugués S_1 et S'_1 se déplacent d'ailleurs encore en sens inverse l'un de l'autre, S'_1 se rapprochant ou s'éloignant du miroir à mesure que S_1 s'en rapproche ou s'en éloigne.

Nous ne considérerons pas le cas où le faisceau incident tombe à l'état de convergence sur le miroir, parce que nous ne rencontrerons pas ce cas dans la suite.

B. **Miroir convexe.** — Lorsque des rayons parallèles à l'axe principal tombent sur un tel miroir, ils se réfléchissent de telle manière que leurs prolongements vont rencontrer l'axe en un point F, *foyer principal*, situé encore à égale distance entre le centre de courbure C et le centre de figure A (fig. 4).

Ce foyer principal est donc virtuel, tandis que le foyer principal du miroir concave est réel.

Quand le point lumineux est situé à distance finie en avant du miroir, en S par exemple, les rayons réfléchis sont tels que leurs prolongements vont rencontrer l'axe entre F

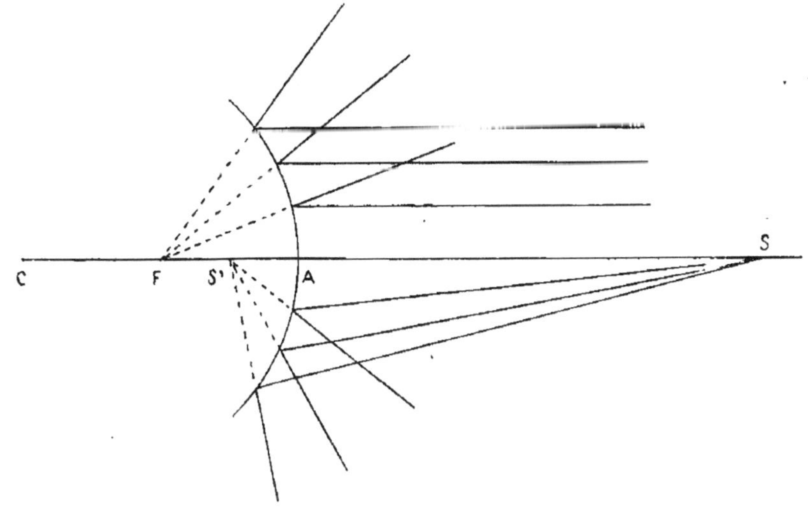

Fig. 4.

et A, en un point S′ dont la position dépend encore de celle de S. Comme dans le miroir concave, les foyers conjugués S et S′ se déplacent toujours en sens inverse l'un de l'autre, S′ se rapprochant ou s'éloignant du miroir suivant que S s'en rapproche ou s'en éloigne. Mais S′ reste toujours en arrière du miroir, c'est-à-dire est toujours virtuel, tant que S reste en avant du miroir, c'est-à-dire est réel.

Le cas où les rayons incidents tombent sur le miroir à l'état de convergence, ne devant pas nous être utile dans la suite, nous ne le considérerons pas.

II. — DIOPTRES.

1° *Dioptres sphériques simples*. — On appelle ainsi l'ensemble de deux milieux inégalement réfringents dont la surface de séparation est sphérique.

La considération des dioptres sphériques est d'une grande importance en Ophtalmologie, car c'est à cette surface simple de réfraction que l'on peut ramener le système dioptrique complexe de l'œil humain.

Tandis que, dans un miroir, la lumière ne peut arriver que d'un côté, elle peut, dans tout dioptre, arriver indifféremment de l'un ou de l'autre côté par rapport à la surface réfringente. Ces deux cas se présentent en particulier dans l'œil, suivant que l'on considère la formation des images sur la rétine, ou au contraire l'image de cette rétine donnée par l'œil lui-même (exploration ophtalmoscopique). Un même dioptre peut donc être concave ou convexe, suivant le sens de propagation des rayons qui tombent sur lui. D'autre part, la convexité ou la concavité restant la même, le premier milieu traversé par les rayons incidents, avant leur rencontre avec la surface au niveau de laquelle s'opère la réfraction, peut être plus ou moins réfringent que le second milieu situé au delà de cette même surface. De là divers cas qui mériteraient d'être considérés successivement. Mais, dans cet ouvrage à tendance pratique, nous ne considérerons que le cas constitué par ce que nous appellerons bientôt *œil réduit*.

Soit donc un premier milieu A moins réfringent qu'un second milieu B (fig. 5), la surface de séparation MN de ces deux milieux étant sphérique.

Nous nous occuperons d'abord du cas où la lumière se propage de la gauche vers la droite, c'est-à-dire tombe sur la surface convexe du dioptre.

Lorsque des rayons arrivent sur le dioptre, parallèlement

à l'*axe principal* AC (ligne qui joint le centre de courbure C de la sphère, dont le dioptre est une calotte, au centre de ligure O de ce dioptre), les rayons réfractés vont rencontrer l'axe principal en un point F situé au delà du centre de courbure C et appelé *foyer principal* du dioptre.

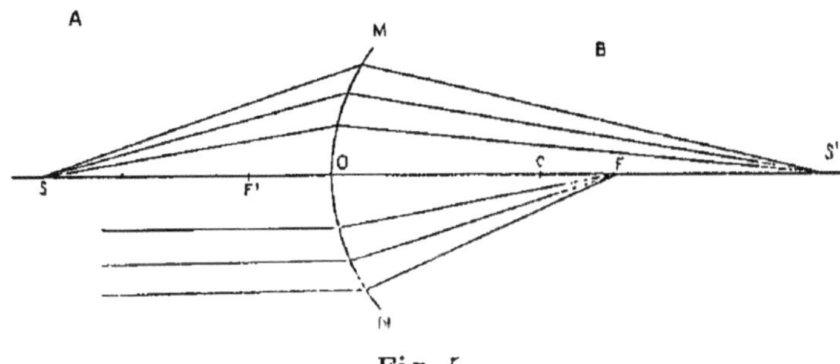

Fig. 5.

Quand le point lumineux est situé à distance finie, en S par exemple (fig. 5), de telle sorte que les rayons incidents forment un faisceau divergent, les rayons réfractés forment un faisceau convergent et vont rencontrer l'axe principal en un point S′ dont la position dépend de celle de S. Les points S et S′ sont encore appelés *foyers conjugués*. A l'inverse de ce qui se passe dans les miroirs, les foyers conjugués S et S′ se déplacent toujours dans le même sens, S′ se rapprochant ou s'éloignant de la surface du dioptre suivant que S s'éloigne ou se rapproche de cette même surface.

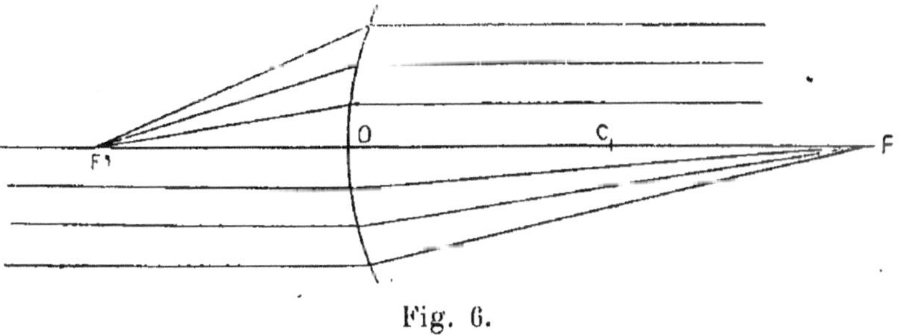

Fig. 6.

Lorsque le point lumineux, en se rapprochant du dioptre,

arrive en un point F′ (fig. 6) tel que F′O = CF, les rayons partis de F′ sont, après réfraction, parallèles à l'axe principal.

Le point F′ est encore appelé *foyer principal* du dioptre.

Un dioptre simple a donc deux foyers principaux, F et F′; les positions de ces foyers, de part et d'autre du dioptre, sont telles que la distance F′O de l'un d'entre eux au centre de figure ou sommet O de la surface réfringente, est égale à la distance FC de l'autre foyer au centre de courbure C de cette même surface.

Lorsque le point lumineux est situé en S (fig. 7), entre F′ et O, le faisceau réfracté est divergent et les rayons qui le composent vont, par leur prolongement seulement, ren-

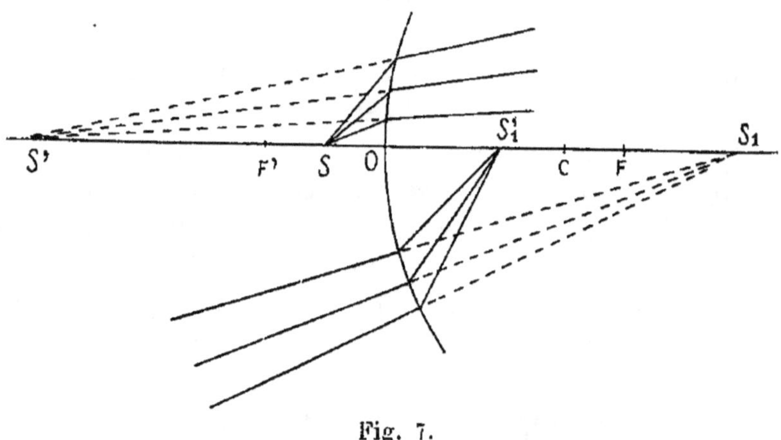

Fig. 7.

contrer l'axe principal en avant du dioptre en un point S′, plus éloigné du dioptre que S et dont la position dépend de celle du point S.

Il est important, pour la suite, d'examiner encore le cas où les rayons qui arrivent sur le dioptre tombent à l'état de convergence, et où, par conséquent, ces rayons ne rencontrent l'axe que par leur prolongement.

Soit un tel faisceau convergent, dont les rayons vont rencontrer l'axe en S₁ (fig. 7). Les rayons réfractés correspondants forment aussi un faisceau convergent et vont rencontrer l'axe en un point S'_1 situé plus près du sommet O que le point S.

Les foyers conjugués S_1 et S'_1 se déplacent d'ailleurs encore dans le même sens, S'_1 se rapprochant ou s'éloignant du sommet O du dioptre, suivant que S_1 se rapproche ou s'éloigne de ce même sommet.

Le cas où la lumière se propage de droite à gauche n'a pas besoin d'être considéré longuement ; il suffit, en effet, de reprendre ce qui vient d'être dit pour le cas où la lumière se propage de gauche à droite, de faire marcher la lumière en sens inverse et de prendre pour rayons incidents ceux qui étaient les rayons réfractés et inversement ; les foyers conjugués conservent leurs positions relatives, et les résultats indiqués plus haut subsistent, avec la différence de qualification des faisceaux incidents et réfractés, qualifications qui s'échangent l'une dans l'autre.

Tous les résultats que nous venons de rappeler ne sont du reste exacts que si l'on considère des faisceaux d'un petit angle d'ouverture et par suite des rayons qui ne s'écartent que peu de l'axe principal.

D'autre part, pour que les figures soient intelligibles, il est nécessaire de tracer sur ces figures des rayons qui s'écartent notablement de l'axe. Dès lors, si l'on veut que ces figures demeurent cependant exactes dans leurs résultats, il faut faire effectuer la réfraction, non pas au niveau de la surface réfringente elle-même, mais au niveau de son plan tangent au sommet.

C'est ce que nous ferons dorénavant.

Construction des images. — La construction est la même pour toutes les positions de l'objet ; il n'est pas cependant inutile de considérer successivement divers cas.

Soit d'abord (fig. 8) un objet AB, droite perpendiculaire à l'axe principal et située en avant du dioptre.

Le rayon AI, parallèle à l'axe, se réfracte suivant IF;

d'autre part, le rayon AI', qui a la direction d'un axe secondaire, traverse le dioptre sans déviation, car il le rencontre
normalement. Les deux rayons incidents AI et AI' donnent
donc les deux rayons réfractés IF et I'C, qui se rencontrent

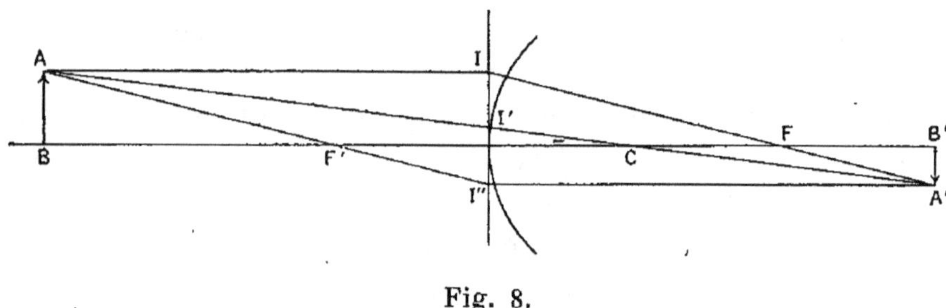

Fig. 8.

en A' où se forme l'image de A. L'image de la droite AB,
perpendiculaire à l'axe, est par suite la droite A'B' menée
par A' perpendiculairement à cet axe.

On aurait pu encore considérer, pour construire cette
image, le rayon incident AF'I'', qui se réfracte parallèlement
à l'axe suivant I''A'.

On a fréquemment, en Ophtalmologie, à considérer le cas
où l'objet est virtuel.

Ce cas se trouve réalisé, en particulier, lorsqu'une lentille
donne une image réelle d'un objet et qu'un dioptre simple,
l'œil réduit par exemple, est situé entre la lentille et cette
image, de telle sorte que les rayons sont réfractés par le
dioptre ou par l'œil, avant qu'ils aient pu se réunir pour
former l'image réelle engendrée par la lentille.

Soit donc un dioptre simple, l'œil réduit par exemple, de
sommet O et de centre C (fig. 9), et une image qui, si elle
pouvait se former, serait représentée en grandeur et en
position par AB.

Cherchons l'image que le dioptre substituera à AB.

Les rayons lumineux se propagent de gauche à droite dans
le sens indiqué par la flèche. Parmi ces rayons, considérons
celui qui, parallèle à l'axe principal, irait passer par A si le

dioptre n'existait pas. Ce rayon SI sera réfracté par le dioptre au point I et prendra la direction IF′ passant par le foyer principal F′ du dioptre.

Considérons encore l'axe secondaire S′CA, c'est-à-dire le rayon incident dont la direction passe par le centre de courbure du dioptre et par le point A. Ce rayon n'est pas réfracté par le dioptre, qu'il rencontre normalement à sa

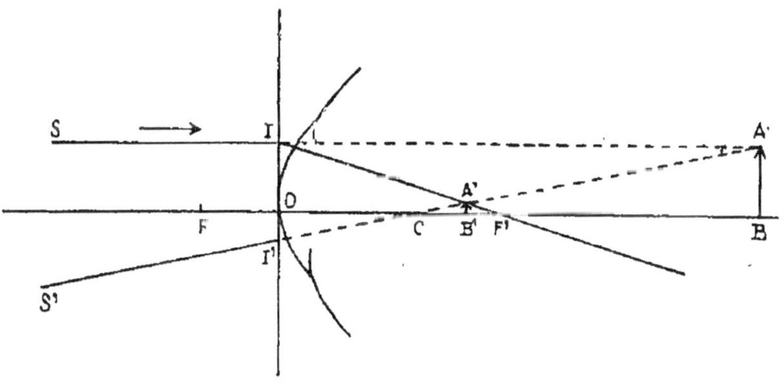

Fig. 9.

surface ; il pénètre donc dans le dioptre suivant I′C. Les deux rayons réfractés IF′ et I′C se rencontrent en A′ et la droite A′B′, perpendiculaire à l'axe, sera l'image cherchée.

On voit que la construction, dans ce cas particulier, est la même que celle du cas ordinaire que nous avons indiquée tout d'abord.

Soit encore le cas où un objet AB (fig. 10) se trouve de l'autre côté du dioptre (rétine de l'œil réduit par exemple). Le rayon AI, parallèle à l'axe principal, se réfractera suivant IF et le rayon AI′, qui passe par le centre de courbure C et rencontre normalement le dioptre, ne changera pas de direction en se réfractant et aura donc la direction I′A′.

Les deux rayons réfractés se rencontrent en A′ qui sera

l'image de A ; la droite A′B′, perpendiculaire à l'axe principal, sera, par suite, l'image de AB.

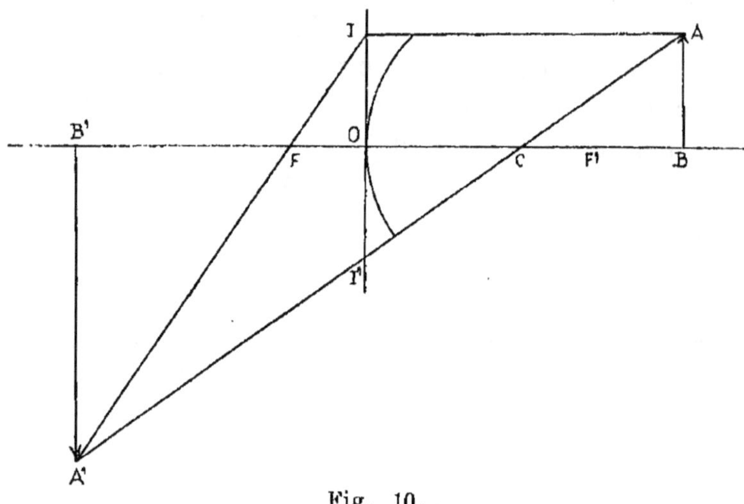

Fig. 10.

2° Dioptres elliptiques. — Dans ce cas, la surface de séparation des deux milieux, au lieu d'être une portion de sphère, est une portion de surface qui porte le nom d'*ellipsoïde à trois axes inégaux*, et ce *dioptre elliptique* est réalisé par la cornée de tout œil astigmate.

Sans entrer dans la description rigoureuse de cette surface géométrique, il nous suffira de dire que sa courbure varie suivant le méridien dans lequel on la considère.

En outre, suivant deux de ces méridiens, la courbure présente une valeur maxima et une valeur minima ; ces deux méridiens de courbure maxima et minima, appelés *méridiens principaux*, sont perpendiculaires l'un sur l'autre dans le dioptre elliptique comme dans la cornée affectée d'astigmatisme régulier.

La réfraction à travers un dioptre elliptique est loin d'être aussi simple que la réfraction à travers un dioptre sphérique ; ce qui la caractérise, c'est qu'à un faisceau de rayons incidents homocentriques, c'est-à-dire passant tous par un même point, correspond un faisceau réfracté qui n'est jamais homocentrique.

La forme du faisceau réfracté est assez complexe, mais on peut s'en faire une idée nette par les considérations sui-

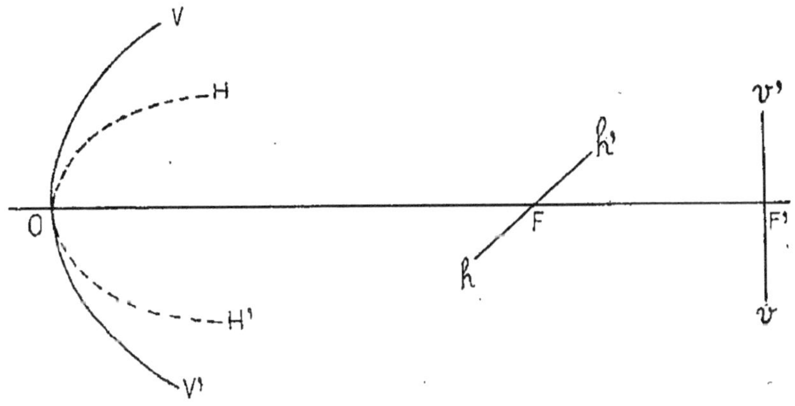

Fig. 11.

vantes : soit un dioptre elliptique (fig. 11) dont le méridien VV' de courbure maxima est vertical, tandis que le méridien HH' de courbure minima est horizontal.

Considérons un faisceau incident constitué, par exemple, par des rayons parallèles à l'axe principal, ligne qui passe par le centre de figure O, ou sommet du dioptre, et les centres de courbure de chacun des deux méridiens principaux.

Les rayons de ce faisceau qui sont dans le plan vertical sont réfractés, par ce méridien, comme ils le seraient par un dioptre sphérique de même courbure que le méridien VV' du dioptre elliptique. Ces rayons iront donc, après réfraction, concourir en un point F, qui sera l'un des *foyers principaux* du méridien vertical.

De même, ceux des rayons incidents qui sont contenus dans le plan du méridien horizontal HOH' seront réfractés comme ils le seraient par un dioptre sphérique de même courbure que ce méridien horizontal. Ces rayons iront par suite concourir en un point F′, foyer principal du méridien horizontal HOH′.

Quant aux rayons incidents autres que ceux que nous venons de considérer, c'est-à-dire qui ne sont contenus ni dans le plan du méridien horizontal, ni dans le plan du méridien vertical, aucun d'eux ne rencontre l'axe principal FF′, mais tous, sans exception, rencontrent deux *droites* dites *focales*. De ces deux droites, toutes deux perpendiculaires à l'axe, l'une, *hh′*, est horizontale et passe par le foyer F du méridien vertical ; l'autre, *vv′*, est verticale et passe par le foyer F′ du méridien horizontal.

L'ensemble des rayons réfractés forme ainsi un faisceau dont la surface est courbe, mais formée par un ensemble de droites, comme la surface courbe d'un cône ou d'un cylindre. Pour faire mieux comprendre encore la forme complexe du faisceau réfracté, on pourrait couper le faisceau par des plans perpendiculaires à l'axe (Voy. p. 49 et 50).

III. — SYSTÈMES CENTRÉS.

On appelle *systèmes centrés* des systèmes complexes constitués par l'association de plusieurs dioptres simples, dont les centres sont situés sur une même ligne droite. L'œil étant un système centré constitué par l'association de trois dioptres simples (cornée, face antérieure et face postérieure du cristallin), il est indispensable que nous donnions ici les notions grâce auxquelles il a été possible de substituer au système complexe oculaire un dioptre simple, auquel on a donné le nom d'*œil réduit*.

La réfraction à travers un dioptre simple conservant l'homocentricité des rayons incidents, il résulte tout d'abord de là que, quel que soit le nombre des dioptres simples qui constituent le système complexe, à tout faisceau incident homocentrique correspond, à la sortie du système, un faisceau réfracté également homocentrique. Il existe donc, pour tout système centré, comme pour un dioptre simple, des *foyers conjugués*.

Si l'on fait arriver sur le système, de droite à gauche, puis de gauche à droite, un faisceau de rayons parallèles, le point de concours des rayons réfractés correspondants est encore appelé *foyer principal* du système. Tout système centré a donc deux foyers principaux ou *points focaux*.

On démontre en outre que, dans tout système centré, il existe deux foyers conjugués, H, H' (fig. 12), appelés *points principaux*, et tels qu'un rayon incident quelconque SI et le rayon réfracté correspondant S'I' rencontrent à la même dis-

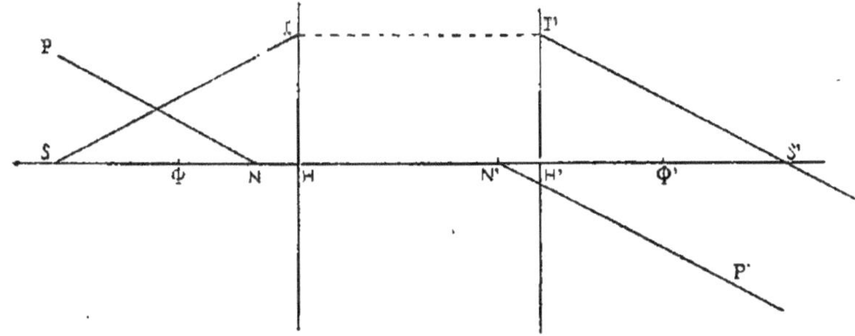

Fig. 12.

tance, IH, I'H', de l'axe, les *plans* dits *principaux*, menés par les points principaux H et H', perpendiculairement à l'axe du système (ligne des centres des dioptres simples constituants).

Les distances Φ H, Φ'H' des foyers principaux Φ et Φ' aux points focaux correspondants H, H' sont appelées les *distances focales* du système.

Enfin on démontre encore que, dans tout système centré, il existe un couple de foyers conjugués N et N', appelés *points nodaux*, tels que, à tout rayon incident PN, dont la direction passe par le point nodal N, correspond un rayon réfracté N'P', dont la direction passe par l'autre point nodal N' et est parallèle au rayon incident PN.

Des formules établissent une relation entre les positions des foyers conjugués et les distances focales du système ; elles sont absolument semblables aux formules correspondantes d'un dioptre simple. Nous nous bornerons ici à rappeler la construction de l'image afin de pouvoir justifier la substitution au système dioptrique oculaire du système plus simple qui constitue l'œil réduit.

Soit, pour cela, un système dont les points focaux (fig. 13) sont Φ et Φ', les points principaux H et H' et les points nodaux N et N'.

Pour avoir l'image d'un objet AB, (fig. 13), il suffit de considérer d'abord le rayon incident AI dont le rayon réfracté correspondant sera I'Φ', I' étant tel que I'H' $=$ IH d'après la propriété des points principaux. D'autre part,

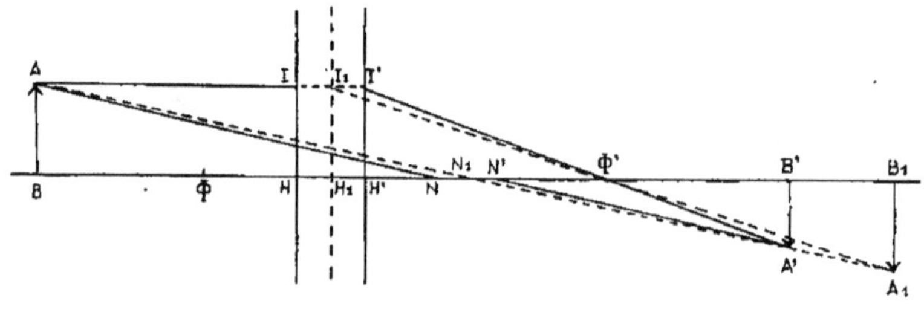

Fig. 13.

au rayon incident AN correspond le rayon réfracté N'A' parallèle à AN, d'après les propriétés des points nodaux. Les deux rayons réfractés N'A' et I'Φ' se rencontrent en A', qui sera l'image A. L'image de AB sera donc A'B'.

Le cas particulier intéressant ici, parce qu'il est réalisé par l'œil, est celui dans lequel les points principaux, d'une part, et les points nodaux, de l'autre, sont très rapprochés entre eux. S'il en est ainsi (ce que nous n'avons d'ailleurs pas réalisé sur la figure afin que les diverses lignes dont il va être parlé se distinguassent les unes des autres), on peut supposer que les points I et I' se confondent au point I_1, et que le rayon réfracté est alors $I_1 \Phi'$.

On peut supposer de même que les deux rayons AN et N'A' constituent une seule et même droite AN_1.

La construction de l'image de AB est alors la suivante :

Mener la droite AI_1 parallèle à l'axe du système jusqu'à la rencontre du plan $I_1 H_1$ et joindre I_1 au foyer principal Φ' ; puis mener la droite AN_1 et la prolonger jusqu'à la rencontre de $I_1 \Phi'$. L'image A_1B_1, ainsi obtenue par cette construction simplifiée, coïncidera d'autant plus exactement avec l'image vraie A'B' que les points principaux, d'une part, et les points nodaux, de l'autre, seront plus voisins entre eux.

Or, dans l'œil humain, la distance HH' des points principaux, de même que la distance égale NN' des points nodaux, n'est que de quelques dixièmes de millimètre. On est alors parfaitement en droit d'appliquer à l'œil humain la construction simplifiée que nous venons d'indiquer.

Mais si l'on se reporte à la figure 8, on voit que cette construction simplifiée n'est autre que celle qui est relative à un dioptre simple dont le sommet serait en H_1 (points principaux fusionnés), le centre de courbure en N_1 (points nodaux confondus) et l'un des foyers principaux en Φ'.

En conséquence, dans le cas de l'œil humain, et à cause de la faible distance qui existe entre les points principaux et entre les points nodaux du système dioptrique oculaire, on peut substituer à ce système, composé de trois dioptres, un dioptre unique dont le sommet serait situé au point où l'on peut fusionner les deux points principaux (2 millimètres environ en arrière de la cornée), dont le rayon de courbure serait égal à la distance entre ces points principaux fusionnés et les points nodaux confondus (5 millimètres environ) et dont l'indice du second milieu serait d'ailleurs tel que les points focaux de ce dioptre simple se confondent avec les points focaux vrais Φ et Φ' de l'œil. Un milieu d'indice 4/3 (indice de l'eau) satisfait à cette condition.

Ce dioptre simple, que l'on est en droit de substituer au système dioptrique oculaire, a reçu le nom d'*œil réduit*.

IV. — LENTILLES.

Les lentilles sont des systèmes centrés composés de deux dioptres associés et il est nécessaire de déduire leur théorie de la théorie générale des systèmes lorsqu'elles sont épaisses. Mais toutes les lentilles dont on fait usage en Ophtalmologie ont une épaisseur négligeable et la théorie élémentaire conduit alors à des résultats d'une exactitude très suffisante pour la pratique oculistique. Ce sont les résultats de cette théorie élémentaire que nous rappellerons.

Les lentilles employées en Ophtalmologie sont des disques en verre dont les surfaces sont sphériques ou cylindriques; de là deux catégories de lentilles : *sphériques* et *cylindriques*.

1° **Lentilles sphériques**. — On les distingue en lentilles *convergentes* et *divergentes* suivant qu'elles transforment en faisceau convergent ou divergent un faisceau de rayons incidents parallèles à l'axe principal (ligne qui passe par les deux centres de sphères auxquelles appartiennent les deux faces de la lentille).

A. **Lentilles convergentes ou positives**. —Soit une lentille convergente LL' (biconvexe sur la figure) et son axe prin-

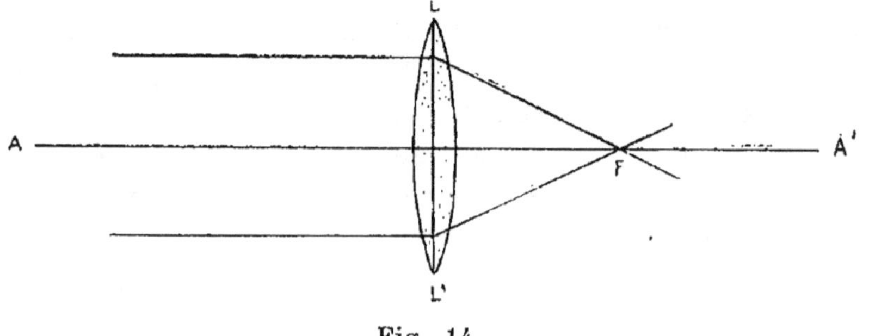

Fig. 14.

cipal AA'; les lentilles employées en Ophtalmologie étant toujours, comme nous l'avons déjà dit, assez minces pour que leur épaisseur soit négligeable, on simplifie les constructions en faisant subir aux rayons qui les traversent, et au niveau du plan LL' (fig. 14), une seule réfraction équivalente aux deux réfractions que ces rayons subissent en réalité à leur entrée et à leur sortie de la lentille.

Les rayons qui arrivent parallèlement à l'axe vont concourir, après réfraction, en un point F (fig. 14), foyer principal de la lentille.

Si les rayons arrivent d'un point S (fig. 15) situé sur l'axe à

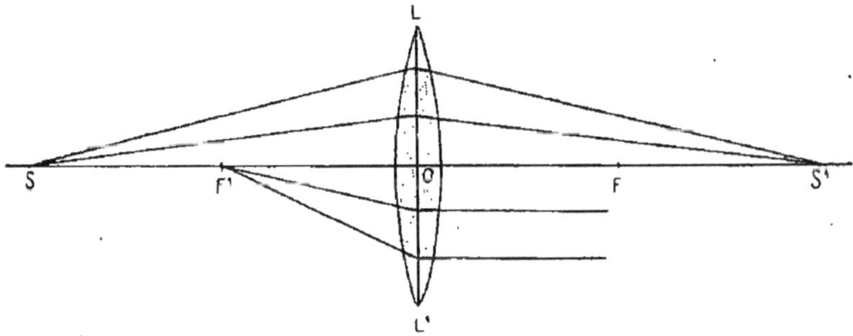

Fig. 15.

une distance finie, les rayons réfractés correspondants vont rencontrer l'axe en un point S', foyer conjugué de S.

Comme dans le cas du dioptre simple, les foyers conjugués S et S' se déplacent dans le même sens, l'un par rapport à l'autre, S' s'éloignant ou se rapprochant de la lentille suivant que S s'en rapproche ou s'en éloigne.

Lorsque le point S arrive en F', dont la position est telle que F'O = FO, les rayons sortent parallèlement à l'axe.

Le point F' est encore appelé *foyer principal* de la lentille, qui a ainsi deux foyers principaux.

Quand le point S passe entre le foyer principal F' et la lentille (fig. 16), le faisceau réfracté est divergent, mais d'une divergence moindre que le faisceau incident, et le foyer conjugué S' est du même côté que S par rapport à la lentille. Les rayons réfractés ne rencontrent alors l'axe que par leurs prolongements et le foyer conjugué S' est *virtuel*. Si S se rapproche de la lentille et vient en S_1, le foyer conjugué, qui se déplace dans le même sens, vient en S'_1.

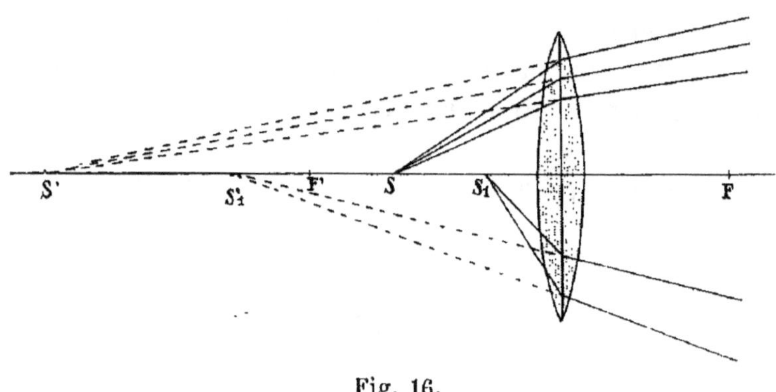

Fig. 16.

Il importe de considérer encore le cas où les rayons incidents forment un faisceau convergent qui, si la lentille n'existait pas, irait rencontrer l'axe au delà de cette lentille ; on dit alors que le point S (fig. 17) est virtuel.

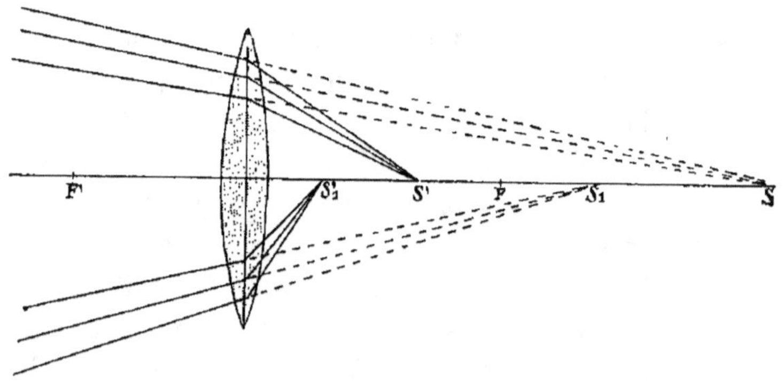

Fig. 17.

Dans ce cas, les rayons réfractés forment un faisceau plus convergent que le faisceau incident et vont rencontrer l'axe en un foyer conjugué S' qui est réel.

Si le point S se rapproche de la lentille et vient en S_1 le foyer conjugué se rapproche également et vient en S'_1.

B. Lentilles divergentes ou négatives. — Soit une telle lentille LL' (biconcave sur la figure 18) et son axe principal AA'.

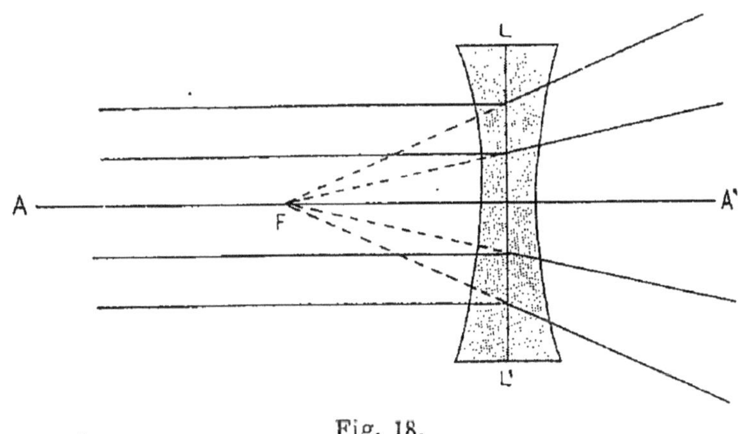

Fig. 18.

Les rayons qui arrivent sur la lentille, parallèlement à l'axe, sortent en divergeant et leurs prolongements vont ren-

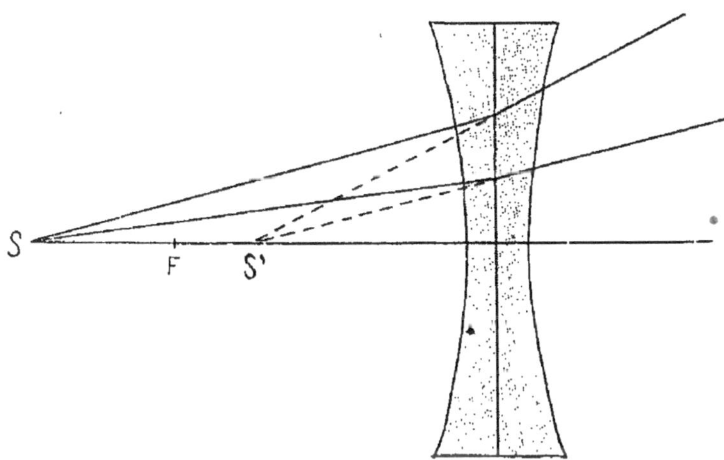

Fig. 19.

contrer l'axe en F en avant de cette lentille, ce point, *foyer principal* de la lentille divergente, est donc *virtuel*.

Lorsque les rayons viennent d'un point S, situé à distance finie sur l'axe principal, les rayons réfractés, toujours plus divergents que les rayons incidents, vont, par leurs prolongements, rencontrer l'axe en S'.

Les foyers conjugués S et S' se déplacent toujours dans le même sens, l'un par rapport à l'autre.

Quand les rayons incidents sont convergents entre eux et vont, par leur prolongement, rencontrer l'axe en arrière

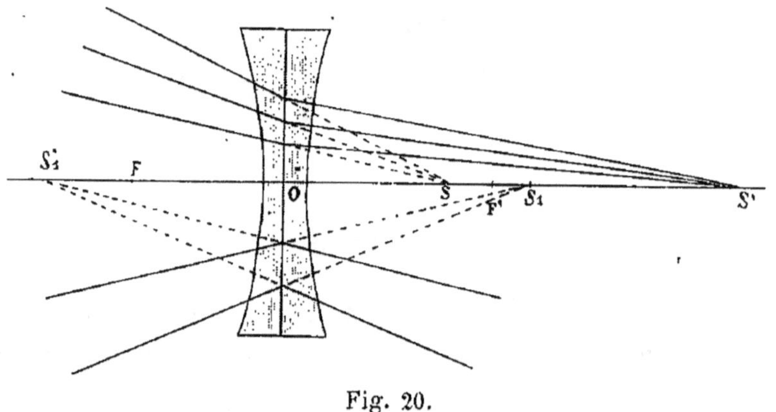

Fig. 20.

de la lentille, le faisceau réfracté peut être, soit convergent, mais à un degré moindre que le faisceau incident, soit

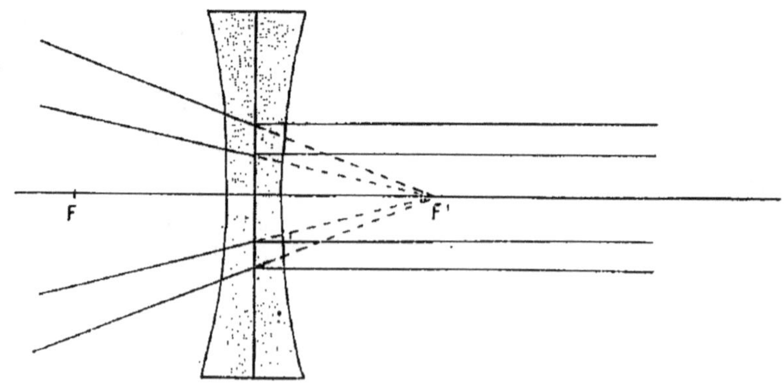

Fig. 21.

divergent. Lorsque les rayons incidents rencontrent l'axe par leurs prolongements en un point S (fig. 20), entre la lentille et un point F′ tel que F′O = FO, la convergence est seulement diminuée et le faisceau réfracté va rencontrer l'axe en un foyer conjugué réel S′.

Mais si les prolongements des rayons incidents vont rencontrer l'axe au delà de F′, en S_1 par exemple, le faisceau réfracté est rendu divergent et les prolongements des rayons de ce faisceau vont rencontrer l'axe en avant de la lentille en un foyer conjugué virtuel S'_1.

Enfin si les rayons incidents ont des directions qui passent par F′ (fig. 21), ils se réfractent parallèlement à l'axe.

Le point F′ est le second *foyer principal* de la lentille divergente.

Construction des images. A. LENTILLES CONVERGENTES. — Soit un objet AB, droite perpendiculaire à l'axe (fig. 22). Pour en trouver l'image, on considère le rayon AO qui passe par le centre optique O, et qui traverse la lentille

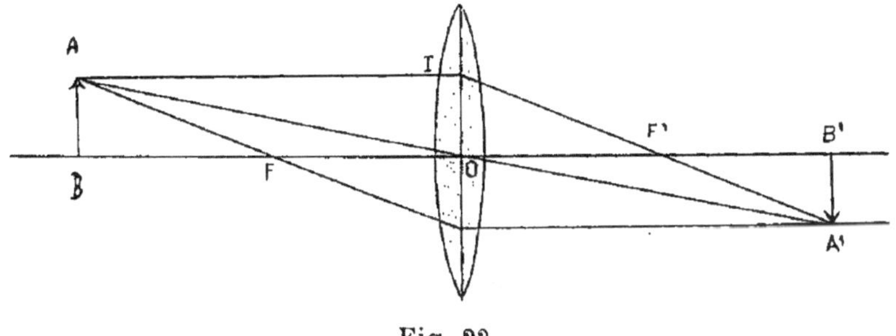

Fig. 22.

sans déviation, et le rayon AI parallèle à l'axe, qui se réfracte en passant par le foyer principal F′. Les deux rayons réfractés se rencontrent en A′ qui sera l'image de A. La perpendiculaire A′B′ abaissée sur l'axe est l'image cherchée.

On peut également considérer le rayon incident AF qui passe par le foyer principal F et se réfracte parallèlement à l'axe.

La construction reste la même lorsque l'objet est virtuel.

Ce cas, qui se rencontre en Ophtalmologie, est pratiquement réalisé lorsqu'on place la lentille convergente LL′ (fig. 23) en avant de la région AB où se formerait une image fournie par un système dioptrique. Sur la figure, AB est donc l'objet, mais nous devons considérer les rayons comme se propageant de gauche] à' droite dans le sens indiqué par

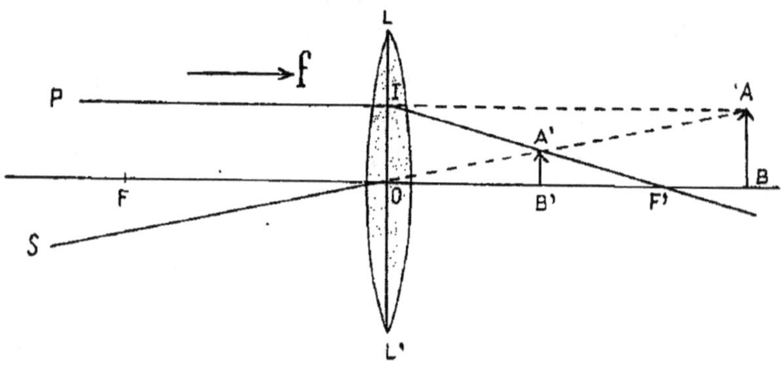

Fig. 23.

la flèche *f*. Pour trouver l'image que la lentille substituera à AB, considérons encore, d'une part le rayon incident SOA, qui passe par le centre optique et traverse la lentille sans déviation, d'autre part le rayon PIA parallèle à l'axe, qui se réfracte suivant IF′. L'image de A sera le point A′ où se rencontrent les deux rayons réfractés et la perpendiculaire à l'axe A′B′ sera l'image de AB fournie par la lentille.

B. Lentilles divergentes. — La construction des images est la même que pour les lentilles convergentes.

Soit d'abord un objet réel AB (fig. 24).

Le rayon AO, qui passe par le centre optique, traverse la lentille sans déviation et le rayon AI, parallèle à l'axe, se réfracte suivant IH dont le prolongement passe par F.

Le point A′ est l'image virtuelle de A et la droite A′B′ l'image, également virtuelle, de AB.

Soit encore le cas où l'objet AB (fig. 25) est virtuel et situé par exemple au delà du foyer F'.

Le rayon incident SO traverse la lentille sans déviation ;

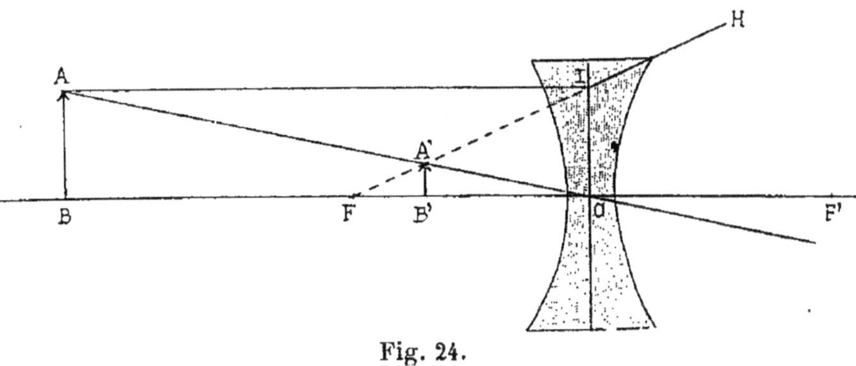

Fig. 24.

le rayon incident PI, parallèle à l'axe, se réfracte suivant IH. Les prolongements des deux rayons réfractés se rencontrent en A', où sera l'image virtuelle de A. La droite

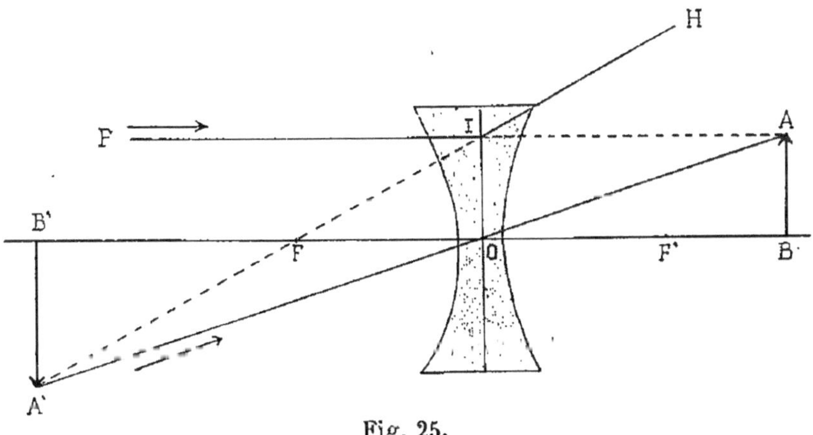

Fig. 25.

A'B' sera donc l'image, virtuelle aussi, que la lentille divergente substitue à AB.

2° **Lentilles cylindriques.** — Ces lentilles sont des disques en verre terminés par une face plane et une face cylindrique concave ou convexe.

On emploie fréquemment, en Ophtalmologie, des lentilles

sphéro-cylindriques qui peuvent être regardées comme l'ensemble d'une lentille plan-sphérique et d'une lentille plan-cylindrique accolées par leur face plane.

La réfraction à travers une lentille plan-cylindrique ne conserve jamais l'homocentricité du faisceau incident. La forme du faisceau réfracté est absolument semblable à celle qui résulte de la réfraction à travers un dioptre elliptique. Il existe encore ici deux méridiens principaux de courbure : le méridien qui contient l'axe du cylindre et qui coupe la surface cylindrique de la lentille suivant une génératrice, c'est-à-dire suivant une droite (courbure nulle), et le méridien perpendiculaire à l'axe du cylindre et par suite aux génératrices (courbure maxima).

Ce que nous avons dit sur la réfraction à travers un dioptre elliptique s'applique donc aux lentilles cylindriques.

3° *Numérotage des lentilles.* — A. **Lentilles sphériques.** — Les lentilles dont on a besoin en Oculistique pour la correction des anomalies de la vision sont très nombreuses et l'on s'est depuis longtemps préoccupé de caractériser chacune d'elles par un numéro.

Les lentilles les plus fréquemment employées étant des verres équicourbes, c'est-à-dire dont les deux faces présentent la même courbure, on a, pendant longtemps, pris pour numéro d'un verre la longueur, exprimée en pouces, du rayon de courbure de ses faces.

Il est à remarquer que, pour les verres dont l'indice est égal à 1.50, ce qui est à peu près le cas des verres de lunettes, les foyers principaux coïncident avec les centres de courbure des faces de la lentille, si bien que le rayon commun de courbure représente alors la distance focale du verre.

Ce système de numérotage présentait un double inconvénient :

1° Le numéro d'un verre augmentait à mesure que sa

distance focale diminuait, c'est-à-dire à mesure que son effet de réfraction était plus considérable ;

2º On prenait pour unité le pouce, dont la grandeur varie d'un pays à l'autre, et dont l'usage est légalement interdit dans les pays, comme la France, où l'on fait usage des unités qui constituent le système métrique.

Depuis la réunion du Congrès international de médecine en 1875 à Bruxelles, les verres sont numérotés d'après le principe suivant :

On prend pour *numéro* ou *pouvoir dioptrique* (Monoyer) d'un verre, l'inverse $\dfrac{1}{f}$ de sa distance focale exprimée en prenant le mètre pour unité. Le quotient $\dfrac{1}{f}$ représente un certain nombre d'unités que l'on appelle *dioptries* (Monoyer).

Il résulte de là que :

Un verre dont $f = 1$ a pour numéro $\dfrac{1}{f} = \dfrac{1}{1} = 1$ dioptrie.

$\qquad$ — $\qquad f = 0,50 \qquad$ — $\qquad \dfrac{1}{f} = \dfrac{1}{0,50} = 2$ dioptries.

$\qquad$ — $\qquad f = 0,33 \qquad$ — $\qquad \dfrac{1}{f} = \dfrac{1}{0,33} = 3 \qquad$ —

$\qquad$ — $\qquad f = 0,25 \qquad$ — $\qquad \dfrac{1}{f} = \dfrac{1}{0,25} = 4 \qquad$ —

$\qquad$ — $\qquad f = 0,20 \qquad$ — $\qquad \dfrac{1}{f} = \dfrac{1}{0,20} = 5 \qquad$ —

$\qquad$ — $\qquad f = 0,10 \qquad$ — $\qquad \dfrac{1}{f} = \dfrac{1}{0,10} = 10 \qquad$ —

$\qquad \cdots \cdots \cdots \cdots \cdots$

$\qquad$ — $\qquad f = 2^{m} \qquad$ — $\qquad \dfrac{1}{f} = \dfrac{1}{2} = 0,50 \qquad$ —

$\qquad$ — $\qquad f = 4^{m} \qquad$ — $\qquad \dfrac{1}{f} = \dfrac{1}{4} = 0,25 \qquad$ —

Les verres intercalaires, c'est-à-dire dont le numéro est compris entre 1 et 2 D., 2 et 3 D., etc., c'est-à-dire dont les distances focales sont comprises entre 1 mètre et $0^{m},50$,

0^m,50 et 0^m,33, etc., verres dont on a fréquemment besoin dans la pratique, ont d'ailleurs été choisis de telle sorte que leur numéro puisse être exprimé en dioptries, dixièmes et centièmes de dioptrie.

Les deux inconvénients signalés plus haut n'existent plus dans ce nouveau système de numérotage.

Si ce système de numérotage, dit *métrique*, est aujourd'hui universellement employé par les ophtalmologistes du monde entier, l'industrie continue cependant à fabriquer encore des verres d'après l'ancien système, et tous les opticiens ne sont pas encore au courant du système métrique. Aussi, le médecin a-t-il fréquemment à chercher le numéro en pouces, qui correspond à un numéro donné en dioptries ou réciproquement. Des formules simples permettent de résoudre ces questions ; mais il est plus simple encore de se servir du tableau suivant :

NUMÉROS en Dioptries.	NUMÉROS en Pouces.	NUMÉROS en Dioptries.	NUMÉROS en Pouces.
0,50	72	4,50	9
0,75	48	5	8
1,00	40	6	7
1,25	30	7	6
1,50	26	8	5
1,75	24	9	4 1/2
2,00	20	10	4
2,25	18	11	3 1/2
2,50	16	12	3 1/4
2,75	14	13	3
3,00	13	14	2 3/4
3,25	12	16	2 1/2
3,50	11	18	2 1/4
4,00	10	20	2

B. Lentilles cylindriques. — L'effet réfringent d'une lentille plan-cylindrique ou sphéro-cylindrique est variable suivant le méridien dans lequel on le considère.

On prend pour caractériser de tels verres les effets réfringents produits dans les deux méridiens principaux qui sont, l'un parallèle et l'autre perpendiculaire aux génératrices ou à l'axe.

Dans le méridien principal parallèle à l'axe, le verre plan-cylindrique ne produit aucun effet réfringent, son pouvoir dioptrique ou son numéro sera nul, c'est-à-dire égal à zéro dioptrie. Mais dans le méridien principal perpendiculaire à l'axe, le verre produit un effet identique à celui d'un verre sphérique qui aurait même distance focale f que ce méridien. On prend alors pour numéro du verre cylindrique, dans ce plan perpendiculaire aux génératrices, le numéro $\frac{1}{f}$ du verre sphérique équivalent.

Un verre plan-cylindrique a donc deux numéros, l'un qui est toujours 0 dioptrie dans un plan parallèle à l'axe, et l'autre qui est $\frac{1}{f}$ dioptries dans un plan perpendiculaire à l'axe.

Si le verre plan-cylindrique est associé à un verre plan-sphérique de manière à constituer un verre sphéro-cylindrique, les effets des deux verres s'ajoutent. Or, on démontre que, lorsque deux verres sont ainsi accolés, le pouvoir dioptrique total $\frac{1}{\varphi}$, φ étant la distance focale du système des deux verres, peut être regardé comme égal à la somme des pouvoirs dioptriques $\frac{1}{f_1} + \frac{1}{f_2}$ des deux verres considérés isolément.

Par suite, si un verre sphérique $+ 3$ D., par exemple, est accolé à un verre cylindrique dont les numéros sont 0 D. et 2 D., le verre sphéro-cylindrique ainsi obtenu aura pour numéros : $0 + 3 = 3$ D. dans un méridien parallèle à l'axe, et $2 + 3 = 5$ D. dans un méridien perpendiculaire à l'axe.

CHAPITRE II

DIOPTRIQUE OCULAIRE

I. — RÉFRACTION OCULAIRE.

1° *Appareil dioptrique oculaire*. — L'œil, au point de vue purement optique, peut être ramené schématiquement à deux éléments essentiels :

1° Un système dioptrique, c'est-à-dire un ensemble de milieux réfringents (cornée, humeur aqueuse, cristallin, corps vitré).

On peut dire, sans erreur importante, que ce système dioptrique est, dans la très grande majorité des cas, un système centré, c'est-à-dire un système dont les centres des dioptres constituants se trouvent placés sur une même droite ; en outre, chacun de ces dioptres peut, en général, être regardé comme sphérique. De plus, le système est convergent, c'est-à-dire réunit les rayons venant de l'infini en un foyer principal réel.

2° Un écran destiné à recevoir les images réelles des objets extérieurs. Cet écran porte la membrane sensorielle destinée à être impressionnée par les vibrations lumineuses, la rétine, avec ses cônes et bâtonnets, et la considération de cette membrane est indispensable si l'on veut apprécier judicieusement l'organe de la vision comme appareil dioptrique.

Le système dioptrique et l'écran rétinien sont contenus dans une sorte d'enveloppe organique, la coque oculaire formée par la sclérotique doublée de la choroïde.

On ne saurait mieux comparer l'œil qu'à une chambre

noire d'appareil photographique, comparaison que son exactitude a rendue banale. La lentille ou objectif est représentée dans l'œil par le système dioptrique, cornée et cristallin, la plaque sensible par l'écran rétinien, les parois de la chambre noire par la coque oculaire, tapissée de pigment noir choroïdien.

En résumé, on peut dire que l'œil, au point de vue optique, est un système dioptrique complexe, symétrique par rapport à un axe, centré et convergent, possédant en outre un écran nerveux, sensible à la lumière.

2° **Accommodation**. — L'œil humain se distingue des systèmes dioptriques centrés, que l'on peut réaliser matériellement, par sa faculté d'*accommodation*.

On appelle ainsi la faculté que possède l'œil de faire varier la réfringence de son appareil dioptrique et de produire ainsi sur les rayons qui lui arrivent d'un point déterminé un effet plus ou moins marqué.

Ces variations de la réfringence de l'œil sont dues à des variations de courbure des faces de la lentille oculaire et en particulier de la face antérieure. Ces variations de courbure du cristallin sont elles-mêmes engendrées par les contractions plus ou moins énergiques des fibres, méridiennes et circulaires, du muscle ciliaire, et peuvent être constatées sur le vivant, au moment même où elles se produisent, par l'observation des images de Purkinje et Sanson.

D'après Holmholtz, dont la théorie de l'accommodation, longtemps admise sans contestations, a été combattue sur quelques points par Tscherning dans ces dernières années (1), la courbure minima des faces du cristallin correspond au relâchement du muscle ciliaire et la courbure maxima à la contraction, maxima elle-même, de ce même muscle. D'après cela, suivant que le muscle ciliaire est au repos ou en contraction, on dit que l'œil lui-même est *au*

_____

(1) Tscherning, *Arch. de Phys.*, 1894-1895.

repos ou en *état d'accommodation*, ou encore que l'œil est en état de *réfraction statique* ou de *réfraction dynamique*.

On conçoit que l'accroissement d'effet réfringent obtenu par une augmentation de courbure des faces du cristallin, c'est-à-dire par l'intervention de l'accommodation, puisse également être obtenu par l'adjonction à l'œil d'une lentille convergente, convenablement choisie. De là la possibilité de mesurer et d'exprimer par un nombre l'effet partiel ou total de l'accommodation.

On appelle *pouvoir accommodatif* (Monoyer), le pouvoir dioptrique de la lentille qui, placée au foyer principal antérieur de l'œil (1), produirait le même effet réfringent que l'accommodation intervenant avec son maximum d'énergie.

Lorsque l'accommodation n'intervient que partiellement, c'est-à-dire, lorsque les courbures des faces de la lentille sont comprises entre leurs valeurs minima et maxima, la *fraction d'accommodation* qui intervient alors, peut de même être mesurée par le numéro de la lentille qui produirait le même effet que l'accroissement actuel des courbures du cristallin, accroissement considéré par rapport aux valeurs des courbures minima de la lentille.

Ce que l'on mesure donc par ces lentilles qui évaluent, suivant le cas, le *pouvoir accommodatif* ou la *fraction d'accommodation* en jeu, ce n'est pas l'effet réfringent total que l'œil possède au moment où on le considère, mais la portion de cet effet qui est due à l'intervention totale ou partielle de l'accommodation.

Le pouvoir accommodatif, ainsi évalué en dioptries, n'est autre chose que l'expression optique des déformations que le cristallin peut subir, déformations qui sont elles-mêmes en rapport avec la faible consistance des couches périphériques de la lentille oculaire. Il résulte de là que, si cette consistance augmente, comme le fait se produit normalement à

____

(1) On verra plus loin où est situé ce foyer.

mesure qu'on avance en âge, les déformations possibles du cristallin seront moins grandes et le pouvoir accommodatif devra diminuer. C'est, en effet, ce qui arrive, et cette diminution du pouvoir accommodatif avec l'âge est un phénomène tout à fait physiologique.

La figure 26 indique les positions normales du proximum (courbe supérieure) et du remotum (courbe inférieure) ainsi que les valeurs correspondantes du pouvoir accommodatif aux divers âges. On voit que, considérable et égal à 14 dioptries dans le jeune âge (dix ans), le pouvoir accom-

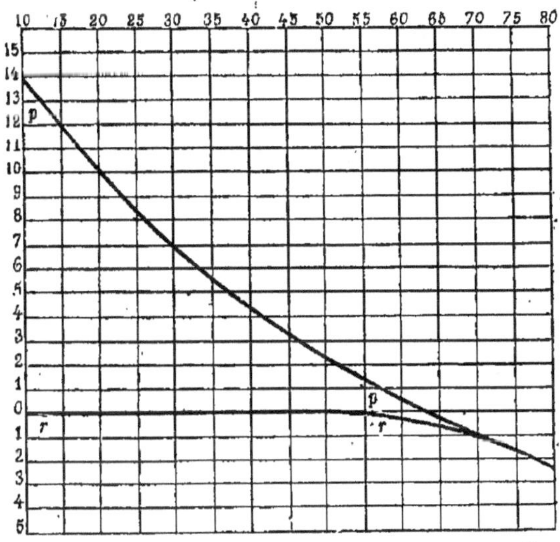

Fig. 26.

modatif diminue progressivement et régulièrement pour disparaître complètement vers soixante-dix ans : alors le cristallin est consistant et dur, même à la périphérie ; il n'est plus susceptible d'aucune déformation ; la faculté d'accommodation a disparu, et l'œil est devenu un système dioptrique fixe et invariable.

3° *Punctum proximum et punctum remotum*. — Il résulte immédiatement de ce que nous venons de dire que l'œil humain peut voir nettement à diverses distances, c'est-à-dire peut successivement faire former sur l'écran nerveux rétinien l'image nette d'objets situés à diverses distances de sa cornée.

Et d'abord, il est facile de reconnaître que, pour que la vision d'un objet soit nette, il faut qu'il se forme une image nette de cet objet sur la rétine, ou, plus rigoureusement, sur la couche des bâtonnets et des cônes, couche directement sensible à la lumière et au niveau de laquelle s'opère une transformation du mouvement vibratoire lumineux en un mouvement, de nature encore inconnue, qui se propage ensuite le long du nerf optique pour aller, en définitive, exciter une région du cerveau.

Si, en effet, les rayons partis d'un point S (fig. 27), vont concourir en un même point de la rétine, un seul élément nerveux sera ainsi impressionné ; par suite, les rayons partis de deux points voisins de l'objet iront concourir sur

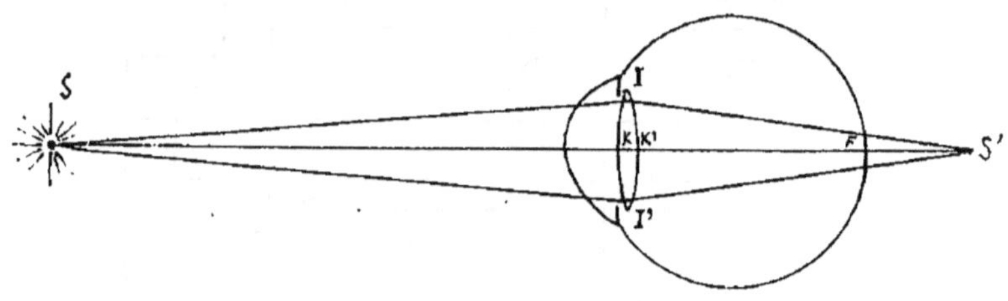

Fig. 27.

deux éléments nerveux distincts et l'on conçoit que les deux sensations qui en résulteront soient distinctes, ce qui revient à dire que les deux points voisins de l'objet seront distingués l'un de l'autre. En d'autres termes, la vision sera nette.

Si, par contre, les rayons partis d'un point S vont concourir, non plus sur la rétine, mais en arrière, par exemple en S' (fig. 27), ils impressionneront la rétine suivant un petit cercle de diffusion qui comprendra un plus ou moins grand nombre d'éléments nerveux. Les rayons partis d'un point

voisin de S impressionneront de même la rétine suivant
un nouveau cercle de diffusion qui empiétera plus ou moins
sur le premier. Il existera donc un certain nombre d'éléments nerveux qui seront simultanément impressionnés
par des rayons venus de deux points voisins. Ces points,
qui étaient tantôt distingués nettement l'un de l'autre,
seront maintenant confondus et la vision de l'objet auquel
ils appartiennent sera dès lors confuse.

La vision nette exige donc la formation d'images nettes
sur la rétine.

Ceci posé, on conçoit immédiatement que lorsque nous
voulons voir nettement un objet SS′S″ (fig. 28), situé quelque part en avant de notre œil, nous faisons intervenir notre
accommodation dans une proportion telle que l'image nette

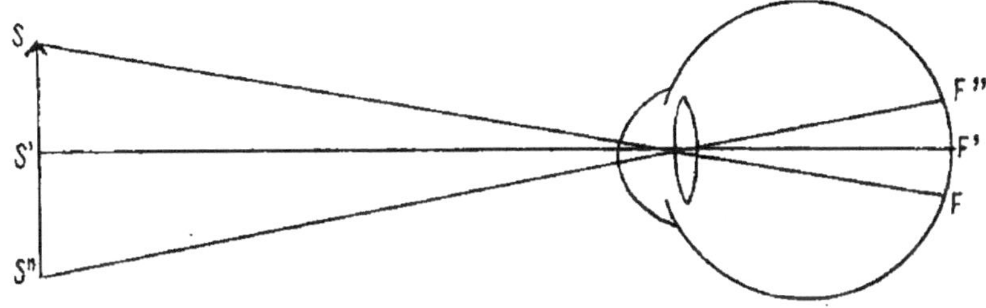

Fig. 28.

de cet objet vienne se former sur notre rétine, l'image de S
en F, celle de S′ en F′ et celle de S″ en F″. Si l'objet SS″
s'approche ou s'éloigne de la cornée, l'image, qui se déplace dans le même sens (p. 7) si rien ne change dans l'œil,
se forme en arrière ou en avant de la rétine ; des cercles de
diffusion existent dès lors et la vision devient confuse. Mais
il nous suffit alors d'augmenter ou de diminuer la courbure
du cristallin, c'est-à-dire de faire varier l'accommodation
dans une proportion convenable, pour faire former de nouveau sur la rétine l'image nette de l'objet et réaliser ainsi
la vision nette de l'objet dans chacune de ses positions.

Les changements de courbure du cristallin ayant d'ailleurs deux limites, l'une maxima, l'autre minima, on conçoit que la vision nette ne puisse être réalisée que pour les distances qui correspondent à ces deux limites. Il doit donc exister une distance maxima et une distance minima, au delà et en deçà de laquelle la vision cesse d'être nette. Ces points extrêmes de la vision distincte portent, le plus éloigné le nom de *punctum remotum*, le plus rapproché celui de *punctum proximum*. Les positions de ces points par rapport à l'œil sont d'ailleurs tellement variables que la définition que nous venons d'en donner est trop vague et insuffisante et qu'il est indispensable de mieux préciser cette définition.

Supposons que l'œil de la figure 28 soit à l'état de repos (accommodation entièrement relâchée), et soit SS″ l'objet dont l'image nette se forme alors sur la rétine. Le point S′ sera le punctum remotum de cet œil. On voit que ce point est le foyer conjugué de la rétine F par rapport au système dioptrique oculaire au repos, et c'est là l'exacte définition du remotum.

Ce remotum, ou foyer conjugué de la rétine par rapport au système dioptrique oculaire au repos, peut d'ailleurs occuper une position quelconque en avant, et aussi en arrière de l'œil, auquel cas il est *virtuel*.

Le proximum est de même le foyer conjugué de la rétine, mais lorsque l'accommodation intervient avec sa valeur maxima, et ce point peut, comme le remotum, occuper, suivant les sujets, une position quelconque en avant ou en arrière de l'œil, auquel cas encore ce point est *virtuel*.

Il est utile, avant d'aller plus loin, de bien comprendre la signification pratique de la virtualité du remotum ou du proximum.

Soit un œil (fig. 29), dont le remotum, foyer conjugué de la rétine quand l'accommodation n'intervient pas, est virtuel et situé en R, en arrière de l'œil.

Cela veut dire que pour que des rayons incidents aillent

concourir sur la rétine, sans le secours de l'accommodation, il est nécessaire que ces rayons tombent sur l'œil à l'état de convergence et avec des directions SI, S'I' telles que, si

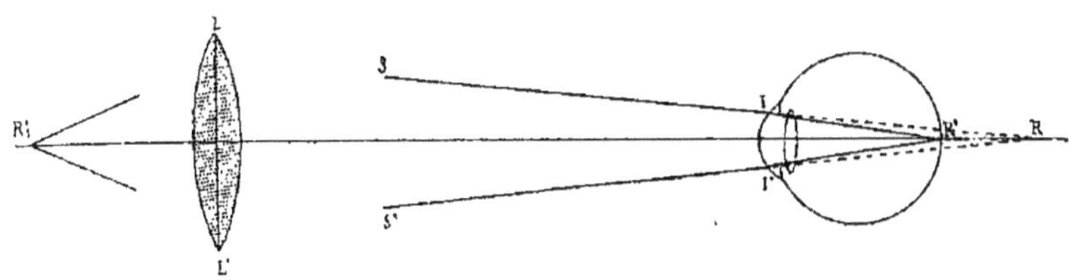

Fig. 29.

l'œil n'existait pas, ils iraient concourir au point R situé en arrière de cet œil; ces rayons alors se réunissent, grâce à la réfraction oculaire, au point R' de la rétine qui est le foyer conjugué de R.

Ceci ne correspond évidemment à aucune condition de vision directe d'un objet, puisqu'un objet ne peut être vu s'il est placé en R en arrière de l'œil. Aussi bien un faisceau direct convergent, tel que SI, S'I', n'existe pas dans la nature. Mais il nous est facile de réaliser un tel faisceau avec une lentille. Imaginons, en effet, qu'un objet, un point lumineux par exemple, soit situé en R'_1, en avant de l'œil, et que nous disposions en LL' une lentille convergente telle que R soit le foyer conjugué de R'_1, par rapport à cette lentille. Les rayons qui, partis de R'_1, auront traversé la lentille LL' donneront le faisceau SI, S'I' qui, réfracté par l'œil au repos, ira concourir sur la rétine en R'.

Cette hypothèse de la virtualité du remotum, tout aussi rationnelle *a priori* que celle de la réalité de ce point, ne correspond pas seulement à un cas purement théorique. Dans bon nombre d'yeux, que nous appellerons bientôt hypermétropes, il en est réellement ainsi, ce qui justifie la longueur des considérations qui précèdent.

Ces mêmes considérations s'appliquent sans le moindre changement au proximum ; il suffit d'admettre, dans le raisonnement, que l'accommodation n'est plus au repos, mais qu'elle intervient au contraire avec son maximum d'effet. La virtualité du proximum se rencontre d'ailleurs réellement dans un certain nombre d'yeux hypermétropes et sa considération présente donc un réel intérêt pratique.

4° **Points cardinaux de l'œil humain.** — Nous avons dit plus haut que l'œil humain est un système dioptrique complexe et centré.

Dans le système dioptrique, complexe et centré, que constitue l'œil humain, il y a dès lors lieu de chercher les points cardinaux dont la considération introduit de si grandes simplifications dans l'étude optique de la vision.

La détermination de ces points (points focaux, principaux et nodaux) exige que l'on connaisse préalablement les courbures des dioptres oculaires (cornée et faces du cristallin), les distances de ces dioptres entre eux, et les indices de réfraction des milieux oculaires (humeur aqueuse, cristallin, vitré). La mesure de ces éléments a pu être faite, soit sur le vivant (courbure et distance des dioptres), soit sur le cadavre (indice des milieux), avec toute l'exactitude que nécessite la nature de telles recherches et les conséquences qui doivent en être tirées. En attribuant à chacun des éléments dont il vient d'être parlé la moyenne des valeurs trouvées par les déterminations expérimentales, que nous ne croyons pas devoir reproduire ici, puis appliquant à l'œil humain les méthodes générales de détermination des points cardinaux des systèmes centrés, on a pu calculer les positions des points focaux, principaux et nodaux de l'œil humain.

Par suite de l'existence de l'accommodation, c'est-à-dire de la variabilité du pouvoir réfringent de l'œil humain, la position des points cardinaux du système dioptrique oculaire est elle-même variable. Lorsqu'il est question de ces points, il est donc nécessaire d'indiquer en même temps l'état correspondant de l'accommodation.

Le tableau ci-dessous fait connaître les positions des points cardinaux de l'œil qui correspondent d'une part au repos, d'autre part à l'intervention maxima de l'accommodation :

				Repos. mm.	Accommodation. mm.
1er point principal, distance en arrière de la cornée.				2.17	2.03
2e —	—	—	—	2.57	2.49
Foyer antérieur,	—	en avant	—	12.92	11.24
Foyer postérieur,	—	en arrière	—	22.70	20.24
1er point nodal,	—	—	—	7.30	6.51
2e —	—	—	—	7.70	7.97

5° *Œil réduit*. — On voit que les distances des points principaux et des points nodaux entre eux ne sont l'une et l'autre que de quelques dixièmes de millimètre. Ce fait permet d'introduire une nouvelle et importante simplification dans l'étude de la dioptrique oculaire, en admettant que les points principaux d'une part, les points nodaux d'autre part, se confondent entre eux.

Si l'on effectue, dans ces conditions, les constructions géométriques qui fournissent l'image d'un objet, on reconnaît immédiatement, comme nous l'avons indiqué plus haut, que la fusion des points principaux et des points nodaux revient à substituer au système dioptrique oculaire vrai un système plus simple constitué par un dioptre unique dont le sommet se confondrait avec les points principaux confondus et le centre de courbure avec les points nodaux fusionnés. Afin de rendre plus simples encore les résultats de cette schématisation, on admet que ce dioptre simple, par lequel on peut remplacer le système dioptrique oculaire, est situé exactement à 2 millimètres en arrière de la cornée et que son rayon de courbure (distance des points principaux confondus aux points nodaux fusionnés) est exactement égal à 5 millimètres ; on attribue, en outre, au milieu réfringent situé en arrière de la surface réfringente, l'indice de réfraction $\frac{4}{3} = 1.33$, égal à celui de l'eau. Les résultats que l'on obtient dans ces conditions se confondent très sensiblement avec ceux que fournit le système dioptrique oculaire lui-même; on n'introduit donc pas d'erreur sensible par la simplification qui résulte de la substitution du dioptre simple à l'œil humain.

Ce dioptre simple, dont nous avons précisé tous les éléments, porte le nom d'*œil réduit*.

II. — RÉFRACTION STATIQUE NORMALE ET RÉFRACTION STATIQUE ANORMALE.

Emmétropie. — Myopie. — Hypermétropie. — L'œil, comme d'ailleurs les diverses parties du corps humain, présente des différences individuelles considérables dans ses divers éléments. De là, la distinction de divers états de réfraction qui correspondent à des conditions pratiques de vision très nettement distinctes entre elles. Cette distinction est d'abord plus facilement et plus simplement établie par la considération du foyer principal postérieur de l'œil considéré à l'état de repos ou de réfraction statique.

Soit donc un œil en relâchement de l'accommodation.

On conçoit que, soit par suite des valeurs particulières des divers éléments dioptriques, courbures, distances des dioptres, indices des milieux (causes relativement rares), soit par suite de la longueur de l'axe antéro-postérieur (cause de beaucoup la plus fréquente), le foyer postérieur de cet œil au repos puisse être situé sur la rétine même, en avant de la rétine ou en arrière de cet écran nerveux.

A. **Emmétropie.** — L'œil dans lequel le foyer principal postérieur est situé sur la rétine, lors du relâchement de l'accommodation, est considéré comme *normal*; on l'appelle *emmétrope*.

De la position de ce foyer principal il résulte que, dans un œil emmétrope (fig. 30), les rayons venus de l'infini vont concourir sur la rétine, quand l'accommodation est au repos. L'image d'un objet situé à l'infini se forme donc alors avec

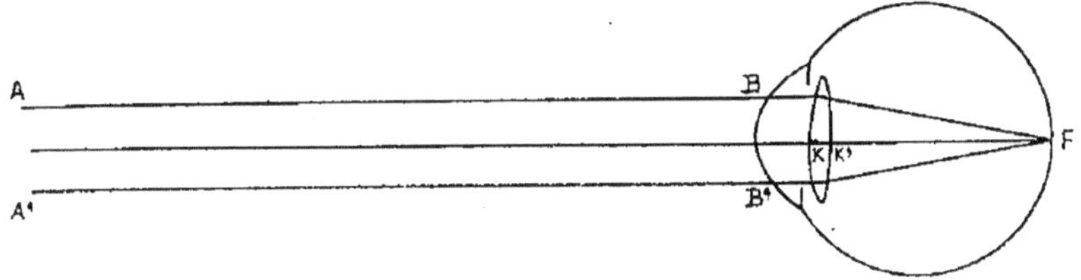

Fig. 30.

netteté sur l'écran rétinien; l'œil emmétrope y voit nette-ment à l'infini sans accommoder.

B. **Myopie**. — Tout œil dont le foyer principal postérieur, lors du repos de l'accommodation, est situé en avant de la rétine, est dit *myope*.

Dans un tel œil, les rayons venus de l'infini (fig. 31) vont concourir en avant de la rétine et c'est là également que se forme l'image nette de tout objet infiniment éloigné. Dès lors il n'existe sur la rétine qu'une image confuse résultant de la superposition partielle de cercles de diffusion; la vision des myopes n'est donc pas nette à l'infini.

L'œil myope est en somme un œil trop réfringent, par rapport à sa longueur antéro-postérieure. Si donc cet œil

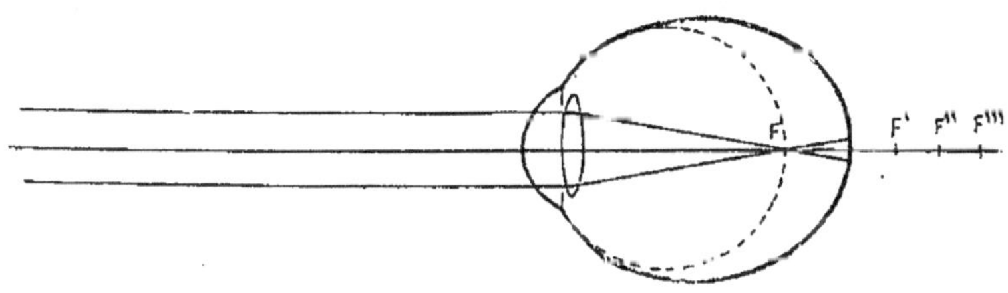

Fig. 31.

accommode, il sera plus réfringent encore, son foyer prin-cipal postérieur se rapprochera de la cornée et la vision à l'infini sera encore plus confuse. Il est en conséquence impossible aux myopes de réaliser la vision nette au loin, et l'intervention de l'accommodation trouble leur vision au lieu de l'améliorer.

C. **Hypermétropie**. — Lorsque le foyer principal postérieur est, au repos, situé en arrière de la rétine, l'œil est dit *hypermétrope* ou *hypérope*.

Dans un tel œil au repos, les rayons venus de l'infini vont concourir en arrière de la rétine (fig. 32) et c'est là également que se forme l'image de tout objet infiniment

Fig. 32.

éloigné. La rétine ne reçoit alors qu'une image confuse résultant de la superposition partielle de cercles de diffusion.

L'œil hypermétrope est en somme trop peu réfringent, par rapport à la longueur de son axe antéro-postérieur.

Mais si cet œil augmente sa réfringence par l'intervention de l'accommodation, on conçoit qui lui soit possible alors de faire concourir sur sa rétine les rayons qui lui arrivent parallèles entre eux, et de réaliser ainsi la vision nette pour l'infini.

L'œil hypérope se distingue en cela de l'œil myope pour lequel la vision nette des objets éloignés est impossible ; il se différencie d'autre part de l'œil emmétrope en ce que, tandis que celui-ci y voit nettement au loin sans accommoder, l'œil hypérope ne peut réaliser la vision nette à l'infini qu'avec le secours de l'accommodation.

On voit que ces deux états anormaux de l'œil, myopie et hypermétropie ou hypéropie, sont caractérisés par rapport au repos de l'accommodation; aussi appelle-t-on ces *amé-tropies* des *anomalies de la réfraction statique*.

Position du remotum dans l'emmétropie, la myopie et l'hypéropie. — *Emmétropie.* — De ce que les rayons venus de l'infini vont, dans l'œil emmétrope au repos, concourir sur la rétine, il résulte immédiatement que le foyer conjugué de la rétine, lors du repos de l'accommodation, est situé à l'infini. Le *punctum remotum* de l'œil *emmétrope* est donc situé à l'infini.

Myopie. — Dans cet œil au repos, les rayons venus d'un point à l'infini vont concourir en avant de la rétine. Or si le point lumineux se rapproche, son foyer conjugué, qui se déplace dans le même sens (p. 7), se rapprochera de la rétine. Il existera donc toujours pour ce point une position R

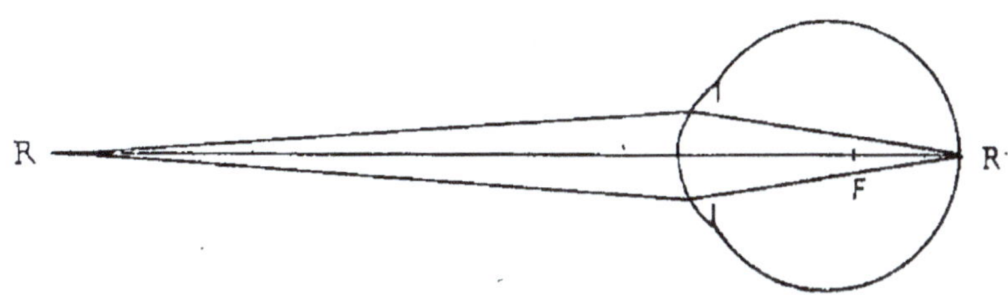

Fig. 33.

(fig. 33), à distance finie en avant de l'œil, telle que les rayons partis de ce point vont concourir en R′ sur la rétine. Ce point R, qui se trouvera ainsi être le foyer conjugué de la rétine dans cet œil au repos, sera le remotum de l'œil myope considéré.

Le *remotum* d'un œil *myope* est donc situé à distance finie en avant de cet œil.

Hypéropie. — L'œil hypérope, au repos, n'est pas assez réfringent pour réunir sur sa rétine les rayons parallèles venus d'un objet situé à l'infini, et ces rayons vont concourir en arrière de l'écran nerveux oculaire.

Si le point lumineux se rapproche, le foyer conjugué, qui

se déplace dans le même sens (p. 7), s'éloignera encore davantage de la rétine. Mais si nous faisons tomber sur cet œil, trop peu réfringent, un faisceau de rayons SI, S'I' (fig. 34) présentant déjà un certain degré de convergence, on conçoit que l'œil, tout en restant au repos, puisse les réunir sur sa rétine en R'. Le point R, où les prolonge-

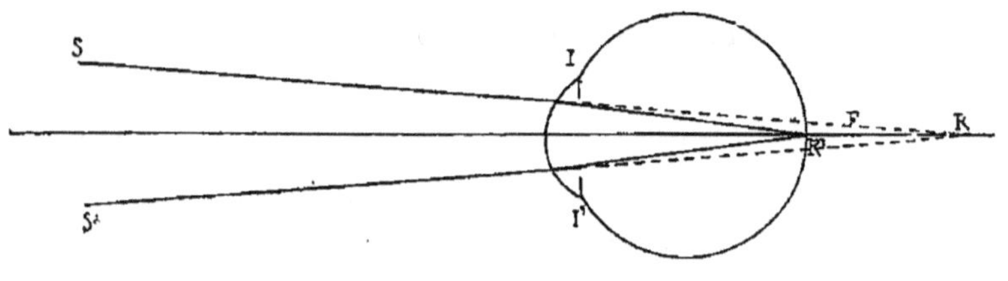

Fig. 34.

ments des rayons incidents vont concourir, est alors, pour l'œil hypérope au repos, le foyer conjugué virtuel de la rétine R'. Ce point R est donc le remotum de cet œil.

Le *remotum* de l'œil *hypérope* est en conséquence virtuel est situé en arrière de cet œil.

Degré d'une amétropie. — Les yeux myopes, comme les yeux hypéropes, ne sont pas tous identiques entre eux, car on conçoit que le foyer principal postérieur et le remotum occupent dans chacun d'eux une position variable d'un œil à l'autre. Il y a lieu dès lors de chercher à caractériser chaque œil amétrope et d'imaginer un moyen pour évaluer ce qu'on pourra appeler le *degré d'amétropie* de chaque œil myope ou hypermétrope.

L'œil normal ou emmétrope étant caractérisé par la vision à l'infini, et les yeux myope ou hypérope étant, d'après ce que nous avons vu, trop ou pas assez réfringents pour les rayons parallèles, par rapport à la position de leur rétine, il était rationnel de prendre, pour caractériser chaque œil amétrope, l'excès ou le déficit de réfraction par suite duquel cet œil n'est pas emmétrope. C'est là précisément ce qui a été fait.

L'excès ou le déficit de réfraction d'un œil myope ou
hypérope peut être évalué par une lentille, et le numéro
de ce verre peut fournir dès lors une mesure de l'amétropie
de l'œil considéré.

On appelle, en effet, *degré* de myopie ou d'hypermétropie
le numéro du verre qu'il faut ajouter à un œil myope ou
hypérope pour que cet œil au repos soit ainsi rendu emmétrope, c'est-à-dire réunisse sur sa rétine les rayons venus de
l'infini.

Le numéro de ce verre correcteur de l'amétropie est
facile à caractériser d'une manière générale.

Myopie. — Soit d'abord un œil myope dont le remotum
est en R (fig. 35) et une lentille négative que, pour bien
préciser, nous supposerons placée au foyer principal anté-

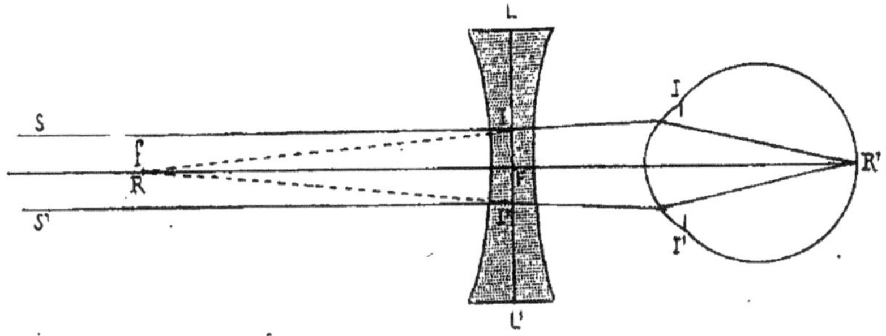

Fig. 35.

rieur de l'œil, et qui devra être choisie de telle sorte que
l'un de ses foyers principaux *f* coïncide avec le remotum R
de l'œil considéré.

Les rayons SI, S′I′..., venus de l'infini, sont rendus divergents par la lentille qui leur donne des directions telles
que leurs prolongements passent par le foyer principal *f*,
c'est-à-dire par le remotum R. Ces rayons réfractés II, I′I′...
paraissent donc, pour l'œil qui les reçoit, venir du remotum
et cet œil les fait dès lors concourir sur sa rétine sans le
secours de l'accommodation. La lentille LL′, choisie comme
nous l'avons dit, rend donc emmétrope l'œil myope con-

sidéré et son numéro $\frac{1}{f}$, f étant sa distance focale fF, sera le degré de myopie de l'œil considéré.

La distance focale f de la lentille correctrice n'est autre chose que la distance du remotum R au foyer principal antérieur F de l'œil.

Hypéropie. — Soit de même un œil hypérope dont le remotum est en R (fig. 36). Il est facile de voir que cet

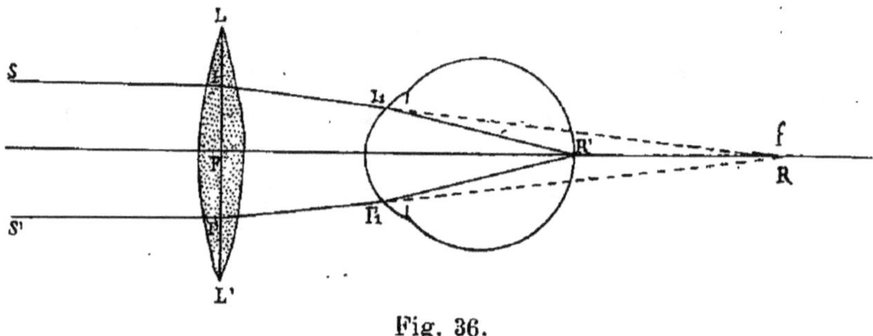

Fig. 36.

œil sera rendu emmétrope si l'on place à son foyer principal antérieur F une lentille positive dont l'un des foyers principaux f coïncide avec le remotum R de l'œil.

En effet, des rayons SI, S'I'..., venus de l'infini, seront réfractés par la lentille de telle sorte que leurs directions nouvelles II₁, I'I'₁... iraient passer par f ou R, si l'œil n'existait pas. Ces rayons tombent dès lors sur l'œil sous le degré de convergence nécessaire pour que cet œil les fasse concourir sur sa rétine, sans le secours de l'accommodation.

La lentille considérée LL' rend donc emmétrope l'œil hypérope pris comme exemple, et le numéro $\frac{1}{f}$ de cette lentille, f étant sa distance focale, sera le degré d'hypermétropie de cet œil.

La distance focale f de la lentille corectrice n'est pas différente de la distance du remotum R de l'œil hypérope au foyer principal antérieur F de cet œil.

Pratiquement donc, le degré d'une amétropie est le numéro du verre positif (hypéropie) ou négatif (myopie) qui, placé au foyer principal antérieur de l'œil amétrope, réalise la vision nette à l'infini, sans le secours de l'accommodation.

II. *Astigmatisme ou astigmie.* — Jusqu'à présent, nous avons toujours supposé que les dioptres oculaires (cornée et faces du cristallin) étaient, sinon des surfaces sphériques, du moins des surfaces de révolution symétriques par rapport à l'axe optique de l'œil et que l'on pouvait les assimiler, dans la petite portion seule utilisée pour la vision, à des surfaces sphériques.

Or il est loin d'en être toujours ainsi, et dans bon nombre d'yeux, sinon dans tous, la symétrie des surfaces des dioptres oculaires par rapport à un axe n'existe pas, la courbure de ces dioptres variant suivant l'orientation du méridien dans lequel on la considère. Il y a donc une dissymétrie physiologique des dioptres oculaires, comme il y a une dissymétrie physiologique des membres (Rollet) (1).

Cette dissymétrie des surfaces des dioptres oculaires est la cause d'une anomalie de la vision qui porte le nom d'*astigmatisme* ou d'*astigmie* (Martin) (2).

Les troubles de vision qu'entraîne l'astigmie, et que nous allons faire connaitre, sont évidemment d'autant plus marqués que la dissymétrie oculaire est plus accusée elle-même. Dans un grand nombre d'yeux, les troubles sont négligeables et passent inaperçus ; mais ils sont fréquemment assez accusés pour occasionner une véritable gêne, un état réel d'infériorité dans l'exercice de la vision, et l'astigmie mérite alors d'être corrigée, si la correction est possible, comme cela arrive dans un grand nombre de cas.

C'est la dissymétrie de courbure de la cornée qui est la cause la plus fréquente et généralement la plus importante de l'astigmie. Cette dissymétrie peut être en quelque

(1) Étienne Rollet, *Compt. rend. de l'Acad. des sciences*, 1888.
(2) Georges Martin, *Myopie, Hypéropie, Astigm.*, Paris, 1895.

sorte régulière ; la cornée peut alors être assimilée à la surface géométrique qui porte le nom d'*ellipsoïde à trois axes inégaux*. L'astigmatisme est, dans ce cas, dit *régulier* et sa correction est possible par des verres cylindriques appropriés à chaque cas.

Mais la dissymétrie de la cornée peut être irrégulière ; c'est ce qui arrive à la suite de plaie irrégulière de la cornée, de kératite, etc. L'astigmie est alors dite *irrégulière* et sa correction par des verres est impossible pratiquement.

Marche des rayons lumineux à travers un ellipsoïde réfringent à trois axes inégaux. — Sans entrer dans la description géométrique rigoureuse de cet ellipsoïde, nous nous bornerons à dire qu'on aura une idée assez nette de cette surface

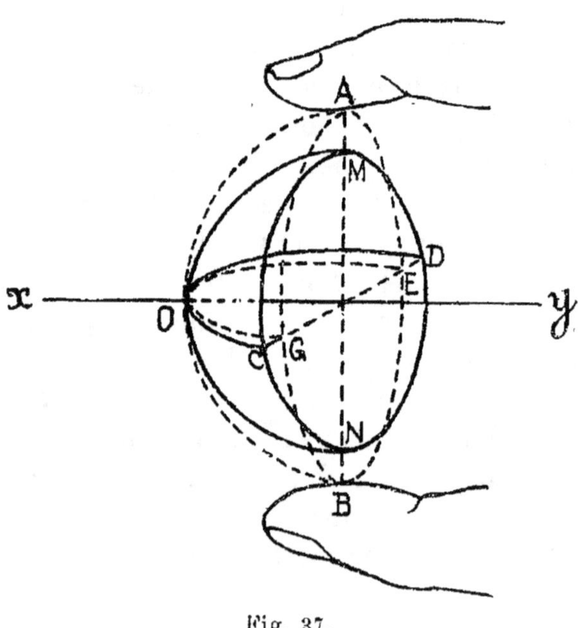

Fig. 37.

en admettant qu'un ellipsoïde de révolution OAEBG (fig. 37) a été déformé par une pression de haut en bas, de manière à prendre la forme OMDNC. Aussi est-ce là, d'après Donders, le mécanisme de la déformation du globe oculaire qui engendre l'astigmie régulière ; le globe se moulerait sur la cavité osseuse orbitaire dont la dissymétrie engendrerait une dissymétrie correspondante de la coque oculaire en général, d'où résulterait une dissymétrie de la cornée.

La forme générale de la cornée ainsi déformée est facile à déterminer dans ses caractères essentiels. Il est évident que la courbure du méridien AOB, devenu MON, aura augmenté, tandis que celle du méridien EOG, devenu DOC, aura diminué ; les courbures des méridiens intermédiaires seront d'ailleurs évidemment comprises entre les courbures précédentes qui seront donc, l'une, celle du méridien MON, une courbure maxima, et l'autre, celle du méridien DOC, une courbure minima. En somme, la cornée, dans l'astigmie régulière, présente une courbure variable d'un méridien à l'autre, courbure qui atteint une valeur maxima et une valeur minima dans deux méridiens, MON, DOC, perpendiculaires entre eux.

Ces deux méridiens, de courbure maxima et minima, sont appelés *méridiens principaux*.

L'inégalité de courbure dans les divers méridiens entraîne forcément une inégalité de réfringence dans ces mêmes méridiens. On prévoit déjà par là qu'à un faisceau de rayons homocentriques (issus d'un même point) ne doit pas correspondre un faisceau de rayons réfractés homocentriques. Mais cette simple notion sur la forme du faisceau réfracté est insuffisante, et il est indispensable, pour comprendre les particularités que la vision présente, chez les yeux *astigmates* ou *astigmes*, de préciser davantage cette forme, qui a pu être déterminée au moyen de considérations mathématiques qu'il n'y a pas lieu de reproduire ici. La forme générale du faisceau réfracté est du reste toujours la même, quel que soit le faisceau homocentrique incident ; nous la décrirons par rapport à un faisceau incident parallèle à l'axe de la surface.

Il est évident tout d'abord que ceux des rayons du faisceau qui sont situés, soit dans le méridien CSD (fig. 38) de courbure maxima, soit dans le méridien BSA de courbure minima, se réfracteront comme à travers les dioptres sphériques que l'on peut substituer à ces méridiens dans la petite étendue où ils sont rencontrés par les rayons inci-

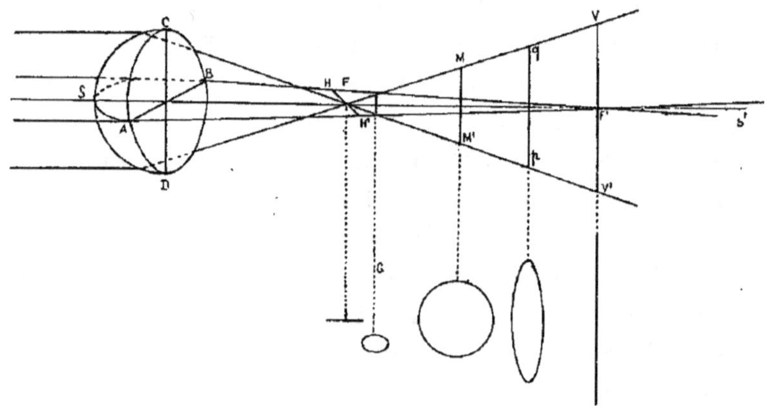

Fig. 38.

dents. Si donc F et F′ sont les foyers principaux de ces dioptres sphériques, les rayons incidents contenus dans le plan du méridien CSD iront concourir en F, tandis que les rayons compris dans le plan du méridien ASB iront concourir en F′.

Aucun autre rayon réfracté ne rencontre l'axe SS′, mais tous ces rayons, sans exception, rencontrent, en des points différents, deux petites droites, dites *focales*, l'une horizontale HH′, l'autre verticale VV′ (1).

La forme générale du faisceau réfracté ainsi formé sera nettement comprise, si nous indiquons les formes des sections que l'on obtient en coupant ce faisceau par des plans perpendiculaires à l'axe SS′ et menés à diverses distances de la surface ellipsoïdale réfringente.

(1) Voy. Imbert, *De l'Astigmatisme*, Paris, 1883, et *Tr. de phys. biol.*, Paris, 1895.

Au niveau du foyer F, la section est une droite horizontale HH′ ;

De part et d'autre de F la section est une ellipse à grand axe horizontal ;

Plus loin et dans le voisinage de F′, de même qu'au delà de ce point, on obtient une ellipse à grand axe vertical ;

En conséquence, il existe une section MM′, entre F et F′, qui est circulaire.

Astigmatisme simple, mixte et composé. — Supposons que la surface ellipsoïdale SCADB (fig. 39) représente le dioptre simple d'un œil réduit.

La rétine de cet œil astigmate peut occuper, par rapport aux foyers principaux F et F″ des méridiens de courbure maxima et minima, des positions diverses qui ont conduit à distinguer plusieurs espèces d'astigmatisme.

1° Si la rétine est en R_1, le méridien BSA est emmétrope,

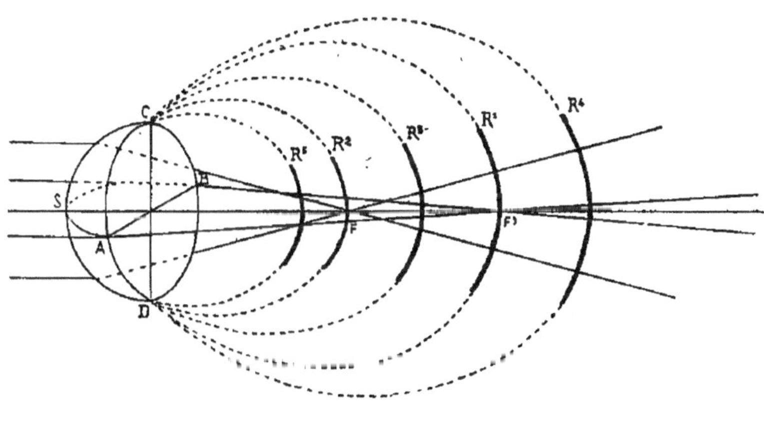

Fig. 39.

tandis que le méridien CSD, dont le foyer principal F se trouve en avant de la rétine, est myope.

Quand la rétine est en R_2, c'est le méridien CSD qui est emmétrope, tandis que le méridien BSA est hypérope.

Dans l'un et l'autre de ces cas, un méridien étant emmétrope et l'autre étant amétrope (myope ou hypérope), l'astigmatisme est dit *simple*.

2° Lorsque la rétine est en R_3, entre F et F', le méridien CSD est myope, tandis que le méridien BSA est hypérope.

L'astigmatisme est alors dit *mixte*.

3° La rétine peut encore être située en R_4 au delà de F et de F', ou en R_5, en deçà de F et de F'. Dans le premier cas, les deux méridiens principaux sont myopes, mais à des degrés différents, dans le second, les deux méridiens sont hypéropes, mais à des degrés différents.

Dans l'un et l'autre de ces deux cas, on dit que l'astigmatisme est *composé*.

Degré d'astigmatisme. — L'amétropie de chaque méridien principal, considéré isolément, peut évidemment, comme pour un œil amétrope non astigmate, être mesurée en dioptries par le numéro du verre qui rend emmétrope le méridien considéré.

Il est dès lors rationnel de prendre, pour mesure du *degré* d'astigmatisme d'un œil, la différence des états de réfraction ou des degrés d'amétropie des méridiens principaux de l'œil astigmate.

Les exemples numériques suivants, relatifs aux divers cas qui peuvent se présenter, feront bien comprendre cette définition du degré d'astigmatisme.

Si l'un des méridiens principaux est emmétrope (amétropie = 0 dioptrie) et l'autre amétrope de 2 dioptries, l'œil présentera une astigmatisme de $2 - 0 = 2$ dioptries. L'astigmatisme sera d'ailleurs dit myopique ou hypéropique, suivant que le méridien amétrope sera lui-même myope ou hypérope.

Quand les deux méridiens principaux sont myopes, l'un de 5 dioptries, l'autre de $1^d,5$, ou hypéropes, l'un de 4 dioptries, l'autre de 3^d, le degré d'astigmie sera de $5 - 1.5 = 3^d,5$ dans le premier cas, ou de $4 - 3 = 1$ dioptrie, dans le second cas.

L'astigmie composée est encore qualifiée de myopique ou d'hypermétropique, suivant la nature de l'amétropie commune aux deux méridiens principaux.

Soit enfin un œil astigme dont les méridiens principaux sont, l'un myope de 3^d, l'autre hypérope de 1^d. Ces amétropies étant inverses l'une de l'autre, de signes contraires dirait-on en Algèbre, le degré d'astigmie est alors donné par la somme $3 + 1 = 4^d$, qui représente réellement la différence des états de réfraction des deux méridiens principaux.

Direction des méridiens principaux. — Dans les figures sur lesquelles nous avons donné les notions précédentes relatives à l'astigmatisme, nous avons supposé que les méridiens principaux étaient perpendiculaires l'un sur l'autre : l'un vertical, l'autre horizontal.

En pratique, si ces méridiens font toujours entre eux un angle sensiblement droit, leurs directions ne sont pas toujours l'une horizontale, l'autre verticale. Non seulement ces méridiens peuvent n'être qu'à peu près vertical et horizontal, mais ils peuvent même être orientés d'une façon quelconque.

Lorsque le méridien de courbure maxima est vertical ou sensiblement vertical et que le méridien de courbure minima est donc au moins sensiblement horizontal, on dit que l'astigmatisme est *conforme à la règle*, parce que ce cas est de beaucoup le plus fréquent.

Mais il existe des yeux astigmes dans lesquels c'est le méridien de courbure minima qui est vertical ou à peu près vertical, tandis que le méridien de courbure maxima est horizontal ou à peu près. Ce cas est relativement rare et l'astigmie est alors dite *contraire à la règle*.

Vision chez les astigmates. — Il résulte tout d'abord de ce qui précède que, quelle que soit la position qu'occupe la rétine par rapport au faisceau réfracté, l'image rétinienne d'un point n'est jamais un point, mais une ellipse, un cercle ou tout au moins une droite. La vision chez les astigmates ne peut donc jamais présenter la netteté qu'elle acquiert, pour des positions convenables de l'objet, chez les sujets emmétropes, myopes ou hypéropes; mais elle présente en outre des particularités caractéristiques qu'il est indispensable de connaître, car c'est sur ces particularités que sont basés, d'une part le diagnostic de l'astigmatisme, au moins par certaines méthodes, d'autre part le choix des verres correcteurs de cette amétropie.

Il est évident tout d'abord que, un objet étant situé à une distance convenable, l'œil astigmate pourra régler son accommodation de telle sorte que l'un de ses méridiens principaux (et non les deux méridiens, car ils sont inégalement réfringents) soit exactement adapté pour la distance de l'objet.

Supposons que l'objet soit une droite horizontale, que les méridiens principaux soient l'un horizontal, l'autre vertical, et que l'astigmate accommode pour adapter son méridien vertical, de courbure maxima par exemple, pour la distance à laquelle l'objet se trouve. Dans ces conditions, chaque point de l'objet aura, comme image sur la rétine, une petite droite horizontale (droite focale); l'image rétinienne totale sera donc une droite, à peine plus longue qu'elle ne le serait dans un œil exempt d'astigmatisme, et nullement élargie en épaisseur.

Mais si l'objet est une droite verticale, toutes choses restant d'ailleurs comme ci-dessus, chacun des points de cet objet aura encore, comme image rétinienne, une petite droite horizontale et l'ensemble de ces droites, qui formera l'image rétinienne totale de l'objet, constituera un petit rectangle, c'est-à-dire une droite verticale élargie dans le sens horizontal de son épaisseur.

Enfin si l'objet est une droite oblique on verrait de même que son image serait un petit parallélogramme, c'est-à-dire une droite, oblique aussi, élargie dans le sens de sa dimension horizontale.

La figure 40 représente l'aspect des diverses images réti-

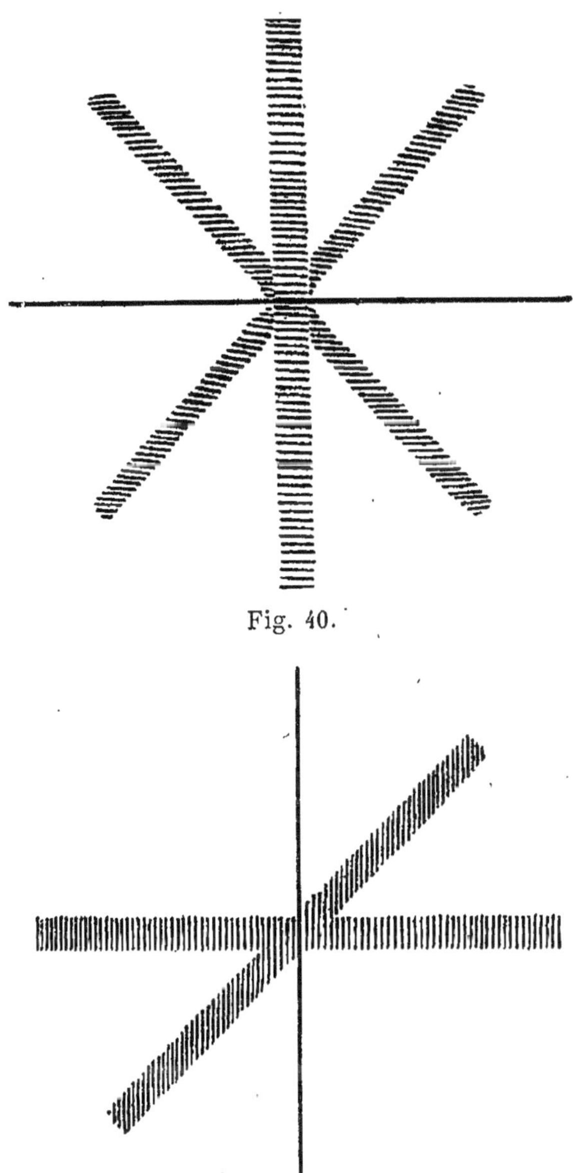

Fig. 40.

Fig. 41.

niennes dont il vient d'être question. Il résulte de là qu'une droite objet, dans les conditions indiquées plus haut, sera vue nettement si elle est horizontale et d'autant plus confusément que sa direction se rapprochera davantage de la verticale.

On verrait de même que, dans le cas où c'est le méridien horizontal qui est accommodé pour la distance de l'objet, la vision est nette, lorsque l'objet est une droite verticale, et d'autant plus confuse que la direction de cette droite se rapproche davantage de l'horizontale, conformément à l'aspect de la figure 41.

En résumé donc, si l'on présente à un astigmate une figure rayonnée comme celle de la figure 42, la droite vue le

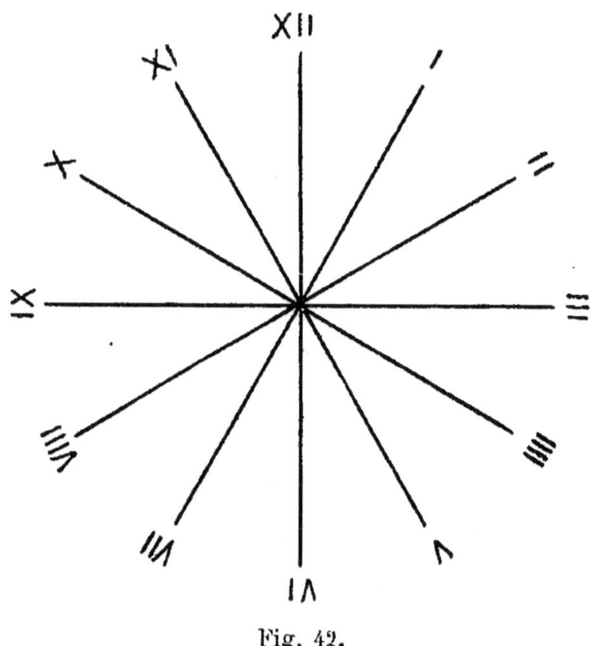

Fig. 42.

plus nettement a une direction perpendiculaire au méridien qui est en ce moment accommodé pour la distance à laquelle cette figure se trouve.

III. *Anomalie de la réfraction dynamique.* — *Pres-*

byopie ou presbytie. — Nous avons dit plus haut que, par suite du durcissement progressif des couches périphériques du cristallin, le pouvoir accommodatif de l'œil diminue progressivement à mesure que l'on avance en âge.

Il résulte de là que le *punctum proximum* qui, lorsqu'il est réel, peut être défini le point le plus rapproché de la vision distincte, s'éloigne lui-même progressivement de l'œil à mesure que l'on vieillit. Lorsque ce point dépasse ainsi la distance habituelle du travail, la vision cesse d'être nette à cette distance et l'on est *presbyte*.

La *presbytie* ou *presbyopie* résulte donc d'une insuffisance d'effet de l'accommodation, aussi l'appelle-t-on *anomalie de la réfraction dynamique.*

La presbytie n'atteint pas seulement les vieillards, comme il est facile de s'en convaincre en remarquant la différence des effets d'accommodation que doivent faire, pour y voir nettement à la même distance, des personnes d'un même âge (même pouvoir accommodatif) dont les yeux présentent divers états de réfraction.

Un hypérope, en effet, a déjà besoin de son accommodation pour y voir nettement à l'infini, alors que l'emmétrope réalise la vision nette à la même distance en maintenant son accommodation relâchée. Par suite, pour voir nettement à une même distance finie, l'hypérope a besoin d'une fraction plus grande d'accommodation que l'emmétrope ; comme du reste le pouvoir accommodatif total présente la même valeur, chez toutes les personnes du même âge, quel que soit l'état de réfraction de leurs yeux, il est évident que, au même âge, le proximum est plus éloigné de l'œil chez l'hypérope que chez l'emmétrope. En conséquence, le premier deviendra plus tôt presbyte que le second, et la presbytie commencera d'autant plus tôt que le degré d'hypéropie est plus élevé.

Par contre, un myope ne commence à accommoder qu'à partir de la distance finie à laquelle est situé son remotum ;

Dès lors, pour toute distance inférieure à celle-ci, un myope aura toujours besoin d'un effort d'accommodation moindre que celui qui correspond à l'emmétropie, et à plus fort raison que celui qui correspond à l'hypéropie. Au même âge, le proximum du myope sera donc situé plus près de l'œil que ceux de l'emmétrope et de l'hypérope. Pour peu que le degré de myopie soit élevé, l'œil myope ne devient même jamais presbyte. C'est probablement cette circonstance qui a porté les gens, peu au courant des choses de la vision, à regarder la presbytie comme l'opposé de la myopie, croyance absolument erronée, puisque la myopie se rapporte à la position du remotum, tandis que la presbytie est relative à celle du proximum.

III. — ŒIL ARTIFICIEL.

On appelle yeux artificiels de petits instruments qui reproduisent plus ou moins exactement le système dioptrique oculaire. Les yeux artificiels sont de deux espèces :

Les uns ont été combinés de manière à permettre la reproduction des principaux phénomènes de la dioptrique oculaire (formation des images sur la rétine, etc.). Dans ces yeux, le système dioptrique est calqué sur celui de l'œil humain et se compose d'une surface réfringente sphérique en verre, en arrière de laquelle se trouve un liquide, l'eau, au sein duquel est plongée une lentille biconvexe qui représente le cristallin.

L'œil de Landolt est la réalisation de ce que nous avons appelé *œil réduit ;* il se compose d'une seule surface réfringente en verre dont le rayon de courbure est de 5 millimètres, en arrière de laquelle se trouve de l'eau.

La seconde espèce d'yeux artificiels est simplement destinée à permettre au débutant de se familiariser avec l'examen ophtalmoscopique. Dans ces yeux, on ne s'est pas préoccupé de réaliser un système dioptrique analogue à celui de l'œil humain et l'on a simplement constitué le système réfringent par une lentille biconvexe. Ces yeux ne donnent pas, au point de vue de la grandeur et de la position des images, des résultats comparables à ceux de l'œil humain, mais l'examen de la rétine artificielle dont ils sont pourvus se fait dans les conditions physiques analogues à celles de l'homme vivant; aussi est-ce à cet usage qu'ils sont exclusivement destinés. Ils constituent ainsi, pour les débutants, un sujet toujours docile, qui ne s'éblouit pas, qui ne larmoie pas, qui garde une fixité absolue et dont l'iris, à l'aide d'une série d'écrans, peut être à volonté dilaté ou rétréci. De tels yeux artificiels, destinés à faciliter l'apprentissage de l'examen ophtalmoscopique, ont été imaginés par Perrin, etc.

Mention spéciale doit être faite de l'œil de Parent dans lequel la rétine, mobile, peut être éloignée ou rapprochée du système réfringent constitué par une lentille, de manière à réaliser tous les degrés de myopie et d'hypéropie aniso-axiles. Une série de lentilles cylindriques, mobiles autour de l'axe de cet œil artificiel, permet en outre de réaliser divers degrés d'astigmatisme, avec telle orientation que l'on veut des méridiens principaux. A l'aide de cet ingénieux petit appareil, on peut donc s'exercer à la pratique de la détermination de l'état de réfraction, soit par l'examen à l'image droite, soit en utilisant le phénomène de l'ombre pupillaire.

DE L'EXAMEN DE L'ŒIL A L'ÉCLAIRAGE OBLIQUE, AVEC LA LENTILLE ET AU MIROIR OPHTALMOSCOPIQUE.

L'exploration ophtalmoscopique du malade dans le cabinet noir ou dans une salle peu éclairée a pour but, d'une part, de vérifier l'intégrité des milieux transparents qui constituent le système dioptrique oculaire, c'est-à-dire de la cornée, de la chambre antérieure, du cristallin, du corps vitré, ainsi que l'état du diaphragme irien ; d'autre part, d'obtenir des images, commodes à observer *de visu*, des membranes profondes de l'œil, la rétine, la choroïde, la sclérotique parfois.

Cet examen peut être complété, suivant les cas, par une détermination de la réfraction statique de l'œil.

Comme toute exploration clinique, l'exploration ophtalmoscopique doit être méthodique et chacun des yeux devra être examiné, même si la lésion, au dire de l'observé, semble être unilatérale.

L'examen complet d'un œil comprend quatre parties : examens à l'éclairage oblique et au miroir ophtalmoscopique, puis examen ophtalmoscopique proprement dit, soit à l'image droite, soit à l'image renversée.

L'examen à l'éclairage oblique montre l'état de la cornée, de la chambre antérieure, de l'iris et du cristallin dans ses parties antérieures.

L'examen au miroir ophtalmoscopique permet le contrôle

des faits notés par la méthode précédente ; il rend possible
en outre l'exploration de l'état du cristallin et du corps vitré.

L'examen ophtalmoscopique proprement dit, à l'image
droite, puis à l'image renversée (ophtalmoscope et lentille)
décèle les altérations des membranes profondes.

I. — EXAMEN DE L'ŒIL A L'ÉCLAIRAGE OBLIQUE.

L'importance de ce premier examen est loin d'être négligeable. Sans cet examen, un néphélion cornéen pourrait
quelquefois être pris pour une lésion rétinienne pendant
l'examen ophtalmoscopique ; la papille, vue à travers de très
légères taies cornéennes, paraît en effet voilée, et l'on pourrait dès lors songer à une chorio-rétinite, à des troubles du
vitré ou du cristallin, si l'existence de ces taies n'avait été
d'abord constatée par l'éclairage oblique.

Technique. — *L'éclairage oblique* ou *latéral* consiste à
faire tomber très obliquement sur la cornée un faisceau
lumineux convergent donné par une lentille biconvexe, de
façon à éclairer vivement la cornée, l'iris, la pupille, et à
reconnaître l'existence, dans cette région antérieure de
l'œil, de toute particularité anormale.

A cet effet, on dispose une lampe à côté et un peu en
avant de l'œil observé (fig. 43). Une lentille convexe de 18 à
20 dioptries, placée entre la lampe et l'œil, permet de pro-
jeter sur cet œil un cône lumineux qui en éclaire le segment
antérieur.

L'avantage de ce mode d'examen consiste en ce que,
quand la lumière tombe ainsi obliquement sur la surface de
séparation de deux milieux transparents, cornée et faces du
cristallin, la proportion de lumière qui se réfléchit et arrive
ensuite à l'œil observateur est alors plus considérable ; les
lésions très minimes, opacités, etc., sont ainsi visibles, tandis qu'elles ne le seraient pas dans l'examen avec le miroir
ophtalmoscopique, car l'incidence des rayons est alors à

peu près normale et la quantité de lumière réfléchie trop faible pour que ces particularités puissent être perçues.

Cette méthode porte aussi le nom d'*éclairage focal*, la partie éclairée devant se trouver à peu près au foyer principal de la lentille.

L'observateur peut d'ailleurs explorer la partie éclairée, dont l'observation est d'autant plus facile que les régions

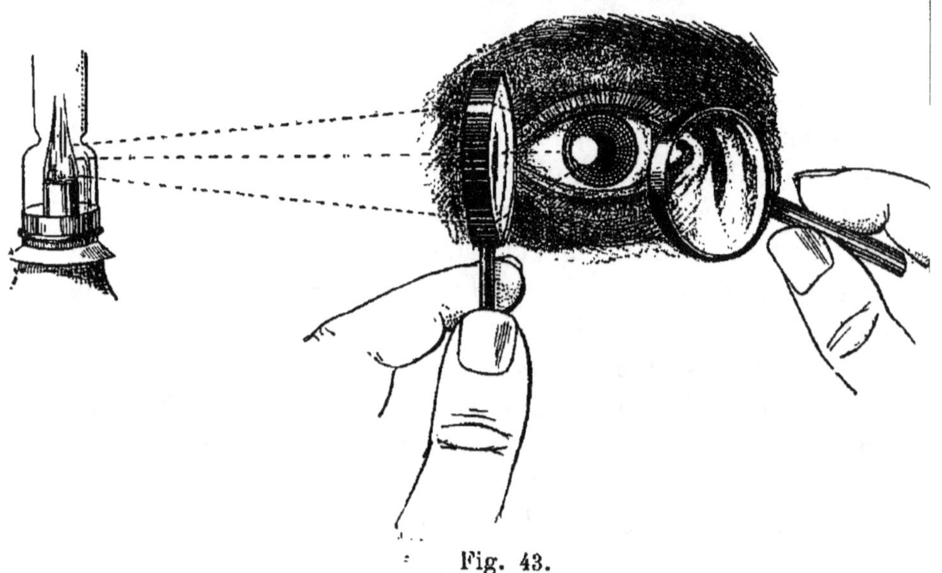

Fig. 43.

voisines restent obscures, soit à l'œil nu, soit avec une loupe et bénéficier ainsi d'un certain grossissement qui agrandit les objets.

La cornée peut être, dans ces conditions, admirablement explorée dans ses moindres détails.

Les plus légers néphélions, reliquats d'anciennes kéra-tites phlycténulaires, les cicatrices d'origine traumatique seront facilement reconnus. On aura soin d'ailleurs de faire en sorte que la taie, s'il en existe, se projette sur l'orifice pupillaire, car, sur ce fond noir, elle se détachera avec une extrême netteté.

On voit, par ce qui précède, combien cet examen à

l'éclairage oblique et à la chambre noire est supérieur à l'examen analogue que l'on peut pratiquer directement à la lumière diffuse du jour.

Au niveau de la cornée, l'examen doit porter successivement sur les points suivants :

1° L'épithélium antérieur, s'il est normal, doit être poli et réfléchir régulièrement la lumière. La desquamation que l'on rencontre dans le glaucome se manifestera par une altération de la netteté des images vues par réflexion sur la surface antérieure de la cornée ; ces exulcérations de la cornée, en raison de leur fond qui réfléchit irrégulièrement la lumière, se distinguent donc nettement des parties avoisinantes polies.

2° La transparence de la cornée, les taies, les néphélions, les leucomes apparaissent avec une teinte bleuâtre. La kératite parenchymateuse donne à la cornée l'aspect d'un verre dépoli, au travers duquel se dessinent plus ou moins vaguement les détails de l'iris et de la pupille.

3° La membrane de Descemet et l'épithélium postérieur doivent toujours être explorés soigneusement, en vue d'y rechercher les dépôts ponctués ou triangulaires de l'iritis séreuse.

4° Les jeux de la lumière, réfléchie au niveau de la cornée, permettront de reconnaître la forme de cette surface, conique dans le kératocône, globuleuse dans le kératoglobe.

Dans la *chambre antérieure*, on notera :

1° Le degré de transparence de l'humeur aqueuse, altérée par exemple dans l'iritis séreuse par de légers flocons en suspension, ou d'autrefois par hypopyon ou hypohéma ;

2° La profondeur de la chambre antérieure, plus marquée chez le myope que chez l'emmétrope et chez ce dernier que chez l'hypermétrope. La chambre antérieure peut être abolie dans le glaucome ; c'est un fait qui peut être dû encore à une perforation de la cornée, d'origine traumatique ou inflammatoire. Enfin on pourra constater la présence d'une tumeur, ou d'un corps étranger flottant dans l'humeur aqueuse.

L'iris doit être examiné au double point de vue fonctionnel et anatomique.

Au point de vue fonctionnel, la réaction de la pupille à la lumière est très importante à rechercher ; le degré de cette réaction est décelé par la projection et la disparition alternative du cône lumineux réfracté par la lentille.

Au point de vue anatomique, on explorera la délicate trame irienne, les modifications survenues dans sa coloration, le degré de poli de sa surface, la présence de tumeurs solides ou kystiques. On passera ensuite à l'examen de la grande circonférence de l'iris, de l'état de l'angle irido-cornéen dont on connaît l'importance dans la tension oculaire.

Le rebord pupillaire sera lui aussi soigneusement exploré, car sa forme est souvent altérée par des synéchies. On recherchera s'il y a ou non tremblotement de l'iris.

Le *cristallin* et la portion antérieure de la cristalloïde doivent également être examinés à l'éclairage oblique. A l'état normal, la cristalloïde antérieure apparaît avec un reflet caractéristique ; ce reflet est très peu marqué chez les enfants et les adultes, mais très prononcé chez le vieillard à cause de l'élévation de l'indice de réfraction du cristallin qui s'accentue progressivement avec l'âge.

Il faudra se garder de confondre cet état avec un début de cataracte ; l'éclairage au miroir ophtalmoscopique, en donnant le reflet rouge du fond de l'œil, lèvera tout doute à cet égard.

On rencontre souvent, sur la cristalloïde antérieure, des dépôts brunâtres d'uvée, reliquats de synéchies rompues, des cataractes polaires antérieures, parfois, mais rarement, quelques vestiges de la membrane pupillaire ou une cataracte pyramidale de Sichel.

L'éclairage oblique permet de voir à une profondeur plus grande encore, et de reconnaître un décollement très antérieur de la rétine qui flotte alors derrière la cristalloïde postérieure. De même, certaines néoplasies (cancer de la rétine ou de la choroïde), des collections purulentes ou hématiques du vitré, peuvent encore quelquefois être reconnues par ce mode d'examen.

II. — EXAMEN DES MILIEUX DE L'ŒIL PAR L'ÉCLAIRAGE AU MIROIR OPHTALMOSCOPIQUE.

Ce second examen est non moins utile que le premier, car il permettra, tout en complétant l'exploration à l'éclairage oblique, de reconnaître plus facilement l'état du cristallin et du corps vitré ; on pourra encore par ce procédé se renseigner rapidement aussi sur la réfraction statique de l'œil observé, en pratiquant la skiascopie dont il sera question plus loin.

Technique. — L'examen au miroir ophtalmoscopique *sans lentille* se fait, soit avec un miroir plan, soit avec un miroir concave. Ce miroir (fig. 44) est percé d'une ouverture centrale par laquelle regarde l'observateur ; il est tenu à la main par le manche dont il est muni et doit être orienté de manière à renvoyer dans l'œil observé les rayons venus d'une source lumineuse (lampe électrique, à gaz, à pétrole, à huile).

Il importe souvent de pratiquer cet examen à un faible éclairage, car une lumière trop vive rétrecit la pupille de l'observé, s'il n'est pas atropinisé, et noie en quelque sorte les petites opacités qui ne sont plus aperçues.

Il peut donc être préférable de se servir du miroir plan qui ne fournit qu'un éclairement peu considérable.

Si d'ailleurs l'on se sert d'un miroir concave à long foyer, il suffit de baisser la flamme de la lampe pour affaiblir l'éclairement.

La lampe doit être disposée à côté et un peu en arrière de l'œil observé.

Pour explorer les différentes parties du cristallin et du corps vitré, on fera successivement diriger le regard de l'observé en dedans, en dehors, en haut, en bas, en relevant alors avec le pouce la paupière supérieure.

Cornée. — Les altérations de transparence de la cornée seront décelées par l'examen au miroir comme par l'éclairage oblique ; mais tandis que les taies, éclairées oblique-

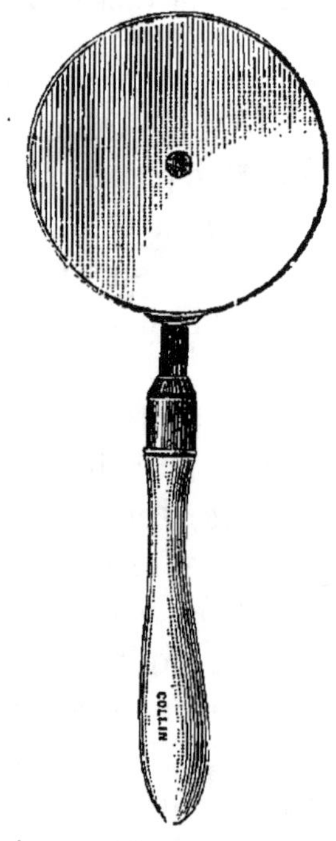

Fig. 44.

ment, sont vues en bleu, elles apparaissent en sombre, dans ce nouvel examen, sur le fond rouge de l'œil, car elles sont plus ou moins opaques.

Les modifications de la courbure de la cornée peuvent être reconnues. L'astigmatisme irrégulier, suite de kératite phlycténulaire, se manifeste par des ombres et des jeux de lumière mobiles et variés d'aspect.

Ces apparences se rencontrent notamment dans le kératocône. Ces ombres se distinguent, en raison de leur mobilité et de leur absence au simple éclairage oblique, des ombres formées par les opacités cornéennes.

Cristallin. — Les parties les plus périphériques du cristallin ne peuvent être explorées qu'après une dilatation par l'atropine.

Il importe d'abord de distinguer les opacités qui peuvent siéger sur la cristalloïde antérieure, et qui sont en dehors du sac cristallinien, des altérations propres à cet organe.

Les opacités qui peuvent donner le change à cet égard sont, par exemple, les dépôts d'uvée sur la face antérieure de la cristalloïde antérieure. Ces dépôts seront facilement distingués des opacités intracapsulaires par l'éclairage oblique ; ils apparaissent alors en effet en saillie sur la cristalloïde antérieure et, à leur niveau, le reflet capsulaire antérieur est interrompu.

Toute altération de transparence du tissu cristallinien porte le nom de cataracte. Ces opacités cristalliniennes peuvent être totales et occuper toute la masse des fibres, ainsi qu'il arrive dans les diverses variétés de cataracte à la période de maturité ou de régression. Elles sont partielles dans les cataractes séniles à la première période de leur évolution ou dans les cataractes congénitales.

La pupille, au lieu d'apparaître noire comme à l'état normal lorsqu'on l'observe directement, ou rouge comme à l'examen au miroir, apparaît blanche chez un œil cataracté.

La cataracte corticale ou demi-molle se manifestera au début par des opacités rayonnées siégeant à l'équateur cristallinien, dans les fibres constituant l'écorce. Ces opacités peuvent se trouver sur la portion antérieure ou postérieure de la lentille et constituent, suivant le cas, des cataractes corticales équatoriales antérieure ou postérieure.

Les lignes rayonnées opaques sont plus ou moins nombreuses, elles s'approchent plus ou moins des régions centrales de la lentille, envoient parfois entre elles des anastomoses, et parfois viennent jusqu'au centre du cristallin où elles constituent, par leur réunion, des étoiles à trois, quatre, cinq branches.

Il ne faudra pas confondre ces opacités cristalliniennes du début de la cataracte corticale avec des opacités qui se rencontrent souvent vers l'équateur du cristallin, et qui sont stationnaires.

Parfois les opacités de la cataracte corticale, au lieu d'être rayonnées, forment des masses opaques compactes. On les distingue, d'après leur situation près de l'équateur ou des pôles, en opacités équatoriales ou polaires, et aussi en postérieures ou antérieures, suivant qu'elles se trouvent anténucléaires ou post-nucléaires.

La cataracte sénile nucléaire se manifeste par une opacité centrale à bords diffus et des jeux d'ombres. A la périphérie de ce noyau, la pupille dilatée laisse voir un anneau transparent (ombre portée de l'iris des anciens oculistes), zone encore transparente qui diminue à mesure que vieillit la cataracte, sans disparaître toutefois entièrement.

Les cataractes congénitales se manifestent, soit par une cataracte polaire antérieure, soit par une cataracte polaire postérieure. Ces cataractes, quand elles sont punctiformes, passent souvent inaperçues, car elles sont masquées par des images dues à la réflexion de la lumière sur la face antérieure ou postérieure du cristallin.

La cataracte zonulaire, congénitale aussi, apparaît sous la forme d'anneau concentrique noir et rouge.

La subluxation cristallinienne congénitale (ectopie) ou traumatique peut donner une image caractéristique. La pupille, après dilatation par l'atropine, se trouve séparée en deux parties par une ligne régulièrement circulaire qui apparaît sous la forme d'une bande noire, bien limitée du côté de sa convexité et légèrement estompée du côté de sa concavité; c'est le bord du cristallin luxé qui apparaît ainsi. Les autres méthodes contribuent également au diagnostic de cet état, lorsqu'il est donné de voir simultanément deux papilles de dimensions différentes.

Les opacités cristalliniennes se différencient encore des opacités du corps vitré et de la cornée par le déplacement parallactique et par l'examen à l'éclairage oblique.

Corps vitré. — L'examen au miroir ophtalmoscopique est surtout utile pour l'exploration du corps vitré.

Pour que cette exploration soit complète, le malade doit porter son regard en haut, en bas, à droite, à gauche. Les principales altérations que l'on peut avoir à observer sont les suivantes :

1° Les corps flottants, qui se caractérisent subjectivement par l'apparition de mouches volantes. Ces corps flottants sont d'aspect très variable.

a. Punctiformes et en très grand nombre, ils constituent une sorte de nuage, un voile de gaze, ou de poussière emportée par le vent. Ce sont les troubles poussiéreux du vitré que les mouvements de l'œil déplacent. Pour les apercevoir, un très faible éclairage est indispensable. Tels sont les troubles que l'on rencontre dans la période de début de la syphilis de l'œil.

b. Filiformes et membraniformes, ils constituent un phénomène fréquent que l'on rencontre dans le cortège symptomatique de la myopie forte. Ils se déplacent avec plus ou moins de rapidité suivant les mouvements de l'œil. Ces corps flottants peuvent en particulier résulter d'hémorragies en voie de résorption.

2° Les corps étrangers sont parfois mobiles dans le vitré ; l'observateur doit les rechercher à la partie déclive de l'œil. Il parviendra parfois à les mobiliser en invitant le malade à regarder en haut, puis brusquement devant lui ; le corps étranger peut ainsi être projeté en haut, descendre suivant la pesanteur et être aperçu quand il passe au-devant de l'ouverture pupillaire.

3° Les vestiges de l'artère hyaloïde se manifestent par des

tractus tendus de la papille à la face postérieure du cristallin.

4° Les hémorragies du vitré, quand elles sont totales,
empêchent tout rayon lumineux de pénétrer jusqu'à la
rétine. Le fond de l'œil apparaît alors noir comme s'il n'était
pas éclairé, donnant l'aspect d'une cataracte noire. Les hémorragies partielles laissent entrevoir certaines parties
encore rouges du fond de l'œil à côté de parties totalement
obscures.

Rétine. — Le simple éclairage au miroir est un excellent
moyen d'investigation pour les décollements un peu volumineux de la rétine. Aussi faudra-t-il ne pas négliger de
faire regarder le malade en tous sens et de noter dans
chacune des positions le reflet de la pupille. Si le reflet
change dans une de ces positions; si, par exemple, le regard dirigé en bas, la pupille prend un éclat blanc bleuâtre
ou blanc rougeâtre contrastant avec l'éclat rouge normal du
fond de l'œil, il faudra penser à un décollement en bas.

Si l'observateur se rapproche alors à quelques centimètres
de la cornée, en faisant usage d'un ophtalmoscope à
réfraction, il arrivera facilement à voir la rétine décollée.
Cet examen à la distance de 3 ou 4 centimètres de l'œil,
avec le simple miroir et quelques verres convexes, est un
des meilleurs moyens pour explorer un décollement. Quelquefois, en effet, il est très difficile de voir à l'image droite
certains décollements situés très avant, car la série de
verres positifs de l'ophtalmoscope peut être insuffisante pour
voir le décollement qui se comporte comme le fond d'un
œil extrêmement hypermétrope.

En somme les profondeurs auxquelles sont situées des
particularités se diagnostiquent soit à l'aide du déplacement
parallactique, soit à l'aide de l'examen à l'image droite.

Déplacement parallactique. — Supposons, dans un œil
emmétrope par exemple (fig. 45), une série d'opacités que,
pour plus de simplicité, nous supposerons situées sur la ligne

visuelle CO de l'œil observé, et d'ailleurs distribuées sur
la cornée, le pôle antérieur du cristallin, le pôle postérieur
de cette lentille et à diverses profondeurs dans le vitré.

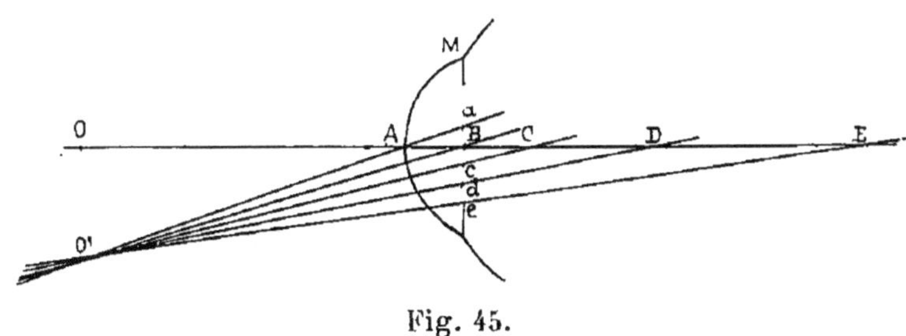

Fig. 45.

Si cet œil n'accommode pas, il donnera, de ces opacités
diverses, des images virtuelles qui seront elles-mêmes_dis-
tribuées, en arrière de sa cornée, depuis de grandes distances
jusqu'à la cornée même.

Soient, dès lors, A, B, C, D,... ces images virtuelles dont
un œil observateur O doit constater les déplacements parallactiques.

Si l'œil observateur se déplace de O en O', ces images,
vues d'abord suivant la même direction, apparaîtront maintenant distinctes les unes des autres suivant les directions
O'A, O'B, O'C, O'D, O' E... Au niveau du plan irien MN,
elles se projetteront donc en a, B, c, d, e. On voit immédiatement que l'image de toute opacité siégeant en avant de
l'iris se projettera au-dessus du centre de l'ouverture pupillaire, c'est-à-dire paraîtra s'être déplacée en sens inverse
du déplacement de l'œil observateur ; au contraire, l'image
de toute opacité siégeant en arrière de l'iris se projettera
au-dessous du centre de la pupille et paraîtra s'être déplacée
dans le même sens que l'œil observateur. Dans l'un et
l'autre cas d'ailleurs, le déplacement apparent de l'image
par rapport à la pupille, sera d'autant plus considérable que
l'image, et par suite l'opacité correspondante, seront situées
plus en avant ou plus en arrière du plan irien.

EXAMEN A L'IMAGE DROITE. — On peut encore déterminer la position d'une opacité par ce procédé, décrit seulement plus loin, en cherchant par tâtonnement, comme pour la détermination de la réfraction statique, le verre qui, lorsque l'accommodation est relâchée chez l'observé et chez l'observateur, permet à celui-ci de voir nettement l'opacité en question.

Des formules de la dioptrique oculaire, en effet, il est facile de déduire que tout déplacement de la rétine égal à $0^{mm},3$ dans le sens antéro-postérieur correspond à une variation de 1 dioptrie dans l'état de la réfraction statique. Soient, dès lors, M et N les numéros des verres qui, en dehors de l'intervention de l'accommodation, permettent à l'observateur de voir nettement d'abord la rétine de l'œil observé, puis l'opacité dont on veut déterminer la position par rapport à la rétine. Le nombre M—N de dioptries, dont diffèrent les deux verres, multiplié par $0^{mm},3$ fera connaître la distance en millimètres qui existe entre la rétine et l'opacité.

Il faut remarquer toutefois que ce procédé ne peut être pratiquement employé que pour les opacités assez voisines de la rétine ; dans le cas contraire, en effet, la vision nette de ces opacités ne pourrait être réalisée que grâce à des verres plus forts que ceux que comportent les ophtalmoscopes à réfraction.

CHAPITRE IV

DE L'EXAMEN DU FOND DE L'OEIL
A L'OPHTALMOSCOPE

Quand les renseignements fournis par les explorations précédentes (éclairage à la lentille et au miroir ophtalmoscopique seul) auront été obtenus, alors seulement on songera à l'examen ophtalmoscopique proprement dit, en utilisant l'image droite et l'image renversée.

Ces deux examens seront utilisés successivement, car ils fournissent des données différentes ; ces deux méthodes ont chacune leurs inconvénients et leurs avantages et on ne doit rejeter systématiquement ni l'une ni l'autre.

I. — THÉORIE DE L'EXAMEN OPHTALMOSCOPIQUE.

L'examen ophtalmoscopique a pour objet l'exploration par la vue du fond de l'œil.

On peut procéder à cet examen suivant deux méthodes :

1° Examen à l'image droite et virtuelle, dans lequel l'observateur se place le plus près possible de l'œil observé ;

2° Examen à l'image renversée et réelle, dans lequel la distance entre les yeux observateur et observé est relativement grande (60 centimètres environ) et dans tous les cas non négligeable.

Dans l'un et l'autre mode d'examen, on emploie, pour éclairer le fond de l'œil observé, un miroir, dit *ophtalmoscopique*, généralement concave, quelquefois plan, et dont il

a été question plus haut. Ce miroir, qui renvoie dans l'œil
à examiner la lumière venue d'une source, est percé dans
sa partie centrale, comme il a été dit ci-dessus, d'une petite
ouverture circulaire par laquelle regarde l'observateur. Les
rayons, venus de la source lumineuse et renvoyés par le

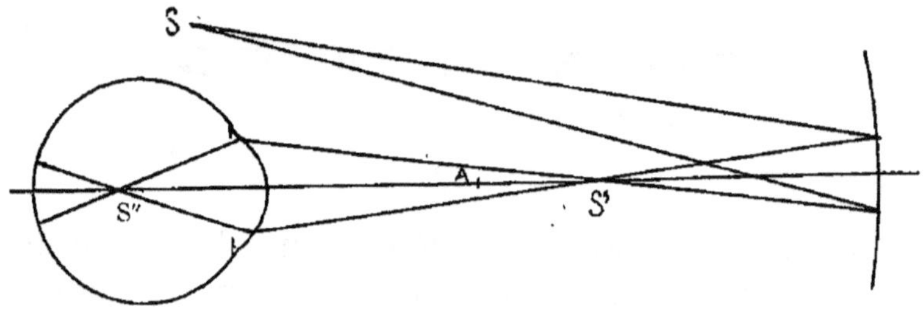

Fig. 46.

miroir ophtalmoscopique sur l'œil observé, sont réfractés
par cet œil et vont concourir soit sur la rétine, soit en avant,
soit en arrière de cette membrane, suivant les positions
relatives de la source, du miroir et de l'œil, et suivant aussi
l'état de l'accommodation de cet œil au moment où on

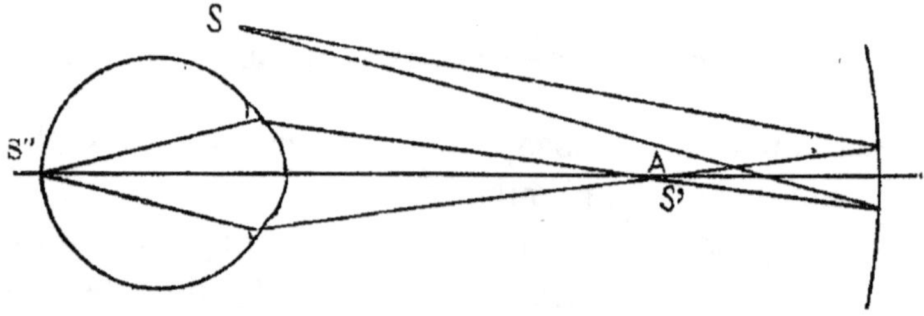

Fig. 47.

l'observe. Le miroir, en effet, donne, qu'il soit plan ou concave, une image S' de la source lumineuse (chap. Iᵉʳ) ;
d'après ce que nous avons dit sur l'accommodation, l'œil
observé donnera, de cette image S', une autre image S'' qui
se formera en avant de la rétine (fig. 46), sur la rétine (fig. 47)
ou en arrière de la rétine (fig. 48), suivant que l'image S'

donnée par le miroir est située : 1º au delà (fig. 46) du point A pour lequel l'œil examiné est accommodé, ou au

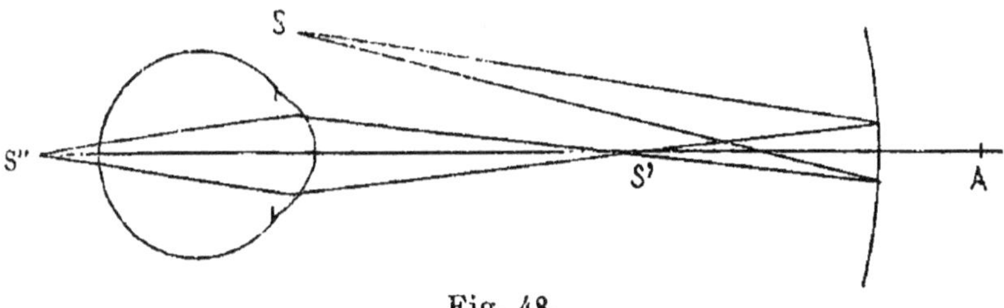

Fig. 48.

point A lui-même (fig. 47), ou en deçà de ce même point A (fig. 48).

En conséquence, si la source est réduite à un point S, la portion de la rétine éclairée sera d'autant plus grande que l'image S″ sera plus éloignée de la rétine, en avant ou en arrière, c'est-à-dire que l'image S′, donnée par le miroir, sera plus éloignée, en deçà ou au delà, du point A pour lequel l'œil du malade est accommodé au moment de l'examen. Dans le cas où S′ coïncide avec A, un point seulement de la rétine est éclairé, ce qui est évidemment une mauvaise condition d'examen. Si ce cas est réalisé par un œil examiné, il suffit, pour obtenir une portion plus ou moins grande de rétine éclairée, de déplacer la source lumineuse, ce qui fait déplacer S, ou d'inviter le malade à regarder soit plus loin, soit plus près, ce qui fait déplacer A.

Cette portion de rétine éclairée devient objet lumineux et renvoie par diffusion à l'extérieur, à travers l'ouverture pupillaire, une certaine quantité de rayons qui, réfractés par l'œil observé et reçus par l'œil observateur, permettent à ce dernier, dans des conditions que nous allons préciser, de voir le fond de l'œil observé.

Les dioptres oculaires, agissant sur les rayons diffusés par la rétine éclairée, réfractent, en effet, ces rayons et donnent, comme tout système réfringent, une image des portions de la rétine d'où ils émanent.

Si l'on suppose, pour plus de simplicité, avoir affaire à l'œil réduit, l'image de A (fig. 49) sera quelque part sur l'axe secondaire AC et l'image de B à la même distance sur l'axe secondaire BC. La position de l'image totale A′B′, et par suite sa grandeur, dépendront de l'état de réfraction (myopie, emmétropie, hypermétropie) et de l'état d'accommodation de l'œil observé. Si l'accommodation de cet œil est au repos,

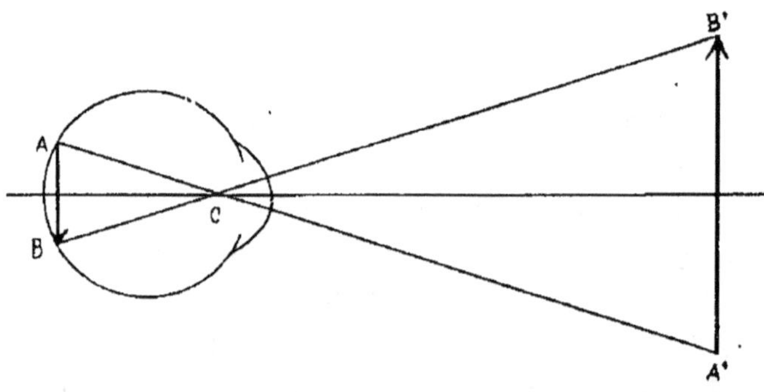

Fig. 49.

l'image A′B′ se formera au punctum remotum, c'est-à-dire en avant de l'œil et à distance finie, dans le cas de la myopie, à l'infini dans le cas de l'emmétropie, en arrière de l'œil (image virtuelle) dans le cas de l'hypermétropie. Si l'accommodation intervient dans l'œil examiné, l'image A′B′ se forme entre le remotum et le proximum de cet œil, au point pour lequel l'œil est accommodé au moment où on l'examine.

On voit donc que la position de l'image qu'un œil donne de sa propre rétine est essentiellement variable.

D'autre part, pour que l'œil observateur puisse voir cette image A′B′ du fond de l'œil observé, il faut que cet œil observateur puisse accommoder pour la position dans laquelle cette image se forme ; il est donc nécessaire que l'œil observateur ait une position telle que l'image de l'œil observé soit située entre son remotum et son proximum.

Soient, par exemple, un observé emmétrope qui n'accommode pas et un observateur, également emmétrope, dont l'accommodation est aussi relâchée. Les rayons venus de la rétine de l'observé sortent parallèlement et arrivent dans cet état sur l'observateur, qui les fera converger sur sa rétine. L'observateur verra donc nettement le fond de l'œil observé. Il n'en serait plus de même si l'observé, ou l'observateur, accommodait seul.

Si ce même observateur emmétrope veut voir le fond d'un œil myope qui relâche son accommodation, l'image de ce dernier se formant à distance finie en avant, l'observateur devra se placer assez loin pour que cette image soit située, par rapport à lui, au delà de son propre proximum et accommoder convenablement.

On pourrait examiner de même les divers cas qui peuvent se présenter.

En général, l'image que donne ainsi directement l'œil examiné ne se trouve pas dans des conditions d'observation commode. C'est pour cela qu'on lui substitue une autre image donnée par une lentille que l'on place, pendant l'examen, en avant et près de la cornée de l'œil examiné. On peut d'ailleurs, en choisissant des lentilles convenables, obtenir soit une image droite et virtuelle, soit une image renversée et réelle de la rétine à explorer.

Théorie de l'examen à l'image droite. — Il importe de remarquer d'abord que, dans le cas particulier d'un œil hypermétrope qui n'accommode pas, cet œil donne directement lui-même une image droite et virtuelle de sa propre rétine, si bien que l'examen à l'image droite et virtuelle se pratique alors naturellement, sans l'interposition d'aucun verre.

Soient, en effet, un œil hypermétrope dont le punctum remotum est en R (fig. 50), et une portion AB de sa rétine. L'image de A se formera en A′ sur l'axe secondaire AC et l'image de B en B′ sur l'axe secondaire BC, l'image A′B′ passant d'ailleurs par le remotum R, puisque nous supposons

que l'œil n'accommode pas. Cela veut dire, en somme, que les
rayons émanés de la rétine AB sont, lorsqu'ils sortent de
l'œil, dans les mêmes conditions que s'ils venaient des divers

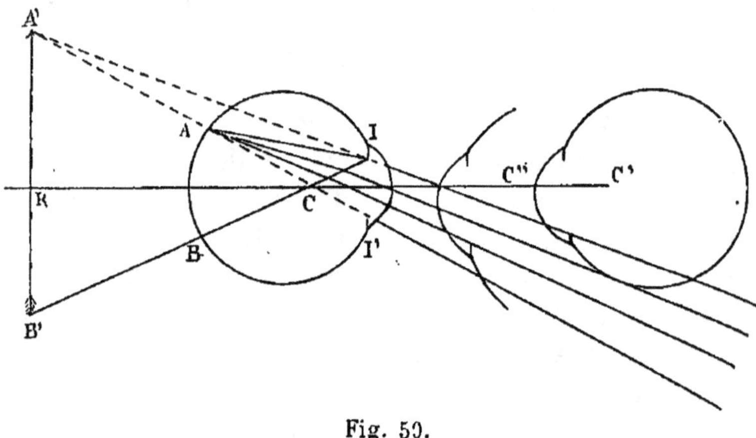

Fig. 50.

points de A'B'. L'œil examinateur qui reçoit ces rayons
verra donc nettement cette image A'B', s'il accommode pour
la distance à laquelle cette image se trouve.

L'œil observateur doit se placer le plus près possible
de l'observé, afin d'augmenter son champ de vision, c'est-
à-dire la portion de rétine qu'il peut voir. Il suffit, pour
s'en convaincre, d'examiner la figure 50. Le faisceau de
rayons IAI', parti du point A de la rétine, forme à sa
sortie de l'œil observé le faisceau divergent IA'I'. On voit
que, si l'œil examinateur est placé assez loin en C'', cet œil
ne recevra aucun des rayons émanés originairement du
point A et ne verra donc pas l'image A' de ce point. Au
contraire, si l'œil examinateur est situé plus près en C', il
recevra une partie des rayons émanés primitivement de A,
et verra donc l'image A' de A ; en d'autres termes, l'œil
examinateur pourra explorer une plus grande partie de la
rétine de l'œil observé, s'il se place plus près de ce dernier.
L'image A'B' est ici en outre plus grande que l'objet AB.

Considérons maintenant le cas où l'image A'B' (fig. 51),

que l'œil examiné donne directement de sa propre rétine AB, est située en avant de cet œil, soit parce que cet œil est

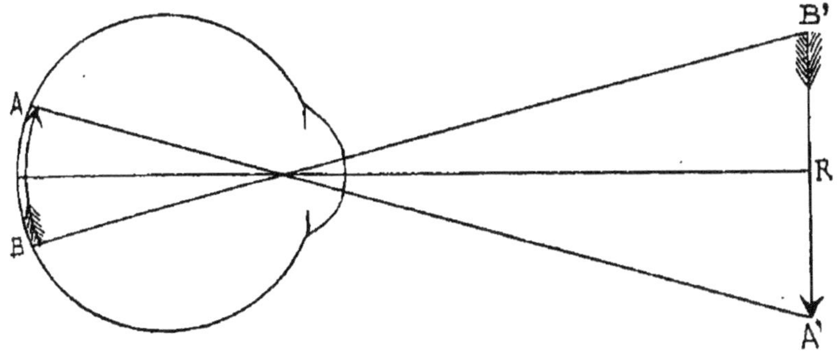

Fig. 51.

myope, soit parce que, étant emmétrope ou hypermétrope, il fait intervenir son accommodation. Cette image directe, donnée par l'œil observé, est alors renversée et réelle, et située au point R, pour lequel cet œil est actuellement accommodé.

Il est possible de substituer à cette image renversée et réelle A'B' une image droite et virtuelle ; il suffit pour cela

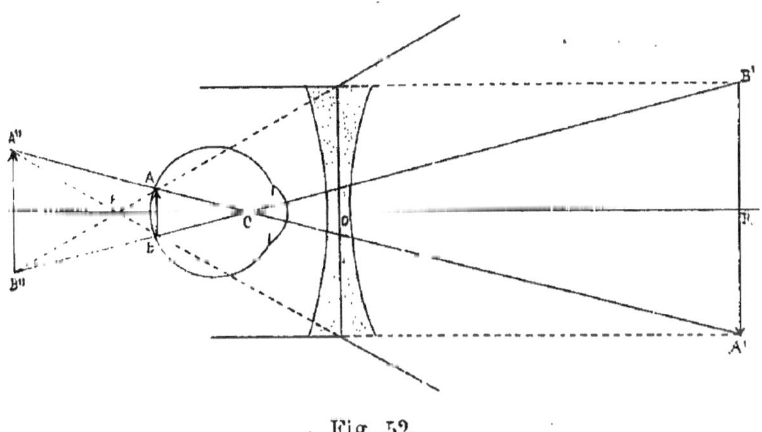

Fig. 52.

de placer, entre la cornée de l'œil examiné et cette image A'B', une lentille divergente ou négative (fig. 52).

En effet, l'image A'B', qui ne peut plus se former, joue alors le rôle d'objet virtuel, par rapport à la lentille négative interposée, et si l'on applique la construction indiquée dans le chapitre premier (fig. 25), on voit que la lentille substitue à l'image A'B' une image A"B", droite par rapport à l'objet AB et virtuelle.

On peut se dispenser de recourir à cette construction géométrique et ramener ce cas à celui, plus simple, que nous avons examiné tout d'abord.

Il suffit pour cela de remarquer qu'un œil myope devient hypermétrope lorsqu'on lui ajoute une lentille négative de numéro supérieur à celle qui corrige son degré de myopie. Si l'on considère alors l'ensemble de l'œil et de cette lentille comme constituant un seul système dioptrique, on est ramené au cas, examiné plus haut, d'un œil hypermétrope.

Cette condition de numéro supérieur à celui du degré de myopie se traduit, sur la figure, par cette condition équivalente que la distance focale OF de la lentille doit être inférieure à OR ; si en effet OF était plus grand que OR, la lentille donnerait une image renversée et réelle, située plus loin que l'image A'B' donnée directement par l'œil examiné.

Théorie de l'examen à l'image renversée. — Dans ce mode d'examen, on interpose, près de l'œil observé, une lentille destinée à faire converger très fortement les rayons émanés cet œil et à faire former l'image de la rétine entre la lentille interposée et l'œil observateur.

Lorsque l'œil à examiner présente un fort degré de myopie, l'image réelle et renversée, que cet œil fournit lui-même de sa propre rétine, est dans de bonnes conditions d'observation et l'examen à l'image réelle et renversée se pratique alors directement sans le secours d'aucune lentille.

L'œil, en effet, donne alors une image de sa rétine, située à son remotum s'il n'accommode pas, ou un peu plus près encore de sa cornée, si l'accommodation est en jeu.

L'image A'B' de la portion AB de rétine (fig. 53) est alors réelle et renversée comme le montre la figure. Cette image est en outre assez près de l'œil, par conséquent assez

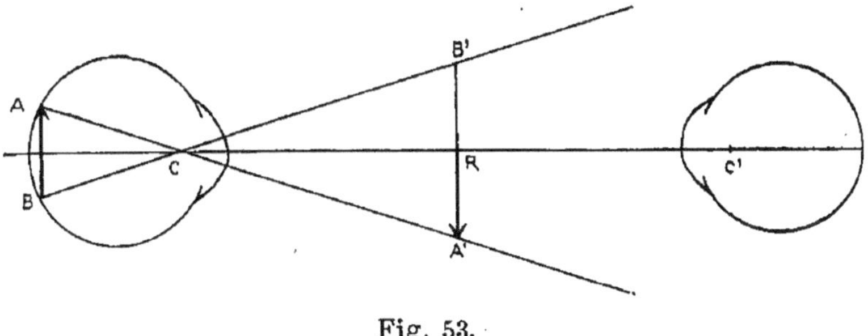

Fig. 53.

éclairée, et il suffit à l'œil observateur, pour voir cette image, de se placer au delà de R, dans une position C' telle qu'il lui soit possible d'accommoder pour la distance C'R.

Mais lorsque l'œil à examiner n'a pas un degré élevé de myopie, l'image que cet œil donne de sa propre rétine est alors éloignée, grande il est vrai, mais peu éclairée par contre, et son observation est peu commode. On ramène cette image dans de bonnes conditions de grandeur, d'éclairement et de position, en plaçant en avant, et près de la cornée de l'œil examiné, une lentille positive de numéro assez élevé.

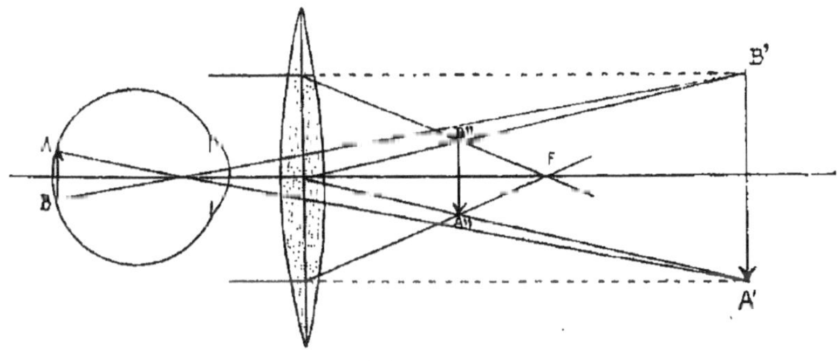

Fig. 54.

L'image A'B' (fig. 54), que l'œil donnerait, ne peut plus se former, mais joue alors le rôle d'objet virtuel et il suffit de répéter la construction indiquée dans le chapitre premier (fig. 23) pour voir que la lentille substitue à l'image A'B' une nouvelle image A"B" plus petite, plus éclairée, plus rapprochée, située en somme comme l'image directe que donne de sa rétine un œil fortement myope.

L'observateur verra donc cette image en se plaçant comme il a été dit dans le cas examiné d'abord.

On peut encore ici se dispenser d'avoir recours à une construction géométrique en remarquant que l'adjonction d'une lentille positive à un œil tend à rendre cet œil myope, s'il ne l'est déjà, ou à augmenter son degré de myopie s'il est déjà myope. En plaçant donc, en avant de l'œil à observer, une lentille positive suffisamment forte, on communique à cet œil un degré élevé de myopie, quel que soit son état de réfraction antérieure ; si l'on regarde l'œil et la lentille positive comme formant un seul système dioptrique complet, on est ramené au cas examiné tout d'abord.

Il importe de remarquer que la lentille positive que l'on emploie pour pratiquer l'examen à l'image réelle et renversée n'agit pas à la façon d'une loupe. Une loupe, en effet, est employée à regarder un objet réel ou une image réelle (oculaire de microscope) et donne une image virtuelle et plus grande que l'objet. Au contraire, dans l'examen à l'image réelle ou renversée, l'objet est virtuel et la lentille que l'on emploie lui substitue une image réelle et plus petite que l'objet ; cette image, en outre, est d'autant plus petite que le numéro de la lentille est plus élevé, tandis que, lorsqu'une lentille positive agit comme loupe, elle donne une image virtuelle d'autant plus grande que son numéro est plus fort.

Il serait facile de s'assurer, en suivant le faisceau complet de rayons qui part d'un point de la rétine à examiner, que le champ de vision, c'est-à-dire l'étendue de cette rétine qu'il est possible à l'examinateur de voir, est, toutes choses égales d'ailleurs, *plus* ou *moins* grand suivant que l'image définitive A"B" est *moins* ou *plus* grande. On devra donc, dans l'examen à l'image réelle et renversée, employer une lentille de numéro plus fort ou plus faible, suivant que l'on veut obtenir un champ de vision plus grand ou moins étendu.

II. — TECHNIQUE DE L'EXAMEN OPHTALMOSCOPIQUE.

1° **Des ophtalmoscopes.** — Le premier ophtalmoscope a été combiné par Helmholtz en 1851 ; cet instrument a été perfectionné depuis et son maniement est aujourd'hui simplifié.

Nous ne pouvons nous appesantir ici sur la description de tous les ophtalmoscopes, dont chaque praticien modifie les détails de mécanisme à sa façon. L'instrument le meilleur est celui qui est le moins compliqué, et surtout celui dont on a l'habitude de faire usage.

Nous ne parlerons pas ici des ophtalmoscopes fixes, de l'ophtalmoscope binoculaire (Giraud-Teulon), de l'ophtalmoscope à trois observateurs (Monoyer), de l'autoophtalmoscope (Coccius), tous instruments destinés surtout à l'enseignement : nous nous occuperons seulement des ophtalmoscopes à main employés dans la pratique oculistique, c'est-à-dire de l'ophtalmoscope simple et des ophtalmoscopes à réfraction.

L'*ophtalmoscope simple* est constitué par un miroir concave (fig. 44) dont le rayon de courbure est de 17 centimètres environ. Ce miroir a un diamètre de 3 à 4 centimètres, il est en verre mince et dépourvu d'étamage à son centre, où se trouve quelquefois un trou de 5 millimètres de diamètre. Ce miroir est muni d'un manche fixe ou pliant.

En vue de l'examen à l'image renversée, l'ophtalmoscope simple comprend, outre le miroir concave, une lentille biconvexe de 16 dioptries environ (6 centimètres de foyer).

Tel est l'instrument qui permet d'examiner le fond de l'œil à l'image renversée et de pratiquer la skiascopie.

L'ophtalmoscope à réfraction (fig. 55) sert au même usage que l'instrument précédent, mais permet en outre de faire l'examen à l'image droite, d'établir l'état statique de la réfraction, comme nous l'indiquerons plus bas, ou la position de certaines particularités du vitré, etc.

Cet ophtalmoscope à réfraction doit, afin que les diverses parties de l'examen ophtalmoscopique complet d'un œil soient rendues plus faciles, réunir trois miroirs :

Un miroir concave fournissant un éclairement plus intense, qui sera utilisé dans l'examen ophtalmoscopique à l'image renversée ;

Un miroir incliné environ à 30°, et à court foyer, pour l'examen à l'image droite et la recherche par cette image de l'état de réfraction ;

Un miroir plan constamment employé pour la skiascopie et qui, par suite du faible éclairement qu'il donne, facilite la recherche des opacités dans le vitré. Toutefois, pour cette recherche on peut se servir d'un miroir concave, si l'on a soin de modérer l'intensité de la source lumineuse.

Tout ophtalmoscope à réfraction est muni d'une double série de verres positifs et négatifs, de dimensions minimes, que l'observateur peut successivement amener, au moyen d'un mécanisme variable d'un instrument à l'autre, devant l'ouverture centrale du miroir pendant l'examen et qui sont destinés à la mesure objective du degré d'amétropie, comme nous le verrons plus loin. Ces verres sont enchâssés à la périphérie de petits disques parallèles au plan du miroir, mobiles autour de leur centre et que l'observateur peut faire tourner avec l'index de la main qui tient le manche du miroir. Chacun des verres vient ainsi successivement se placer en arrière de l'ouverture centrale du miroir ophtalmoscopique et s'interposer sur le trajet du faisceau lumineux qui va de l'observé à l'observateur.

Dans certains ophtalmoscopes, un même disque porte, sur une moitié de sa circonférence, les verres de + 1, +2 ...

+ 9 dioptries, sur l'autre moitié, les verres de — 1, — 2 ... — 9 dioptries. Un secteur circulaire, muni des verres + 10, — 10 et + 0.50, est de même mobile autour de son centre, lequel occupe une position telle que l'un quelconque des verres du secteur puisse venir se superposer à l'un quelconque des

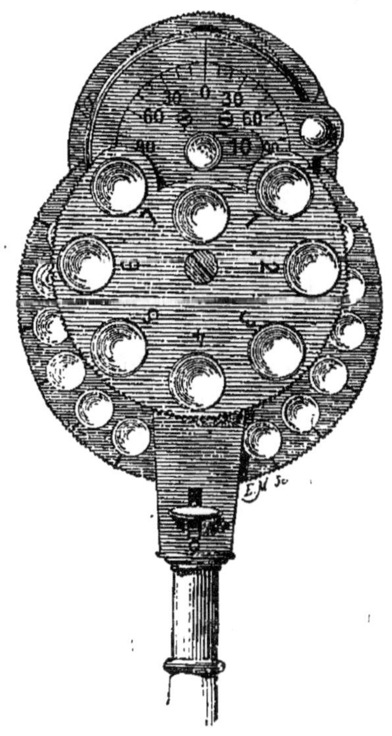

Fig. 55.

verres du disque, en arrière de l'ouverture centrale du miroir ophtalmoscopique. Il est facile de s'assurer que l'on peut réaliser, par ces diverses combinaisons, tous les numéros de verres, positifs ou négatifs, de 1 à 19 D., en progressant par $0^d,50$.

Dans d'autres instruments, les verres positifs et négatifs sont portés par deux disques distincts, et un mécanisme permet à l'observateur de faire passer, en arrière de l'ouverture du miroir, les verres de l'un ou l'autre de ces disques.

Quelques ophtalmoscopes à réfraction, ceux de Parent et de Panas (fig. 55) par exemple, sont munis d'un disque spécial, porteur de verres cylindriques que l'on peut, grâce à un mécanisme approprié, amener en face de l'ouverture du miroir et orienter alors de telle façon que l'on désire. Ces verres sont destinés à la détermination des éléments de l'astigmatisme; mais il faut alors se baser sur la différence de netteté avec laquelle on voit les vaisseaux rétiniens situés, ou à peu près, dans les deux méridiens principaux de l'œil astigmate, ce qui présente une certaine difficulté.

·2° ***Examen clinique à l'image droite***. — Nous supposons l'observateur muni d'un ophtalmoscope à réfraction et placé dans le cabinet noir en face de son malade.

L'obscurité n'a nul besoin d'être complète pour ce mode d'examen, tandis qu'elle est plus nécessaire pour l'examen à l'image renversée; on peut en effet pratiquer des examens à l'image droite au lit du malade, dans une salle d'hôpital en pleine lumière.

Toutefois l'obscurité est préférable, pour les débutants surtout; d'une part, en effet, on peut alors suivre facilement la direction de la lumière réfléchie par le miroir ; d'autre part, l'attention n'est pas attirée sur les divers points du champ visuel de l'observateur, puisque ce champ est obscur.

En règle générale, pour l'examen à l'image droite, l'observateur doit employer l'œil de même nom que l'œil observé; il faut, en d'autres termes, examiner l'œil droit avec l'œil droit, l'œil gauche avec l'œil gauche. Aussi est-il nécessaire de savoir tenir l'ophtalmoscope avec l'une et l'autre des mains.

Dans l'examen de l'œil droit, par exemple, l'observateur utilisera son œil droit, tiendra son ophtalmoscope avec la main droite et placera la lampe à la droite de l'observé.

Ce mode opératoire présente un avantage ; il permet à l'observateur d'éviter un voisinage trop intime avec le nez et la bouche du malade, tout en permettant un plus grand rapprochement des yeux observateur et observé.

Les dispositions précédentes prises, l'observateur doit, pour voir un fond d'œil : 1° diriger correctement l'œil de l'observé; 2° éclairer cet œil; 3° s'approcher le plus près possible de cet œil observé, et relâcher en outre son accommodation s'il veut déterminer l'état de réfraction.

1° *Direction à faire prendre à l'œil observé*. — Il est nécessaire, pour déterminer cette direction, de compléter d'abord les notions que nous avons données sur l'appareil dioptrique oculaire dans les chapitres précédents.

Nous avons dit précédemment que l'œil humain peut être regardé comme un système dioptrique centré; soient donc un œil (fig. 56, coupe horizontale), et son axe OO' (ligne des centres). Cette ligne rencontre postérieurement le globe oculaire en un point O que rien ne distingue, sur la rétine,

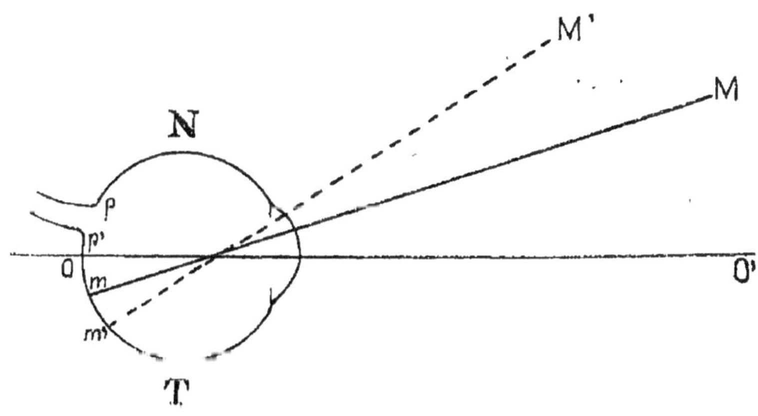

Fig. 56.

des points voisins et qui ne joue aucun rôle particulier dans la vision, ainsi qu'on va le voir. Le nerf optique aborde le globe oculaire en une région pp', appelée la *papille* et située du côté interne ou nasal par rapport au pôle postérieur O; cette région est d'ailleurs insensible à la lumière ; elle n'est pas excitée directement par l'agent lumineux et constitue le *punctum cæcum*. Par contre, de l'autre côté du pôle postérieur O, c'est-à-dire du côté externe ou temporal, existe une région *m*, la *macula*, où la rétine présente une constitution histologique spéciale grâce à laquelle cette membrane nerveuse possède le maximum de sensibilité, au moins au point de vue de la perception des formes des objets. Il résulte de là que, lorsque nous voulons voir un objet M, nous orientons notre œil, non pas de manière que l'image rétinienne de cet objet se forme au point O, mais de telle sorte que cette image vienne se former sur la macula *m*. En d'autres termes, ce n'est pas l'axe principal OO′ de notre œil que nous dirigeons vers l'objet à voir M, mais un axe secondaire spécial *m* M.

En conséquence, lorsqu'un observateur, situé en M et armé du miroir ophtalmoscopique, procède à l'examen d'un œil, il aura en face de lui la macula de cet œil, s'il invite l'observé à regarder le centre du miroir; pour avoir au contraire en face la région papillaire *pp′*, l'observateur situé en M devra inviter l'observé à regarder un point M′ situé plus à gauche par rapport à l'observé, de telle sorte que, par la rotation ainsi déterminée, la région papillaire *pp′* soit venue occuper la place de la région maculaire *m*, laquelle occupera d'ailleurs actuellement la position *m′*.

La région papillaire, siège très fréquent d'altérations, devra toujours être explorée et l'œil observé devra alors être orienté comme nous venons de le dire. A ce moment, le faisceau de rayons envoyés dans cet œil par le miroir ophtalmoscopique rencontre la rétine dans la région papillaire, insensible à la lumière; l'acte réflexe qui détermine le resserrement de la pupille ne se produit qu'incomplètement et l'ouverture de l'iris est alors en général assez grande pour que l'examen du fond de l'œil puisse être pratiqué sans instillation préalable d'atropine. La pupille se rétrécit davantage lorsque c'est une autre région que la rétine, la macula en particulier, qui se trouve en face de l'observateur.

La direction oblique, par rapport à l'œil observateur, de l'œil observé, présente encore l'avantage de déplacer latéralement les images, par réflexion sur les dioptres cornéens, du miroir ophtalmoscopique.

Lorsque les lignes visuelles des yeux observateur et observé se confondent, c'est-à-dire lorsque ce dernier regarde le centre du miroir, les images dont nous venons de parler sont sensiblement situées sur ces lignes, leur éclat attire l'attention et l'image du fond de l'œil, noyée en quelque sorte au milieu de cette lumière, passe inaperçue des débutants. Le déplacement latéral de ces images, obtenu par une déviation convenable de l'œil observé, facilite donc l'examen ophtalmoscopique du fond de l'œil. Sans indiquer d'une manière rigoureuse la marche des rayons lumineux d'où résulte le déplacement en question, disons que le phénomène est celui que l'on obtient si l'on fait tomber le faisceau réfléchi par le miroir sur une lentille ; on observe dans ces conditions deux images par réflexion sur les deux faces de la lentille ; ces images sont aperçues dans la région centrale de la lentille si celle-ci est normale à la direction moyenne du faisceau ; elles sont au contraire déplacées latéralement si l'on incline la lentille par rapport aux rayons réfléchis par le miroir.

2° *Éclairement de l'œil observé.* — Toute lampe à pétrole, ou mieux à gaz, électrique, etc., d'intensité suffisante, peut être employée pour l'examen ophtalmoscopique.

Nous avons dit déjà que cette lampe doit être placée à la hauteur de l'œil examiné, du côté de cet œil et un peu en arrière.

Pour examiner à l'image droite, il est avantageux de se servir d'un petit miroir incliné à 30° environ sur le disque qui porte les verres destinés à la détermination du degré d'amétropie de l'œil observé. Grâce à ce petit artifice, les verres, au moment où on les utilise, sont disposés, comme ils doivent l'être, normalement au faisceau de rayons qui va de l'œil observé à l'œil observateur. Si l'on se servait au contraire d'un miroir dont le plan serait parallèle au disque porteur des verres, le miroir devrait quand même être incliné de 30°, pour la raison que nous indiquerons ci-dessous, par rapport à la ligne qui joint les deux yeux observateur et observé, et les verres se trouveraient inclinés d'un même angle sur cette ligne, conditions dans lesquelles ces verres se comporteraient sensiblement comme des verres cylindriques. Le miroir doit évidemment être orienté de telle sorte qu'il renvoie, par réflexion, sur l'œil examiné les rayons venus de la source lumineuse. Mais s'il paraît très superflu d'indiquer cette condition, il est peut-être moins facile qu'il ne paraît de la réaliser au début de l'apprentissage de l'ophtalmoscope. Aussi est-il utile de tenir ouvert l'œil qui n'est pas armé du miroir, dont le champ n'est pas limité par l'ouverture de ce miroir et qui fait ainsi apercevoir toujours l'endroit où tombe le faisceau réfléchi, d'où l'on déduit facilement les mouvements qu'il y a lieu d'imprimer au miroir pour envoyer la lumière dans l'œil observé. On reconnaîtra en outre que l'œil observé est convenablement orienté et éclairé à ce que l'ouverture pupillaire apparaît alors rosée, couleur générale du fond de l'œil, tandis que si ces conditions ne sont pas remplies, la pupille se détache en noir au centre de l'iris éclairé.

3° *Distance de l'observateur à l'observé*. — L'œil observé et le miroir étant ainsi convenablement orientés, l'observateur, dans le cas de l'examen à l'image droite, doit s'approcher le plus qu'il lui est possible de le faire. Chacun des yeux en présence est ainsi mis dans l'impossibilité d'accommoder pour l'iris de l'autre et l'on provoque ainsi un relâchement inconscient de l'accommodation. Ce résultat est important à obtenir sur l'observé, car il n'est pas toujours possible, pour diverses raisons, de faire préalablement des instillations d'atropine. Quant à l'observateur, il devra s'exercer à soumettre sa faculté d'accommodation à l'influence de la volonté, de manière à pouvoir sûrement relâcher son muscle ciliaire toutes les fois que la chose sera utile (1).

Ajoutons que plus l'observateur sera près de l'œil observé, plus grand sera le champ, c'est-à-dire la portion de rétine qu'il lui est possible de voir sans se déplacer.

Lorsque les deux yeux sont ainsi très près l'un de l'autre, l'observateur est dans l'obligation d'incliner fortement (30° environ) le miroir ophtalmoscopique, ce qui entraîne, quant aux verres dont sont munis les ophtalmoscopes à réfraction, l'inconvénient signalé plus haut. Aussi est-il préférable de faire usage alors de petits miroirs inclinés à 30° sur le disque porteur des verres.

L'observateur, même en s'approchant le plus possible de l'observé, ne voit pas l'ensemble de la rétine de cet œil; il devra, pour pratiquer l'exploration la plus complète possible, se déplacer légèrement à droite, à gauche, en haut, en bas. La papille est la région qui s'aperçoit le plus facilement, par suite de son aspect, blanc rosé à l'état normal, fond sur lequel se détachent nettement les vaisseaux qui débouchent par son centre pour se ramifier de plus en plus, à mesure qu'ils s'éloignent du disque papillaire. Pour apercevoir la région maculaire, située à deux diamètres papillaires du côté externe de l'œil observé, l'observateur, en supposant qu'il occupe d'abord la position qui lui permet de voir la papille, devra donc se déplacer du côté interne par rapport à l'œil

___

(1) Ce résultat peut être obtenu sans grande difficulté. Nous recommandons le procédé très simple suivant qui a réussi à plusieurs de nos élèves : Le regard étant fixé sur un objet éloigné, on interpose entre cet objet et les yeux, à 20 ou 30 centimètres, une page d'un livre et l'on s'efforce de ne rien changer à son accommodation, de telle sorte que la page imprimée ne puisse être lue. Ce premier résultat obtenu, on s'exerce à faire varier son accommodation, la page étant toujours devant les yeux, de manière que les caractères apparaissent à volonté nets ou confus. Les progrès sont alors rapides et l'on arrive bientôt à se rendre absolument maître de sa faculté d'accommodation.

observé, c'est-à-dire se rapprocher de la ligne visuelle de cet œil.

3° **Examen clinique à l'image renversée.** — Ce que nous avons dit plus haut relativement à l'orientation à donner à l'œil observé et à l'éclairage de cet œil s'applique de tout point à l'examen à l'image renversée et nous n'avons donc pas à y revenir.

Ajoutons toutefois que, étant donnée la distance ($0^m,60$ environ) qui sépare les deux yeux, la papille de l'œil observé se trouve généralement en face de l'observateur lorsque l'œil observé regarde, sur l'observateur, l'oreille de même nom que l'œil examiné (oreille droite ou gauche de l'observateur, suivant que c'est l'œil droit ou gauche qui est soumis à l'examen).

Plus encore que dans l'examen à l'image droite, il importe que la lampe soit successivement placée à droite puis à gauche de l'observé et que l'observateur tienne successivement l'ophtalmoscope avec l'une ou l'autre main, suivant qu'il veut examiner l'œil droit ou l'œil gauche de l'observé. Dans ce mode d'examen, en effet, la main qui ne tient pas l'ophtalmoscope est employée à interposer, sur le trajet des rayons renvoyés par l'œil observé dans l'œil observateur, la lentille qui doit fournir une image réelle. Or, si le miroir ophtalmoscopique était, par exemple, toujours tenu par la main droite, au moment de l'examen de l'œil droit du malade, la lampe étant à la droite de celui-ci, le bras gauche de l'observateur, lorsqu'il y aurait lieu d'interposer la lentille nécessaire à ce mode d'examen, intercepterait presque forcément la lumière qui, venue de la source, doit être réfléchie sur le miroir.

La lentille destinée à donner une image réelle de la rétine de l'œil observé doit être tenue à une distance de cet œil égale ou un peu supérieure à sa propre distance focale. Si cette lentille (de 16 D. environ et dont la distance focale est donc de $0^m,06$) était trop près de l'œil observé, elle donnerait, des parties antérieures de cet œil (cornée et iris), une image virtuelle qui attirerait l'attention, si bien que l'image de la rétine pourrait passer inaperçue. Aussi est-il utile

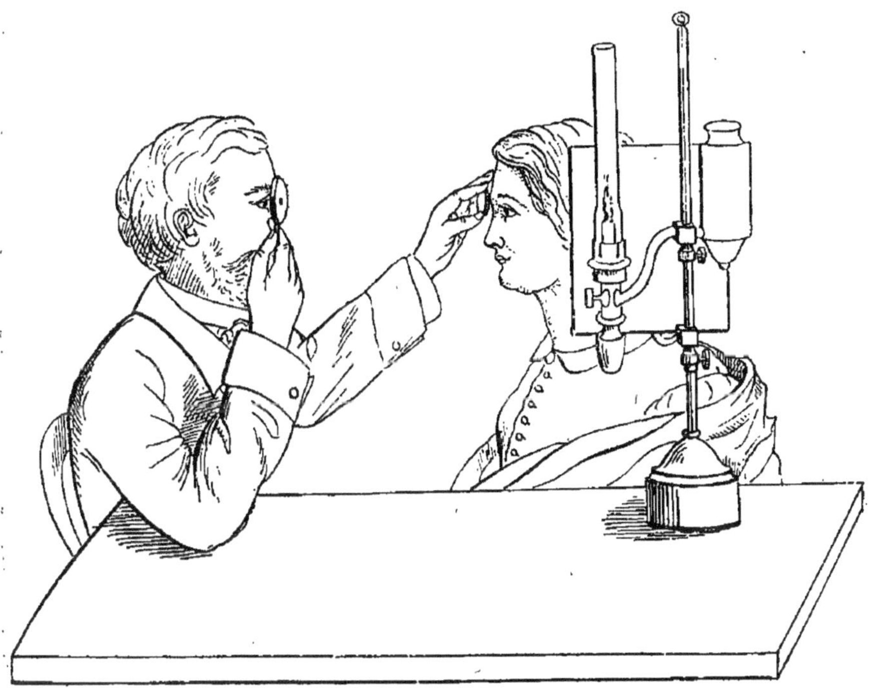

Fig. 57.

d'éloigner cette lentille de telle sorte qu'elle donne, de ces parties de l'œil observé, une image que l'œil observateur ne puisse voir nettement.

La main qui tient la lentille doit prendre un point d'appui, par l'annulaire ou le petit doigt, sur la face de l'observé, afin d'assurer plus complètement l'immobilité de ce verre et par suite de l'image de la rétine.

Cette image est du reste, comme nous l'avons démontré plus haut (fig. 54) et comme l'indique la figure 58, située un peu en avant de la lentille qui la fournit, et c'est pour ce point que l'observateur doit accommoder. Comme la chose à voir est une image aérienne, immatérielle, on

éprouve au début quelque difficulté pour accommoder
exactement pour la distance à laquelle cette image se trouve.
Mais la netteté avec laquelle cette image est perçue n'est
pas sensiblement altérée, si, au lieu d'accommoder exacte-

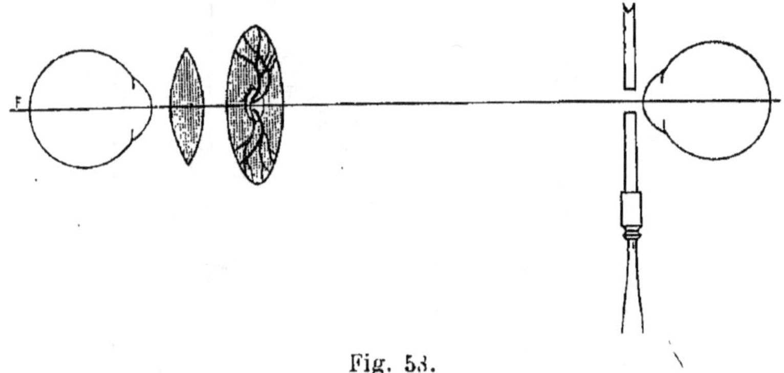

Fig. 53.

ment pour cette image, on accommode pour la surface même
de la lentille. C'est donc sur cette surface que l'on regardera
pour voir l'image réelle et renversée de la rétine de l'œil
observé.

Enfin, il est utile d'incliner un peu la lentille par rapport
au faisceau lumineux qui va de l'observé à l'observateur,
afin de déplacer latéralement les images par réflexion du
miroir sur les deux faces du verre, images qui, par leur
éclat, sont fort gênantes lorsqu'elles se forment sur l'axe du
faisceau lumineux utile et qu'elles se superposent par suite
à l'image rétinienne à voir.

Dans l'examen à l'image renversée, comme dans l'examen
à l'image droite, la papille doit d'abord attirer l'attention.

C'est en effet au niveau de l'épanouissement du nerf
optique que se manifestent les affections du fond de l'œil les
plus fréquentes. La papille sert en outre, lors de l'exploration
des autres portions du fond de l'œil, de point de repère
permettant de fixer la position des régions que l'on fait
successivement apparaître dans le champ de l'instrument.

Après avoir examiné la papille, il importe d'explorer la

région voisine, la macula, qui est souvent le siège d'altérations, il est vrai peu marquées et peu étendues, mais dont l'influence sur l'acuité visuelle est cependant considérable. Cette région est relativement difficile à examiner, parce que, d'une part, lorsqu'on éclaire cette partie très sensible à la lumière, la pupille devient plus ou moins punctiforme, et que, d'autre part, cette région peu vasculaire peut avoir un aspect uniforme sur lequel ne tranche aucune particularité.

La région maculaire explorée, il sera utile de visiter les autres parties du fond de l'œil, en se servant des vaisseaux comme de fils conducteurs. Il suffira de suivre les ramifications vasculaires et leurs bouquets. Après les avoir accompagnées jusqu'à leurs terminaisons, on reviendra sur la papille pour repartir dans une autre direction.

Quant aux régions excentriques ou équatoriales du champ ophtalmoscopique, on arrivera à les explorer en faisant regarder le malade en haut, en bas, à droite, à gauche le plus possible, et en accompagnant même ces mouvements oculaires par des inclinaisons associées de la tête et du cou.

Cette exploration par régions successives sera facilitée par des déplacements de l'observateur et de la lentille.

Par le déplacement de la lentille, en particulier, on fait produire à celle-ci une déviation prismatique parce qu'on utilise sa partie périphérique, et l'on amène ainsi dans le champ l'image de régions qui n'auraient pu sans cela être vues par l'observateur.

Le champ de l'instrument est assez étendu quand le foyer principal postérieur de la lentille coïncide avec le sommet de la cornée ; il comprend en effet la papille et 4 ou 5 diamètres papillaires et varie d'ailleurs avec la réfraction de l'œil examiné et avec la dilatation de la pupille.

L'image ainsi obtenue est renversée, comme nous l'avons montré précédemment. Il est d'ailleurs facile de s'assurer qu'il en est bien ainsi par les constatations suivantes, constatations qu'il sera utile d'avoir toujours présentes à

l'esprit dans l'examen des planches reproduisant des fonds
d'yeux :

De la papille, disque blanc rosé, s'échappent des vaisseaux,
qui se divisent le plus généralement en deux bouquets vasculaires, l'un supérieur, l'autre inférieur, et qui se courbent
en déterminant un arc dont le centre correspond à peu près
à la macula.

Si nous considérons un œil droit, la papille étant toujours nasale par rapport à la macula qui est donc toujours temporale, l'arc des vaisseaux sera ouvert directement
du côté externe, à droite pour l'œil droit, à gauche pour
l'œil gauche. C'est là en effet ce que l'on constate sur
l'image droite. Au contraire, dans l'examen à l'image réelle
et renversée, l'arc des vaisseaux est toujours, sur l'image,
ouvert du côté interne.

Ce signe commode n'est pas toutefois constant; dans
certains yeux en effet les vaisseaux s'éparpillent d'une
façon irrégulière, ou forment deux arcs accolés par le
sommet, l'un temporal, l'autre nasal.

On peut alors prendre en considération une autre particularité de la papille. Le demi-disque temporal du disque
papillaire est en effet généralement plus blanc que le demi-
disque nasal; donc, quand on verra une image où le demi-
disque interne sera plus pâle, on en conclura que l'image
est renversée. Il est rare que ces deux signes soient absents
à la fois.

L'image ophtalmoscopique se meut dans le même sens
que la lentille et en sens inverse de l'observateur, lorsque
la lentille ou l'observateur se déplacent. En d'autres termes,
quand on déplace la lentille de droite à gauche, l'image se
déplace dans le même sens. Au contraire, l'observateur se
déplaçant légèrement vers sa droite et la lentille restant
fixe, les détails de l'image semblent se déplacer vers la
gauche.

Supposons que l'observateur, après avoir exploré la partie

du fond de l'œil comprise dans l'aire vasculaire externe, désire explorer la partie temporale de la rétine ; il y parviendra, soit en déplaçant la lentille de ce côté, c'est-à-dire à gauche, soit en se déplaçant lui-même de gauche à droite. Ces deux mouvements en sens contraire peuvent être utilement combinés.

Nous donnerons d'ailleurs l'explication de ces mouvements lorsque nous étudierons les indications pratiques que l'on peut tirer de ces déplacements parallactiques.

L'apprentissage de l'examen ophtalmoscopique à l'image renversée est laborieux ; il faut en effet apprendre à combiner des mouvements complexes relatifs à l'éclairage, à l'inclinaison latérale de la loupe, à son écartement de l'œil. Ces conditions multiples sont rendues plus difficiles à réaliser au début par les mouvements de l'œil du malade.

Aussi ce n'est qu'avec de la patience et de la méthode que l'on arrive à voir une image ophtalmoscopique nette et à la maintenir immobile.

4° *Parallèle entre les examens à l'image droite et à l'image renversée*. — Chacune de ces méthodes a ses inconvénients et ses avantages ; loin de s'exclure, elles se complètent l'une l'autre.

L'*image droite* présente l'avantage d'être plus facile à voir et de donner du fond de l'œil un grossissement assez considérable, ce qui permet de distinguer de fins détails. Ce grossissement est d'ailleurs plus marqué chez le myope et plus faible chez l'hypérope.

En outre, ce procédé permet, quand la chose est utile, d'obtenir en même temps la mesure de la réfraction statique.

L'avantage d'un fort grossissement est important, car on pourra ainsi, par exemple, distinguer une forte excavation physiologique d'une excavation de glaucome, alors que le seul caractère différentiel peut consister dans une très mince lame de tissu papillaire qui encadre la papille dans son secteur nasal.

Enfin l'image droite permet de se rendre compte et de mesurer en quelque sorte plus facilement les différences de niveau de l'image ophtalmoscopique, d'évaluer la saillie de la papille, du décollement rétinien, etc.

Par contre, dans l'examen à l'image droite, le champ d'observation est peu étendu et, comme nous l'avons fait remarquer dans un chapitre précédent, d'autant plus petit que le grossissement est plus fort. L'œil emmétrope qui examine un œil emmétrope n'embrasse dans son regard que la papille et une zone péripapillaire de très peu d'étendue. Toutefois, si l'observateur se déplace ou s'il fait déplacer l'œil observé, il peut explorer toute la région du fond de l'œil jusqu'aux limites du champ ophtalmoscopique.

L'examen à l'*image renversée* donne, avec un grossissement faible, un champ plus étendu. Ce grossissement est de 4 diamètres chez l'emmétrope, avec une lentille $+$ 15 D. ; il est plus faible chez le myope (3 diamètres 1/2 environ) et plus marqué chez l'hypérope (5 diamètres 1/2 environ).

A l'examen on aperçoit la papille et la région péripapillaire sur une étendue de 4 ou 5 diamètres de cette dernière.

On se rappellera, comme nous l'avons fait remarquer en donnant la théorie de ce mode d'examen, que le grossissement dépend du numéro de la lentille dont on fait usage : à une lentille forte correspond un grossissement faible, mais un champ ophtalmoscopique plus grand, et réciproquement.

L'image renversée permet d'examiner un fond d'œil malgré une pupille punctiforme et l'existence d'opacités du vitré. En outre, à l'encontre de l'examen à image droite, l'examen à l'image renversée peut se faire à distance sans inconvénient ; il est ainsi moins ennuyeux pour le malade et surtout pour l'observateur.

Ces deux examens se complètent donc l'un l'autre comme nous l'avons avancé plus haut.

L'un et l'autre de ces deux modes d'examen est facilité

grandement lorsqu'on provoque la dilatation artificielle de la pupille par l'instillation de·quelques gouttes d'un collyre à l'atropine $\frac{0,05}{10}$. L'observateur ne retire sans doute que bénéfice de cette manœuvre, mais elle laisse chez l'observé des troubles visuels qui persistent pendant plusieurs jours, par suite de la paralysie de l'accommodation, et elle provoque en outre des accidents redoutables en cas de glaucome. Aussi est-il nécessaire d'apprendre à examiner un œil sans avoir besoin de recourir à l'atropinisation.

CHAPITRE V

DÉTERMINATION DE LA RÉFRACTION STATIQUE AVEC L'OPHTALMOSCOPE

La détermination de la réfraction statique à l'aide de l'ophtalmoscope doit accompagner tout examen dans la chambre noire. Dans un grand nombre de cas, cette méthode est la seule qui puisse être employée. Il en est ainsi lorsque des lésions des membranes profondes (atrophie de la papille, rétinite) ont aboli ou presque aboli toute perception lumineuse, dans certains cas de strabisme liés à des troubles de réfraction, chez les enfants trop jeunes pour interpréter leurs sensations visuelles, ou lorsque l'on a affaire à des individus suspects de simulation.

D'une façon générale, on peut dire qu'on détermine la réfraction à l'aide de deux méthodes principales : méthode subjective, méthode objective.

La méthode subjective est fondée sur l'acuité visuelle accusée par l'examiné : procédé de Donders ou de la boîte de verres, procédé de l'optomètre (Perrin et Mascart, Badal, Parent...).

La méthode objective est indépendante de toutes indications fournies par l'observé : procédé de l'image droite, skiascopie, procédé de l'image rétinienne (punctum remotum), procédé de l'image renversée.

Méthode subjective. — Le principe de la méthode subjective, dont nous ne dirons qu'un mot et que nous ne rappelons que pour mémoire, peut se résumer en ces quelques lignes :

On place un tableau d'acuité à une distance de 5 mètres, distance qui, au point de vue de la réfraction oculaire, peut être considérée comme égale à l'infini.

Ce tableau viendra se peindre, si l'accommodation n'intervient pas, sur la rétine chez l'emmétrope, en avant de la rétine chez le myope, en arrière chez l'hypermétrope. Ces trois cas se distinguent l'un de l'autre à l'aide de l'acuité visuelle.

Un observé voit-il nettement le tableau d'acuité à 5 mètres sans accommodation, il est emmétrope ; s'il ne le voit pas nettement, son accommodation étant supposée relâchée, il est amétrope : myope ou hypérope.

Le verre qui lui donnera l'acuité maxima, sans accommodation, corrigera son déficit ou son excès de réfraction et donnera le degré de son amétropie. Ce degré peut d'ailleurs être déterminé par ce procédé sans qu'il soit nécessaire de paralyser l'accommodation par des instillations d'atropine.

Nous avons à étudier plus longuement quelques-unes des *Méthodes objectives*.

I. — DÉTERMINATION DE LA RÉFRACTION STATIQUE PAR L'IMAGE DROITE.

Considérons d'abord le cas simple où l'observateur est emmétrope.

Si l'observé est emmétrope, les rayons émanés d'un point de sa rétine forment un faisceau parallèle qui tombe dans cet état sur l'œil observateur emmétrope, lequel les réunit sur sa rétine et voit donc nettement le fond de l'œil observé.

Mais il n'en est plus de même si ce dernier n'est pas emmétrope. Donc un observateur emmétrope, qui n'accommode pas, ne peut voir nettement que la rétine d'un œil emmétrope qui n'accommode pas.

En d'autres termes, si un observateur emmétrope, qui n'accommode pas, voit nettement le fond d'un œil dont

l'accommodation est relâchée, c'est que ce dernier est emmétrope.

Énoncé dans ces termes, ce résultat du cas particulier
considéré va nous permettre d'établir très simplement la
méthode à suivre pour déterminer l'état de la réfraction statique avec l'ophtalmoscope.

Soit, en effet, le même observateur emmétrope, n'accom-
modant pas, qui regarde un œil amétrope, dont l'accommodation est également relâchée : l'observateur ne verra pas
nettement le fond de l'œil observé. Mais si l'on place devant
ce dernier le verre correcteur de l'amétropie de manière à
le rendre emmétrope, la rétine sera vue nettement par
l'observateur.

Il suffira donc à celui-ci de choisir par tâtonnement le
verre qui lui permettra de voir le fond de l'œil observé ; ce
verre rendra l'observé emmétrope et son numéro fera donc
connaître le degré d'amétropie cherché.

C'est pour faciliter cette recherche que l'on munit l'ophtalmoscope, comme nous l'avons dit en décrivant les ophtalmoscopes à réfraction, d'une série de verres positifs et négatifs qui constituent une véritable boîte d'essai de petites
dimensions. On sait que ces verres, de petit diamètre, sont
disposés sur la circonférence d'un ou de plusieurs disques
mobiles que l'observateur peut faire tourner, avec l'index
de la main qui tient l'ophtalmoscope, de manière à amener
successivement les divers verres à essayer devant l'ouverture
du miroir ophtalmoscopique. Il est ainsi très facile à l'observateur de choisir le verre qui lui fait voir avec le plus de
netteté le fond de l'œil observé et dont le numéro indique,
d'après ce que nous avons dit plus haut, le degré d'amétropie
de cet œil.

On voit que ce degré d'amétropie est donné par le numéro
d'un verre fixé à l'ophtalmoscope que l'observateur tient
contre son œil. Or le numéro d'un verre ne fait connaître le
degré d'amétropie d'un œil que s'il est placé au foyer prin-

cipal antérieur de cet œil, c'est-à-dire à 13 millimètres environ en avant de la cornée.

Il est donc nécessaire, pour que le résultat fourni par cette méthode soit aussi exact que possible, que l'ophtalmoscope qui porte le verre, et par suite l'œil observateur, soit le plus près possible de l'œil observé. C'est dire que l'on pratique l'examen à l'image droite et virtuelle pour déterminer avec l'ophtalmoscope le degré d'amétropie d'un œil.

Ce mode d'examen présente ici un avantage d'un autre genre. L'œil observé n'ayant devant lui aucun objet qu'il puisse voir nettement, car l'ophtalmoscope se trouve en deçà de son proximum, cet œil observé, disons-nons, relâche par ce fait son accommodation, bien qu'il n'ait pas été soumis préalablement à des instillations d'atropine, dont on ne peut pas toujours faire usage, pour diverses raisons.

Jusqu'à présent nous avons supposé que l'observateur était emmétrope, ce qui n'est pas toujours le cas. Mais on doit admettre que l'oculiste, qui détermine un état de réfraction statique à l'ophtalmoscope, connaît son degré d'amétropie, s'il est amétrope. Il suffit alors, pour rentrer dans le cas examiné précédemment, de supposer que l'observateur amétrope corrige par un verre approprié son amétropie, et se rend ainsi emmétrope avant de déterminer avec l'ophtalmoscope un état de réfraction.

En réalité, cette correction préalable de l'amétropie de l'observateur est inutile, et celui-ci n'a, comme dans le cas précédent, qu'à chercher par tâtonnements le verre qui lui fait voir nettement le fond de l'œil observé, tout en relâchant sa propre accommodation et sans se préoccuper de son amétropie. Ce verre trouvé il est facile d'en déduire le verre qui aurait été indiqué par la même méthode d'examen, si l'observateur avait préalablement corrigé son amétropie.

Il suffit pour cela de faire un raisonnement, d'ailleurs fort simple, mais que l'on comprendra mieux sur des exemples numériques.

Soit un observateur myope de 2 dioptries qui n'accommode pas et qui a eu besoin d'un verre de — 5 dioptries pour voir un fond d'œil.

Pour rendre cet observateur emmétrope, il lui faut un verre de — 2 dioptries; ajoutons donc ce verre, mais en même temps, et pour ne rien changer aux conditions dans lesquelles l'examen a été pratiqué, ajoutons encore un verre de + 2 dioptries destiné à détruire l'effet du verre — 2 D, correcteur de l'amétropie de l'observateur. Au lieu du verre — 5 D, dont s'est servi en réalité l'observateur myope de 2^d, nous avons l'ensemble des verres — 5 — 2 + 2.

Le verre — 2 étant destiné à rendre cet observateur emmétrope, on peut dire qu'un observateur emmétrope verrait le fond de l'œil examiné au moyen du verre — 5 + 2 = — 3; cet œil est donc lui aussi rendu emmétrope par un verre —3, il est par suite myope de 3 dioptries.

II. — DÉTERMINATION DE LA RÉFRACTION STATIQUE PAR LA MÉTHODE DU PUNCTUM REMOTUM.

Cette méthode, beaucoup moins commode à pratiquer et beaucoup moins exacte que la précédente, a pour principe l'examen de l'image réelle ou virtuelle que donnent de leur propre rétine les yeux amétropes quand on les éclaire avec le simple miroir, et la mensuration, à l'aide du punctum remotum connu de l'observateur, de la distance à laquelle vient se former cette image.

Nous savons que, dans un œil emmétrope, les rayons émanés de la rétine éclairée par le miroir ophtalmoscopique sortent parallèles entre eux, et ne se rencontrent qu'à l'infini où ils donnent une image infiniment grande et d'une intensité lumineuse très faible.

Dans un œil myope, les rayons sortent en convergence et se rencontrent en avant de la cornée de l'œil observé; l'image de la rétine vient donc se former, en avant de l'œil, à

distance d'autant plus faible que la convergence des
rayons à leur sortie est plus forte ou, en d'autres termes, que
la myopie est d'un degré plus élevé.

Cette image est, comme on le sait, réelle et renversée
et la distance à laquelle elle se trouve fait connaître,
lorsqu'on l'exprime en dioptries, le degré de myopie de
l'œil observé.

Ainsi pour une myopie de :

0 D. 25	l'image se trouvera à 4 mètres	en avant de l'œil observé.
1 D. —	— 1 mètre	— —
2 D. —	— 0^m,50	— —
10 D. —	— 0^m,10	— —
14 D. —	— 0^m,071	— —
15 D. —	— 0^m,067	— —

On voit que les différences des distances qui correspondent
à deux dioptries consécutives diminuent très rapidement à
mesure que l'on considère des degrés de plus en plus élevés
d'amétropie ; les distances, par exemple, de 1 D. et de 2 D.,
sont séparées par un intervalle de 0^m,50, tandis que 14 et
15 D. ne le sont plus que par 4 millimètres. Ce fait est important, car on en déduit que la méthode, dont l'exactitude
laisse déjà à désirer pour les degrés faibles d'amétropie, ne
peut guère donner de résultats satisfaisants lorsqu'on l'applique à des amétropies moyennes ou fortes.

Rappelons, en outre, que l'intensité lumineuse des images
obtenues est d'autant plus faible que leur éloignement
et leur grandeur sont plus grands. Très faible à l'infini,
l'intensité grandit à mesure que les images se rapprochent
de l'œil observé, car la lumière au lieu de se répartir sur une
grande surface est alors concentrée sur une image plus petite.

Dans l'œil hypermétrope les rayons émanés d'un point
de la rétine sortent en divergence. Ces rayons ne se ren-
contront donc pas en avant de l'œil observé, mais leurs prolongements géométriques viennent se couper en arrière de
l'œil et forment une image virtuelle et droite.

La distance à laquelle se forme l'image fait connaître, si on l'exprime en dioptries, le degré d'hypermétropie de l'œil observé.

Ainsi pour une hypermétropie de :

0 D.25 l'image se trouvera à 4 mètres en arrière de l'œil observé.					
1 D.	—	—	1 mètre	—	—
2 D.	—	—	0^m,50	—	—
10 D.	—	—	0^m,10	—	—
15 D.	—	—	0^m,067	—	—

Ce tableau, identique à celui de la myopie, nous montre que l'image devient rapidement plus rapprochée, plus petite et d'une intensité lumineuse plus grande à mesure que croît le degré de l'hypéropie.

Il est facile de tirer de ces données ce que devra voir un observateur muni d'un miroir ophtalmoscopique et éclairant un œil placé à 1 mètre devant lui.

Si l'observé est emmétrope, l'observateur ne verra que l'éclat rougeâtre uniforme de la pupille sans aucun détail, l'image de la rétine se faisant à l'infini, étant infiniment grande et mal éclairée.

Si l'observé est myope, deux cas se présentent. Dans les myopies faibles, inférieures à 1 D., l'image se formera à distance finie, en arrière de l'observateur, qui ne pourra donc pas la voir. Pour une myopie de 1 D., l'image se formera au niveau de la cornée de l'observateur, et ce dernier ne pourra en distinguer les détails, de même qu'on ne peut avoir une image nette de caractères d'imprimerie situés très près de l'œil. Ce ne seront que les images situées, en avant de sa cornée, à une distance au moins égale à celle de son *punctum* proximum, que l'observateur pourra commencer à distinguer. Cette distance étant de 10 centimètres chez un emmétrope âgé de vingt ans, les myopies ayant une distance focale inférieure ou au plus égale à 90 centimètres seront les seules qui fourniront une image de leur rétine nette pour un observateur de cet âge placé à 1 mètre.

Cette image, grande encore et faiblement éclairée dans une myopie de 1 D. 50 par exemple, ne permettra de voir que quelques branches vasculaires, tandis que les myopies de 10 à 15 D. laisseront découvrir une partie assez considérable du fond de l'œil.

Si l'observé est hypermétrope, l'image de la rétine de cet œil sera virtuelle, droite et placée en arrière de l'observé.

Les hypermétropies fortes donneront une image très nette dans le cercle pupillaire; cette image, dans les degrés faibles + 0 D. 50 à 2 D., se formant assez loin et étant d'une intensité d'éclairage faible, ne pourra être facilement perçue.

En résumé : l'observateur étant à 1 mètre de l'observé, l'emmétropie et une amétropie faible ne donnent pas d'image visible ; avec les amétropies fortes, l'image est visible nettement et vue d'autant plus facilement que l'amétropie est d'un degré plus élevé.

L'image est réelle, renversée et située en avant de l'œil observé si celui-ci est myope ; elle est virtuelle, droite et située en arrière de l'œil observé quand celui-ci est hypérope.

Signe de l'amétropie. — Pour savoir si l'on est en présence d'une myopie ou d'une hypermétropie, il suffit de constater si l'image de la rétine se forme en avant ou en arrière de l'œil observé.

Le procédé le plus rapide pour cela consiste à examiner le déplacement parallactique de l'image par rapport à la pupille.

Le principe de ce procédé est le suivant : Soient un œil observateur situé en O et trois points, A, B, C, qui, situés sur la ligne visuelle de cet œil, sont vus suivant la même direction. Si l'œil observateur se déplace et vient en O' les trois points B, A, C, seront vus suivant les directions O'B, O'A, O'C, si bien que B sera vu à la droite de A et C à la gauche de ce même point. Le résultat sera le même pour tous autres points, autres que B et C, mais situés

comme ces derniers, l'un en avant, l'autre en arrière de C.
De là la possibilité, en cas de doute, de reconnaître, par

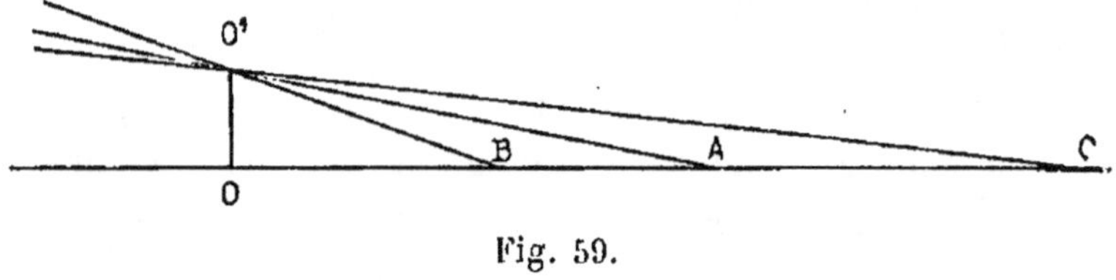

Fig. 59.

l'observation de ces déplacements, si un objet B ou C est
situé en avant ou en arrière d'un autre objet A.

Dans le cas particulier où il s'agit de reconnaître la position, en avant ou en arrière d'un œil observé, de l'image
que cet œil donne de sa propre rétine, on prend pour
objet A, par rapport auquel on observe les déplacements de
l'image de la rétine, l'image de l'ouverture pupillaire vue
par réfraction à travers les dioptres cornéens ; cette image de
la pupille se forme d'ailleurs entre l'iris et la cornée, avec
laquelle on peut la supposer confondue, ce qui, dans le cas
qui nous occupe, n'entraîne aucune erreur, car l'image de
la rétine, dont on veut déterminer la position, ne se forme
jamais entre l'image de l'iris et la cornée.

Un simple déplacement à droite ou à gauche de l'œil observateur, permettra dès lors à celui-ci de reconnaître le dépla-
ment de l'image rétinienne par rapport à la pupille. Suivant
que cette image se déplace, par rapport à la pupille, dans
le même sens que l'observateur, ou en sens inverse, elle
est située en arrière ou en avant de la pupille, ou de la
cornée, et l'œil observé est donc hypérope ou myope.

Au lieu du procédé du déplacement parallactique, le procédé suivant, moins commode toutefois que celui que nous
venons de décrire, peut être aussi employé :

L'image d'un œil myope venant se former en avant de la
cornée, à 15 centimètres, par exemple, si l'observateur
placé à un mètre s'approche progressivement de l'observé,

il arrivera un moment où l'image sera trop près de lui pour
qu'il puisse la voir nettement. Au contraire dans le cas d'un
œil hypermétrope, l'image de la rétine, qui se forme en
arrière de cet œil, sera toujours vue nette.

Cette détermination qualitative se fait très rapidement
dans l'examen au miroir ophtalmoscopique seul et permet
de déceler immédiatement les myopies ou hypermétropies
fortes ; à ce titre, elle mérite d'être prise en considération,
car c'est justement dans les degrés élevés d'amétropie que
la skiascopie donne des ombres intenses mais peu
étendues, se déplaçant lentement et pouvant dès lors passer
inaperçues.

Degré de l'amétropie. — La détermination de ce degré
résulte d'une mensuration délicate et peu exacte. Le principe de la méthode consiste à prendre exactement la distance à laquelle vient se former l'image de la rétine de
l'œil observé. Cette détermination est impossible à effectuer
directement dans les cas d'hypermétropie, car l'image est
alors virtuelle. Il faut, dans ce cas, rendre l'observé assez
fortement myope (— 3 ou 4 D.) en corrigeant en excès son
vice de réfraction à l'aide de verres positifs. Le numéro de ces
verres devra être retranché du résultat obtenu. Le problème
est ainsi toujours ramené au cas de la myopie, qu'il suffit
donc de considérer.

On pourrait à la rigueur recevoir l'image sur un verre
dépoli, moyen mis en pratique dans l'ophtalmoscope-opto-
mètre de Loiseau ; mais on se sert le plus ordinairement
du procédé dit du punctum remotum.

Pour l'employer, l'observateur doit être myope, ou se
rendre tel avec des verres positifs, et relâcher son accommodation.

Supposons donc cet observateur myope de 5 D. et placé
à une distance de l'observé telle qu'il aperçoive nettement
l'image de la rétine de cet œil. Il s'éloigne alors progressivement jusqu'au point extrême où il lui est encore possible

de distinguer cette image. A ce moment, son remotum
(20 centimètres) coïncide exactement avec l'image de la
rétine de l'observé. Il suffit alors de mesurer la distance
qui sépare l'observateur de l'observé, et d'en retrancher la
longueur connue du remotum de l'observateur (20 centimètres), pour avoir la position du remotum de l'observé.
On se sert ordinairement à cet effet d'un ruban métrique
qu'un aide maintient tendu de l'apophyse orbitaire externe de
l'examiné à celle de l'examinateur.

Les résultats obtenus par cette méthode sont peu exacts.
Leur inexactitude est imputable à l'erreur inhérente au
mode de mensuration qui ne peut guère être effectuée
qu'avec une approximation de 2 à 3 centimètres. A cette
erreur vient s'ajouter celles qui sont dues aux verres correcteurs dans l'hypermétropie ou dans la myopie artificielle
de l'observateur emmétrope ou hypermétrope.

Enfin le moment précis où l'image coïncide avec le remotum
de l'observateur est le plus souvent difficile à déterminer
exactement.

Ces erreurs, d'une importance relativement minime dans
les degrés moyens d'amétropie, deviennent très considérables dans les degrés élevés. Nous avons vu en effet que
l'intervalle entre deux distances focales consécutives se
réduit de plus en plus à mesure que l'on s'élève dans
l'échelle croissante des amétropies et qu'une erreur de 2
ou 3 centimètres prend alors une importance considérable.

III. — DÉTERMINATION DE LA RÉFRACTION STATIQUE PAR L'ÉTUDE DU PHÉNOMÈNE DE L'OMBRE PUPILLAIRE.

Cuignet le premier, en 1874, démontra qu'il était possible
de déterminer la réfraction statique d'après le simple
examen de la marche de l'ombre pupillaire. Il localisait
d'ailleurs fautivement le phénomène sur la cornée d'où le
nom impropre de kératoscopie que Cuignet lui donna. Ce

même phénomène a été désigné sous les noms de rétinoscopie (auteurs anglais), pupilloscopie (Landolt), skiascopie (Chibret), skioposcopie (Panas), ophtalmoskiascopie (Vignes).

Voici en quoi consiste le phénomène de l'ombre pupillaire, bien étudié au point de vue théorique par Leroy et Monoyer et au point de vue pratique par Parent après Cuignet. Si l'on envoie dans un œil, au moyen du miroir ophtalmoscopique, un faisceau lumineux comme pour l'examen à l'image renversée, mais en se plaçant à une distance plus considérable, 1 mètre par exemple, la pupille apparaît avec son reflet rougeâtre caractéristique.

Si l'on vient à faire déplacer lentement le cercle lumineux qui éclaire l'œil en imprimant au miroir de légers mouvements de rotation autour du manche de l'instrument, on constate que, au moment où le cercle lumineux est sur le point de dépasser le globe oculaire pour éclairer les parties circumvoisines, la pupille cesse d'être éclairée, mais ne passe pas, en général, brusquement et sans transition du rouge au noir. Une ombre apparaît sur l'un des bords de la pupille et grandit, à mesure que se déplace davantage le cercle d'illumination, jusqu'à envahir la pupille tout entière. C'est en cela que consiste le phénomène de l'ombre pupillaire.

Le sens du déplacement de cette ombre par rapport à celui du cercle d'illumination, sa marche plus ou moins rapide, l'intensité de sa teinte, sa forme, varient suivant l'état de la réfraction statique oculaire ; de là un moyen de diagnostic de l'état de cette réfraction, moyen très exact et très rapide.

1° ***Théorie du phénomène de l'ombre pupillaire.*** — Le procédé de Cuignet peut être pratiqué soit avec le miroir plan, soit avec le miroir concave.

Toutefois, lorsqu'on se sert d'un miroir concave, le sens de l'envahissement de la pupille par l'ombre, par rapport au sens du déplacement du cercle d'éclairement, change suivant que l'image de la source lumineuse, donnée par le miroir, est située en avant ou en arrière de l'œil examiné.

Aussi vaut-il mieux, pour établir la théorie du phénomène, considérer le cas plus simple du miroir plan, le plus fréquemment employé d'ailleurs dans la pratique.

Pour établir la théorie du phénomène de l'ombre pupillaire, nous en considérerons successivement les deux parties qu'il y a lieu de comparer entre elles : le déplacement du cercle d'illumination sur le visage de l'observé et le déplacement de l'ombre qui envahit la pupille.

1° *Déplacement du cercle d'illumination.* — Soient AB un

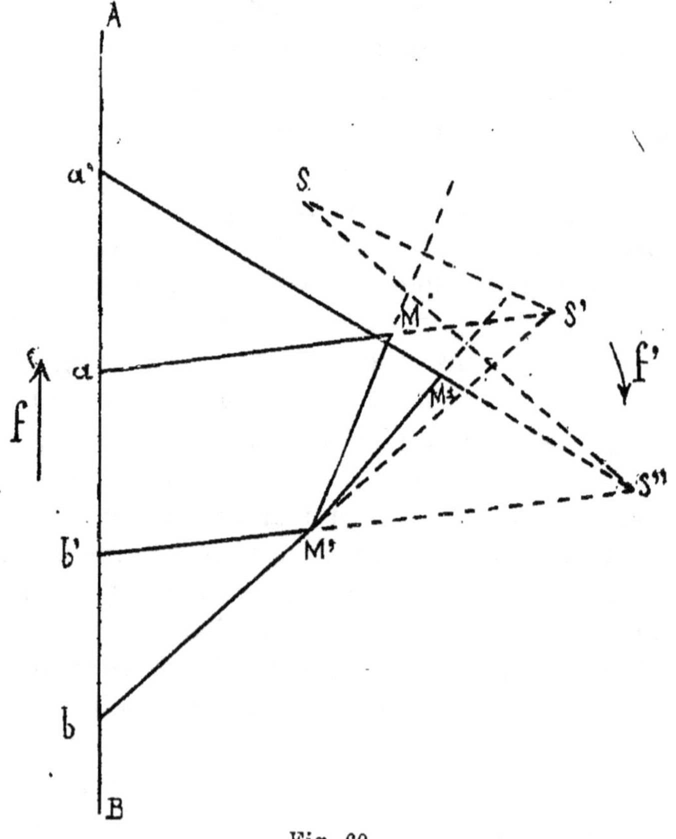

Fig. 60.

écran (fig. 60), auquel nous assimilons le visage de l'observé, S la source lumineuse et MM′ le miroir qui, dans une seconde position viendra en M_1M'. Ce miroir donne de la source S une image virtuelle qui occupe d'abord la position S', puis la position S''. En d'autres termes, les choses se passent comme si les rayons réfléchis par les miroirs venaient directement du point S', quand le miroir plan est en MM', et du point S'', quand le miroir plan est en M_1M'. Il en résulte que l'on envoie, sur le visage de l'observé, d'abord le faisceau $aS'b$, puis le faisceau $a'S''b'$; par conséquent, pendant le déplacement du miroir, le cercle d'éclairement s'est déplacé de ba en $b'a'$, c'est-à-dire dans le sens de la flèche f. Remarquons qu'à ce même déplacement du miroir correspond un déplacement de l'image virtuelle de la source de S' en S'', c'est-à-dire un déplacement dans le sens de la flèche f'.

2° *Déplacement de l'ombre pupillaire.* — Le sens de ce déplacement résultera de ce que nous allons dire pour montrer comment cette ombre prend naissance.

Voyons d'abord ce qui se passe sur la rétine observée lorsque la source se déplace de S' en S''.

Soit C le centre de l'œil observé (fig. 61), que nous supposons être un œil réduit. En menant les axes secondaires S'C et S''C, on voit que la portion de rétine éclairée sera un

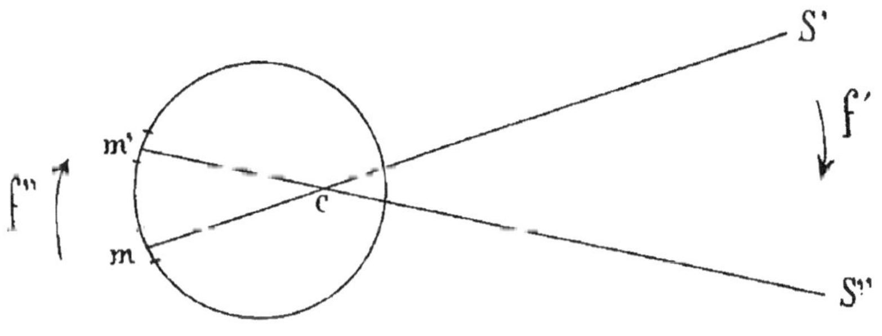

Fig. 61.

petit cercle de centre m, quand les rayons paraissent venir de S', et un petit cercle de centre m' quand, le miroir ayant changé de position, les rayons semblent venir de S''. En conséquence, la source passant de S' en S'', c'est-à-dire se déplaçant dans le sens f', le cercle d'éclairement sur la rétine observée se déplace dans le sens de la flèche f''.

Ceci posé, considérons les rayons qui, diffusés par cette rétine, sortent de l'œil observé et donnent naissance, comme on va le voir, au phénomène de l'ombre pupillaire. Mais, au lieu de considérer le cône des rayons partis d'un même point de la rétine, comme on le ferait s'il s'agissait de trouver l'image donnée par l'œil de la portion de rétine éclairée, considérons les rayons qui, partis des divers points de la rétine éclairée, passent par un même point de la pupille.

Soient donc encore C (fig. 62) l'œil observé et nIn' le cône des rayons qui, diffusés par les divers points de la rétine, passent par un même point I, bord supérieur de la pupille. Supposons en outre que l'œil examiné soit, au moment où on l'examine, accommodé pour le point A. Cela veut dire

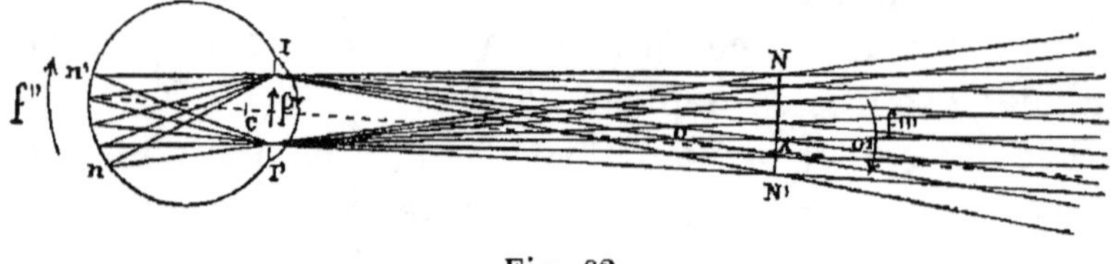

Fig. 62.

que l'image de la portion de rétine nn' vient se faire en NN'. En conséquence, les divers rayons diffusés par les divers points de la rétine compris entre n et n' se réfractent en formant le cône NIN' et vont rencontrer les divers points de l'image NN'.

De même les rayons, diffusés par les divers points de nn', qui passent par le bord inférieur I' de la pupille et forment le cône $nI'n'$, se réfractent de manière à aller passer par les divers points de l'image NN' et forment le cône réfracté NI'N'.

Les cônes des rayons qui, partis des divers points de la rétine, passent par des points de la pupille compris entre I et I' se réfracteront de même en passant par les divers points de l'image NN'. Remarquons enfin que, si le cercle d'éclairement sur la rétine se déplace dans le sens de f'', l'image NN′ se déplacera dans le sens de f''' ; par suite, tous les cônes des rayons réfractés, dont les sommets restent fixes aux divers points de l'ouverture pupillaire, se déplaceront extérieurement dans le même sens f''', sens qui est inverse de celui dans lequel se déplace le cercle d'éclairement sur le visage de l'observé (flèche f de la figure 60).

Soit maintenant l'œil observateur que nous supposerons d'abord placé en O, en avant du point A pour lequel l'œil observé est accommodé.

Lorsque l'observateur fait tourner le miroir, comme nous l'avons supposé sur la figure 60, les cônes des rayons réfractés se déplaccront extérieurement dans le sens f''', et il arrivera un moment, pour une rotation suffisante, où tous les rayons du cône NI′N′ passeront au-dessous de O et où aucun d'eux ne pénétrera donc dans cet œil.

Le point I′ de la pupille n'envoyant dès lors plus de rayons à l'œil observateur, ce point I′ sera dans l'obscurité. Si d'ailleurs la rotation continue, des cônes intermédiaires passeront de même en entier au-dessous de O et la pupille sera envahie par l'ombre dans le sens de la flèche f^{IV}, sens qui est le même que le sens f du déplacement du cercle d'éclairement (fig. 60) sur le visage de l'observé.

Supposons en second lieu que l'œil observateur soit en O_{1}, au delà du point A pour lequel l'œil observé accommode.

En reprenant les considérations précédentes, on voit que c'est maintenant le faisceau NIN′ qui, le premier, n'enverra plus de rayons dans l'œil observateur ; c'est donc par le bord I que la pupille est alors abordée par l'ombre. C'est par suite dans un sens inverse de f^{IV} que l'ombre envahit la pupille.

Lorsque l'œil observateur est en O_{1}, au delà du point d'accommodation, l'aspect du phénomène est en conséquence inverse de celui qu'il présente lorsque ce même œil est en O en deçà de ce point d'accommodation.

Ajoutons que, si l'œil est en A, tous les cônes réfractés ayant même base NN', la pupille tout entière est simultanément envahie par l'ombre.

Les notions précédentes, relatives à la production du phénomène de l'ombre pupillaire, rendent facilement compréhensibles les considérations, plus directement pratiques, qui suivent.

2° *Examen pratique.* — On peut procéder de la façon suivante. Le malade prend la même position que pour l'examen à l'image renversée, et la lampe placée à la hauteur de ses yeux, à sa droite ou à sa gauche, peut être munie d'un écran ou simplement disposée un peu en arrière de la tête, de façon que la figure de l'observé soit peu éclairée. L'observateur s'assoit en face du malade sur un siège un peu plus élevé que celui de ce dernier, à une distance de 1 mètre. Cette distance doit être constante, car c'est à elle que l'on rapporte la position du remotum de l'œil observé dans la mensuration des amétropies.

L'observateur invite le malade à regarder obliquement comme dans l'examen à l'image renversée : un peu à gauche pour l'œil droit, un peu à droite pour l'œil gauche, de façon que, en règle générale, le regard de l'œil examiné croise la direction du nez. Le faisceau qui pénètre alors dans l'œil observé tombe sur la papille et la pupille reste relativement dilatée.

L'homatropine et l'atropine facilitent l'examen, mais il faut savoir s'en passer ; on n'y aura recours que dans les cas d'astigmatisme, de spasme du cristallin ou de pupilles punctiformes.

Dans l'examen sans atropinisation, il est nécessaire que le malade regarde au loin afin qu'il relâche son accommodation.

Ces dispositions prises, on dirige sur l'œil à examiner les rayons réfléchis par le miroir ophtalmoscopique et l'on obtient l'éclat rougeâtre de la pupille. Si l'on imprime alors au miroir de petits mouvements de rotation lents et de peu d'amplitude, de droite à gauche ou de gauche à droite, on constate, sur un œil emmétrope, qu'à l'extrémité du diamètre horizontal, parallèle à la direction du déplacement du cercle d'illumination, apparaît, sous la forme d'un croissant brunâtre, une ombre qui envahit peu à peu le champ pupillaire; c'est là l'ombre pupillaire.

D'après la direction, la marche plus ou moins rapide et l'intensité de cette ombre, on pourra déterminer la réfraction statique.

Le procédé peut être pratiqué avec des miroirs plans ou concaves; mais les résultats étant, dans ce dernier cas, plus complexes, nous supposerons qu'il est fait usage du miroir plan que l'on doit employer de préférence dans la pratique.

A. Emmétropie, Myopie, Hypéropie. — Il peut se présenter trois cas :

1° Le phénomène de l'ombre est peu marqué; l'ombre envahit la pupille simultanément par toute son étendue.

L'observateur est, d'après ce qui a été dit plus haut, au punctum remotum de l'œil observé (si celui-ci n'accommode pas). Cet œil observé est donc myope de 1 dioptrie si, comme nous l'avons supposé, l'observateur est situé à 1 mètre ;

2° Le phénomène de l'ombre pupillaire existe. L'ombre pupillaire est *directe*, c'est-à-dire marche dans le même sens que le miroir. Le punctum remotum est alors, soit en arrière de l'œil observé (hypermétropie), soit à l'infini (emmétropie), soit à distance finie en avant de l'œil observé, mais en arrière de l'œil observateur (myopie inférieure à 1 dioptrie) ;

3° L'ombre pupillaire est *inverse*, c'est-à-dire marche en sens inverse du déplacement du miroir.

Le punctum remotum de l'observé est alors en avant de l'observateur (myopie supérieure à 1 dioptrie).

Cette première partie de l'examen permet donc déjà de

distinguer des autres les cas dans lesquels on a affaire à une myopie égale ou supérieure à 1 dioptrie. Mais il faut encore déterminer, dans ce cas, le degré de l'amétropie et dans les autres sa nature.

Disons tout de suite que, avec un peu de pratique du procédé, le simple examen précédent permet de reconnaître si l'on a affaire à une amétropie faible ou forte.

Dans l'amétropie faible, en effet, l'ombre est de faible intensité, moins bien circonscrite, à bord flou, à concavité peu accusée ; en outre, elle envahit rapidement toute la pupille.

Dans l'amétropie forte, au contraire, l'ombre est plus noire, ses bords sont très nets, sa concavité très prononcée ; en outre, elle n'envahit la pupille que lentement.

L'appréciation de ces caractères raccourcit notablement la seconde partie de l'examen, en permettant de prévoir si l'on doit faire usage de verres forts ou faibles pour déterminer, comme nous allons le dire, le degré d'amétropie de l'œil observé.

Cette détermination se fait en cherchant par tâtonnement le verre qu'il faut placer devant l'œil examiné pour que le remotum de cet œil coïncide avec l'œil observateur, c'est-à-dire pour que l'œil observé soit alors myope de 1 dioptrie. On s'aperçoit d'ailleurs que ce résultat est obtenu à ce fait, indiqué plus haut, que la pupille est alors envahie par l'ombre simultanément dans toute son étendue, lorsqu'on fait mouvoir le miroir ophtalmoscopique ; toutefois il n'est pas inutile de confirmer en outre ce résultat en plaçant successivement devant le même œil observé deux verres, l'un un peu plus fort, l'autre un peu plus faible que celui qui a réalisé une myopie de 1 dioptrie, et s'assurant que le sens de la marche de l'ombre pupillaire change lorsqu'on passe du verre plus faible au verre plus fort.

Le numéro du verre qui a donné à l'observé une myopie de 1 dioptrie étant connu, il est facile d'en déduire la nature et le degré de l'amétropie de cet œil, ainsi que nous allons l'expliquer sur des exemples numériques.

Supposons qu'il ait fallu un verre de $+$ 3,50 pour rendre l'examiné myope de 1 D. Si à cet œil, déjà muni d'un verre $+$ 3,50 et à ce moment myope de 1 D., nous ajoutons un verre $-$ 1 D. correcteur de la myopie actuelle, cet œil, ainsi muni du verre $+$ 3,50 $-$ 1, sera emmétrope. Mais ces deux verres produisent le même effet qu'un verre unique de numéro égal à $+$ 3,50 $-$ 1 $=$ $+$ 2,50. En définitive, un verre $+$ 2,50 rend l'œil observé emmétrope ; cet œil est donc en réalité hypérope de 2 D. 5.

Soit encore un œil qui est rendu myope de 1 D. par le verre $+$ 0,50. Cet œil sera, comme ci-dessus, rendu emmétrope, si on lui ajoute en outre un verre de $-$ 1 D. Mais l'ensemble des deux verres $+$ 0,50 et $-$ 1 produit le même effet dioptrique qu'un verre unique de numéro égal à $+$ 0,50 $-$ 1 $=$ $-$ 0,50. Donc l'œil observé est rendu emmétrope grâce à un verre de $-$ 0,50, ce qui signifie que cet œil est myope de 0 D. 50.

Considérons enfin un œil observé qu'un verre de $-$ 2 D. 50 rend myope de 1 D. Comme dans les deux cas précédents, cet œil sera rendu emmétrope par l'adjonction d'un nouveau verre de $-$ 1 D. Or les deux verres $-$ 2 D. 50 $-$ 1 D. produisent l'effet d'un verre unique $-$ 2,50 $-$ 1 $=$ $-$ 3 D. 50 ; c'est donc un verre $-$ 3,50 qui rend emmétrope l'œil observé, lequel est par suite myope de 3 D. 50.

On voit, d'après cela, que lorsqu'on a déterminé, par le phénomène de l'ombre pupillaire, le numéro du verre qui rend un œil observé myope de 1 D., le degré d'amétropie de cet œil s'obtient en ajoutant au verre précédent un verre de $-$ 1 D.

La recherche du verre qui rend l'observé myope de 1 D. peut être faite avec les verres de la boîte d'essai ; mais cette recherche est rendue plus facile et plus rapide grâce à de petits instruments portant, sur une planchette munie d'un manche que l'observateur tient à la main, la série des verres qui peuvent être utiles et que l'on peut ainsi faire aisément passer devant l'œil examiné.

B. Astigmatisme. — L'astigmatisme *irrégulier* se manifeste par des taches brunâtres se détachant en noir sur

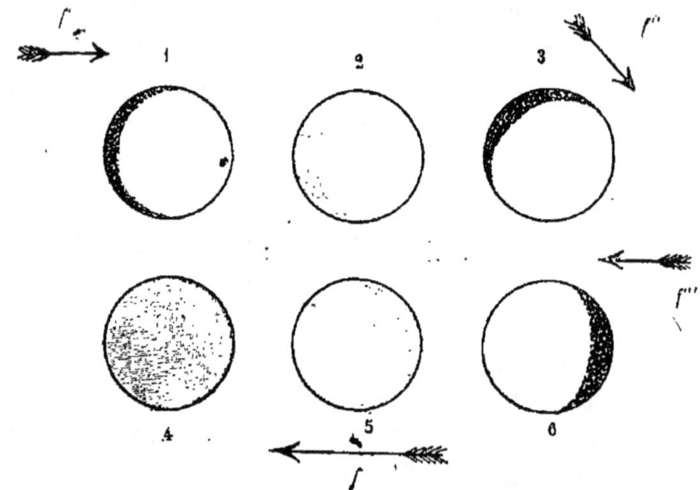

Fig. 63. — MARCHE DE L'OMBRE PUPILLAIRE (*skiascopie avec le miroir plan, observateur à 1 mètre*).

f, mouvement du miroir de droite à gauche.
Ombres inverses suivant *f'* ; 1, myopie forte ; 2, myopie moyenne ; Ombres diffuses ; 4, myopie 1 D.
Ombres directes suivant *f''* ; 5, myopie faible, emmétropie, hypéropie faible ; 6, hypéropie forte.
Ombres suivant *f''*, astigmatisme.

le fond rougeâtre de la pupille. Autour de ces taches se présentent des jeux d'ombres bizarres et absolument irrégulières.

Si l'observateur interroge le malade, il apprendra le plus souvent qu'il y a eu autrefois un traumatisme de la cornée ou une kératite phlycténulaire, une ophtalmie purulente, etc.

L'éclairage à la loupe décélera une taie de la cornée ou un kératocone, le disque de Placido des cercles irréguliers. L'astigmatisme irrégulier est ordinairement de diagnostic facile.

L'existence de l'astigmatisme *régulier* est aussi facilement reconnue. En effet, dans un œil exempt d'astigmatisme, et d'ailleurs myope ou hypermétrope, l'ombre pupillaire commence toujours à apparaître dans le méridien perpendiculaire à la direction de l'axe autour duquel tourne le miroir, c'est-à-dire dans le méridien horizontal, si l'axe de rotation, et par suite le manche du miroir ophtalmoscopique, est vertical, dans le méridien vertical au contraire si le manche, axe de rotation du miroir, est tenu horizontalement, etc.

Il n'en est plus de même si l'œil examiné est astigme, c'est-à-dire dépourvu de symétrie. Dans ce cas, en effet, l'ombre apparaît d'abord dans l'un des méridiens principaux de l'œil, quelle que soit la direction du manche ou axe de rotation du miroir. De là la possibilité, par quelques rapides essais kératoscopiques effectués en donnant au manche du miroir diverses directions, de reconnaître s'il y a ou non astigmie, et de déterminer, s'il y a lieu, l'un des méridiens principaux, ce qui d'ailleurs fait connaître la direction de l'autre méridien principal, qui, comme on le sait, est perpendiculaire au premier.

En donnant alors successivement à l'axe de rotation (manche du miroir) les deux directions respectivement perpendiculaires aux méridiens principaux, on peut, comme dans un œil symétrique, déterminer les degrés d'amétropie (myopie ou hypéropie) de ces deux méridiens et connaître, par différence, le degré de l'astigmatisme.

CHAPITRE VI

DU DÉPLACEMENT PARALLACTIQUE DANS L'EXAMEN A L'IMAGE RENVERSÉE

A. Lorsqu'on pratique l'examen à l'image renversée et réelle, il est très facile de reconnaître, au moyen de petits déplacements donnés à la lentille, si cette image, qui se forme pourtant chaque fois un peu en avant de la lentille, provient d'un œil emmétrope, myope ou hypermétrope.

Soient, en effet (fig. 64), C l'œil examiné et LL' la lentille qui donne, de la rétine de cet œil, une image réelle et renversée située en A, point que nous supposerons toujours

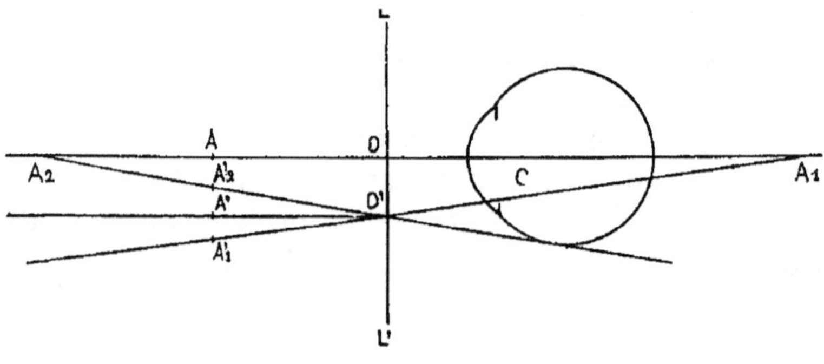

Fig. 64.

être le même, quel que soit l'état de la réfraction statique de l'œil. En réalité, la position de cette image A change, pour une même lentille LL', avec cet état de réfraction, mais ce fait n'intervient en rien dans les considérations qui suivent.

Supposons d'abord l'œil examiné emmétrope et donnons à la lentille un déplacement OO′.

L'image, donnée directement par l'œil C, et qui joue le rôle d'objet par rapport à la lentille LL′, est alors située à l'infini; par suite, lorsque le centre optique de la lentille sera venu en O′, la nouvelle image réelle et renversée sera située sur la ligne qui va de O′ à l'image donnée par l'œil, c'est-à-dire sur la droite O′A′, menée par O′ parallèlement à OA. La nouvelle image réelle et renversée sera donc située en A′; elle se sera déplacée d'une quantité AA′ égale au déplacement OO′ de la lentille.

Soit maintenant le cas où l'œil C est hypermétrope et fait former en A_1, à son remotum, l'image virtuelle de sa rétine. Dans ce cas, lorsque la lentille se sera déplacée de OO′, la nouvelle image réelle et renversée se formera en A'_1 sur l'axe secondaire qui joint A_1 (objet par rapport à la lentille) à la nouvelle position O′ du centre optique. On voit ainsi que le déplacement AA'_1 de l'image réelle et renversée est, dans le cas d'un œil hypermétrope, plus grand que le déplacement OO′ de la lentille elle-même.

Supposons enfin que l'œil, myope, fasse former l'image de sa propre rétine au point A_2 où se trouve son remotum. Lorsque la lentille se sera déplacée de O en O′, la nouvelle image réelle et renversée que cette lentille donne de A_2 sera située en A'_2, sur la droite A_2O′ joignant le point A_2, qui est actuellement un objet virtuel par rapport à la lentille, à la position actuelle O′ du centre optique. Le déplacement AA'_2 de l'image réelle et renversée est donc, dans le cas de la myopie, inférieur au déplacement OO′ de la lentille.

On voit, en résumé, que les déplacements sont inégaux dans les trois états de réfraction que l'œil peut présenter, qu'on peut en conséquence distinguer ces états l'un de l'autre et reconnaître par suite quel est celui d'entre eux auquel on a affaire.

B. On peut de même, en déplaçant la lentille qui sert à

pratiquer l'examen à l'image réelle et renversée, obtenir, pour les images d'opacités siégeant à diverses profondeurs dans l'œil, des déplacements parallactiques dont la valeur relative permet de déterminer la position de ces opacités elles-mêmes.

Supposons, pour bien spécifier les conditions de l'observation, que nous ayons affaire à un œil observé emmétrope qui n'accommode pas.

Si nous considérons les divers points étagés sur l'axe antéro-postérieur depuis la rétine jusqu'à la cornée, l'œil en donne des images virtuelles qui seront distribuées elles-mêmes depuis l'infini jusqu'à la cornée. Ces diverses images, qui jouent chacune le rôle d'objet pour la lentille, seront donc situées les unes en arrière, les autres en avant du foyer principal postérieur de cette lentille et celle-ci en donnera une image, réelle dans le premier cas, virtuelle dans le second.

Soient dès lors l'œil examiné C (fig. 65) et la lentille LL'. Si une opacité occupe dans l'œil, en avant de la rétine, une position telle que cet œil en donne une image virtuelle A

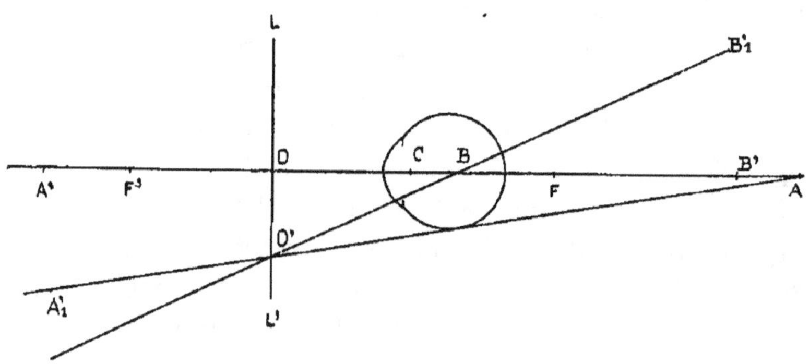

Fig. 65.

située au delà du foyer F de la lentille, celle-ci en donnera une image réelle A'. Par suite, si la lentille se déplace de O en O', l'image réelle A' viendra en A'₁, sur la droite AO', ainsi que nous l'avons expliqué plus haut. Le déplacement A′A′₁ sera donc supérieur à celui de la lentille et d'autant plus grand que l'objet A sera plus rapproché de cette lentille, c'est-à-dire que le point de l'intérieur de l'œil, dont A est l'image, est situé plus en avant de la rétine.

Supposons maintenant qu'une opacité ait une position telle que l'œil en donne une image virtuelle B (fig. 65) située en avant du foyer F de la lentille. Celle-ci lui substituera une image virtuelle B′ et lorsqu'elle se sera déplacée de O en O′, l'image B′ viendra en B′₁, sur la droite O′B. Le déplacement de cette image sera donc inverse de celui de la lentille, et d'autant plus grand que B sera plus près de la cornée, c'est-à-dire que l'opacité siégera réellement plus près des dioptres cornéens.

C. Le déplacement parallactique à l'image renversée est surtout employé pour reconnaître des différences de niveau (saillies ou excavations) sur la rétine.

Soient deux points a et b (fig. 66) d'une rétine excavée ou en saillie, et supposons, pour fixer les idées, que la longueur de l'axe antéro-postérieur de l'œil soit tel que cet œil donne des images réelles a_1 et b_1 de ces deux points a et b. La

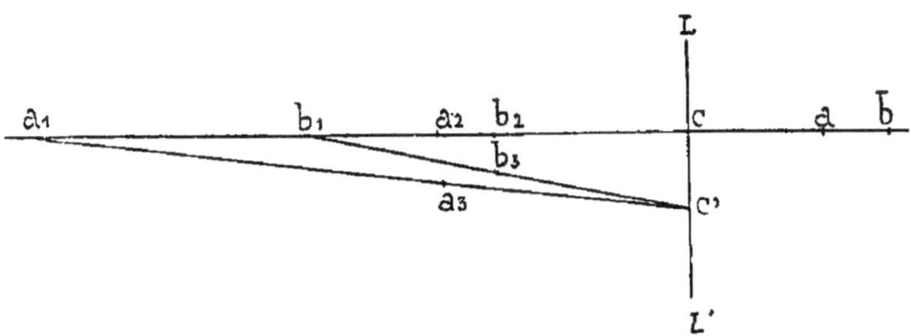

Fig. 66.

lentille LL′ substitue à ces images a_1 et b_1 deux autres images réelles a_2 et b_2. Si maintenant la lentille se déplace de c en $c′$, elle donnera, des objets virtuels a_1 et b_1, deux nouvelles images situées en b_3 et a_3 sur les droites $a_1c′$ et $b_1c′$. On voit que l'image a_3 du point a situé le plus près de la cornée se déplace plus que l'image b_3 du point b.

On arriverait à une conclusion identique si l'œil donnait, des points a et b, des images virtuelles, auxquelles d'ailleurs la lentille substituerait encore des images réelles.

De là la possibilité de reconnaître si divers points de la rétine sont à diverses distances de la cornée, c'est-à-dire s'il existe sur la rétine des différences de niveau (saillie ou excavation).

DEUXIÈME PARTIE

OPHTALMOSCOPIE DESCRIPTIVE ET ICONOGRAPHIQUE

I

LE FOND DE L'ŒIL NORMAL

CHAPITRE PREMIER

PAPILLE DU NERF OPTIQUE

I. — ANATOMIE.

Le nerf optique pénètre sous la forme d'un cordon arrondi dans le globe oculaire où ses fibres s'épanouissent en se repliant et constituent la papille optique ainsi que la couche des fibres nerveuses de la rétine.

L'anatomie des portions juxta-oculaire et intra-oculaire du nerf optique est indispensable à connaître pour interpréter les images ophtalmoscopiques.

En arrière de l'œil, le nerf optique, de couleur blanche, a 3 millimètres de diamètre; il est formé de fibres nerveuses, réunies en 800 faisceaux environ. Ces faisceaux sont disposés parallèlement, donnant au nerf, sur des coupes transversales, un aspect de moelle de jonc; ces faisceaux sont séparés les uns des autres par du tissu conjonctif interfasciculaire émané de la gaine interne. C'est au milieu de ces travées connectives que circulent les vaisseaux sanguins. Les fibres nerveuses, au nombre de 500000 environ (Salzer), sont minces, d'une épaisseur de 2 µ environ ; quelques-unes cependant atteignent 10 µ. Ces fibres sont à myéline, mais, à l'encontre des fibres des nerfs périphériques, elles ne possèdent ni gaine de Schwann, ni étranglement de Ranvier. Elles sont enfouies dans un feutrage serré formé de névroglie, où circule la lymphe. D'après Guddens, les fibres minces servent à la vision des objets et les fibres épaisses entrent en action dans le réflexe pupillaire.

Le nerf optique est le pédicule d'une petite masse cérébrale, la rétine, venue à la rencontre de la lumière ; aussi ce nerf est-il entouré de gaines, simples prolongements des enveloppes cérébrales.

Les gaines du nerf optique sont donc au nombre de trois : gaines durale, arachnoïdienne, piale, qui se confondent en arrière avec les méninges craniennes du même nom.

La gaine durale, la plus externe, est épaisse, lâchement unie au nerf ; la gaine piale ou interne est une tunique conjonctive qui constitue le névrilème du nerf optique. Entre ces deux gaines se trouve un large espace lymphatique (espace intervaginal) qui se continue en arrière avec les espaces des centres nerveux ; au milieu de cet espace se trouve tendue la gaine moyenne ou arachnoïdienne qui divise l'espace intervaginal en deux cavités secondaires, l'une externe, c'est l'espace subdural, l'autre interne, la plus vaste, c'est l'espace sous-arachnoïdien.

Ces trois gaines s'insèrent en avant sur la sclérotique. Les fibres de la gaine externe s'incurvent de dedans en dehors et se perdent dans la sclérotique, membrane sur laquelle s'insère aussi la gaine moyenne, et se terminent en culs-de-sac sur les espaces lymphatiques vaginaux. La gaine interne participe à la constitution des éléments du trou scléro-choroïdien.

Le nerf optique, pour s'épanouir dans l'œil, doit perforer

la sclérotique et la choroïde, membranes qui toutes deux présentent un orifice arrondi avec canal intermédiaire. Ce canal ne répond point au pôle postérieur de l'œil; il est situé à 3 millimètres en dedans et à 1 millimètre *au-dessous* d'après quelques auteurs, ou un peu *au-dessus* (Panas) (1); nos recherches ont confirmé cette dernière opinion (2).

Le trou sclérotical bordé de fibres élastiques circulaires se rétrécit d'arrière en avant, son diamètre étant de $3^{mm},5$ en arrière et de 1 millimètre à $1^{mm},5$ en avant (Testut) (3); le trou choroïdien placé au-devant a un diamètre de $1^{mm},5$ (Sappey).

La lumière du canal scléro-choroïdien est obstruée par la lame criblée, membrane conjonctive placée de champ, pourvue de nombreux pertuis ou orifices très étroits au travers desquels se tamise le tronc du nerf optique.

Cette lame criblée est un carrefour de fibres connectives envoyées par les plans voisins. Les cloisons sont formées par les lames internes de la sclérotique, par des tractus de la gaine interne et par le tissu conjonctif interfasciculaire du nerf optique, dont les fibres en ce point deviennent perpendiculaires à son axe.

La choroïde se termine-t-elle au pourtour du nerf optique sans prendre part à la formation de la lame criblée? La question a été définitivement élucidée par Berger (4) qui a montré que cette membrane émet dans la lame criblée des cloisons choroïdiennes avec cellules pigmentaires en très petit nombre chez l'homme. On sait que chez l'animal, le bœuf, le chat (*Phot.* 49), le lapin, par exemple, les éléments choroïdiens pigmentent la lame criblée d'une façon très appréciable parfois à l'ophtalmoscope.

Le nerf optique, pendant son parcours dans le canal infun-

---

(1) Panas, *Traité des mal. des yeux*, 1894, p. 207.
(2) Voy. notre description de la Macula (p. 149).
(3) Testut, *Traité d'anatomie*, 1894, t. III.
(4) Berger, *Archiv f. Augenheilk.*, 1882.

dibuliforme scléro-choroïdien, subit un étranglement qui diminue son calibre et lui donne une forme conique. Sur une coupe, on remarque que le nerf, de blanc qu'il était avant la traversée de la lame criblée, après devient grisâtre. C'est que les fibres nerveuses se sont dépouillées du tissu conjonctif interfasciculaire et surtout de leur gaine de myéline ; elles perdent en conséquence de leur épaisseur et changent de couleur.

C'est à l'état de cylindres-axes nus que ces fibres traversent la lame criblée, pour se disposer en faisceaux et se déverser à l'intérieur de l'œil où elles constituent la papille, puis s'étalent de tous côtés à la face antérieure de la rétine.

Vascularisation. — Cette vascularisation est assurée par des réseaux de source diverse. C'est d'abord l'artère centrale de la rétine venue de l'ophtalmique, quelquefois de la ciliaire postérieure externe. Elle pénètre obliquement dans le nerf à sa partie inféro-interne, à 10 ou 20 millimètres en arrière du globe oculaire, suit son axe et arrive au niveau de la papille où elle se divise et se subdivise.

La veine centrale de la rétine l'accompagne et vient se déverser soit dans la veine ophtalmique supérieure, soit dans le sinus caverneux. Ces vaisseaux, comme l'indiquent leurs noms, sont destinés à la rétine ; cependant de fines branches s'en détachent, forment un réseau interstitiel au nerf optique et vont dans les cloisons de la lame criblée où elles s'anastomosent avec les rameaux de l'anneau vasculaire de Zinn.

Les vaisseaux vaginaux sont les vaisseaux nourriciers du nerf optique en arrière du globe de l'œil. Ces vaisseaux vaginaux émanent des divers troncs vasculaires de la cavité orbitaire, serpentent dans les gaines du nerf optique, puis dans le tissu conjonctif qui lui sert de support ; ils s'avancent jusqu'à la lame criblée.

Le cercle vasculaire de Zinn ou de Haller est formé par des branches venues des artères ciliaires courtes posté-

rieures ; il constitue une couronne vasculaire intrascléroti-
cale à l'entrée du nerf optique. De ce cercle partent des
arborisations qui se perdent dans la lame criblée et vascu-
larisent ses cloisons (vaisseaux cilio-papillaires). Au niveau
de la lame criblée, il existe donc des anastomoses entre les
vaisseaux scléroticaux, choroïdiens, vaginaux et rétiniens.
En cas d'obstruction de l'artère centrale de la rétine, on ne
peut compter, afin de rétablir une circulation collatérale
efficace dans la rétine, sur ce cercle de Haller destiné à la
nutrition de la papille.

Du cercle de Haller se détachent parfois des vaisseaux
importants et visibles à l'ophtalmoscope qui, dépassant la
papille, viennent se distribuer dans la couche des fibres nerveuses de la rétine : ce sont des vaisseaux cilio-rétiniens
(*Phot.* 2). Ils émanent directement du cercle de Haller, mais
ils peuvent s'anastomoser avec les vaisseaux de l'anneau
choroïdien ou même en provenir.

On remarque des artères dans cette couche, les veines
cilio-rétiniennes s'observant plus rarement (Elschnig) (1).

Les vaisseaux centraux de la rétine, dont nous parlerons
plus loin en détail, donnent naissance, généralement en
pleine papille, à des vaisseaux maculaires directs. Ces vaisseaux se portent vers la partie interne de la macula ; les
autres segments du pourtour de cette région reçoivent les
vaisseaux maculaires indirects, branches des temporales.

Quelquefois les vaisseaux maculaires directs ne naissent
pas du système vasculaire rétinien, mais du système ciliaire,
c'est-à-dire du cercle de Haller.

II. — OPHTALMOSCOPIE.

Un examen méthodique nous apprend que la papille présente à l'observation ophtalmoscopique les détails suivants :

(1) Elschnig, *Græfe's Arch.*, 1897.

Sa *configuration* est variable, mais de forme régulière.

Généralement la papille apparaît sous la forme d'un disque arrondi ou encore ovalaire à grand diamètre dirigé dans le sens vertical.

L'allongement de la papille dans le sens horizontal ou oblique est un indice d'astigmatisme. En raison de la configuration généralement symétrique de la papille, pour la facilité des descriptions, on la divise en deux moitiés latérales, segment nasal ou interne, segment temporal ou externe.

Sa *grandeur* réelle ou anatomique, correspond à un diamètre de $1^{mm},5$: sa grandeur apparente ou ophtalmoscopique dépend de l'état de réfraction de l'œil observé, de l'accommodation et du miroir employé. La papille paraît plus grande chez le myope, plus petite chez l'hypérope à l'examen à l'image droite (1).

Pour bien concevoir la *couleur* de la papille, il convient de connaître celle des divers plans anatomiques superposés que l'on peut éclairer à l'aide du miroir ophtalmoscopique.

Tout en arrière, c'est le tronc du nerf optique avec ses travées conjonctives, sa névroglie et ses fibres à myéline opaques. Le tout présente la coloration blanche commune à tous les nerfs.

Au-devant, c'est la lame criblée d'abord avec ses pertuis au niveau desquels les fibres du nerf optique s'amincissent en perdant leur gaine à myéline et deviennent transparentes, puis avec ses tractus conjonctifs vascularisés. Ce sont des espaces translucides (fibres amyéliniques vues de face) entourés de bandelettes fibreuses vasculaires un peu opaques; ce plan est donc irrégulièrement marbré de gris et de rose.

Enfin, sur le plan antérieur, l'épanouissement des cylindres-axes transparents, légèrement grisâtres, accompagnés d'une arborisation de fins vaisseaux rougeâtres.

----

(1) Voy. p. 97 le parallèle entre les examens à l'image droite et à l'image renversée.

La superposition de ces tissus de couleur différente, où nous trouvons superposés le blanc, le gris, le rouge, donne à la papille une coloration rose, la couleur fleur de pêcher.

Cette coloration de la papille varie suivant que l'on envisage l'un des deux segments. Le segment nasal est plus coloré, il est rose, presque rouge ; le segment temporal est plus pâle, rose tendre (*Phot.* 1), tirant sur le gris jaune. Deux faits expliquent ces différences de coloration :

Le segment nasal, contenant une plus grande quantité de fibres nerveuses, est forcément plus riche en vaisseaux que le segment temporal. En outre, grâce à ces fibres plus nombreuses et plus volumineuses, il masque davantage le fond blanchâtre des fibres myéliniques et opaques du nerf optique.

La couleur de la papille, comme celle d'autres tissus, varie avec l'âge. Rosée chez l'adulte, elle peut être vraiment rouge chez l'enfant et d'un rose jaunâtre chez le vieillard.

Elle varie encore suivant les individus, suivant surtout les teintes de la région péripapillaire qui forment contraste ; alors on notera des modifications de coloris plus apparentes que réelles.

La coloration foncée du fond de l'œil chez un individu brun fera apparaître la papille en nuance claire ; chez le blond, le fond d'œil étant peu pigmenté, la papille semble rouge.

La *limite* de la papille est souvent nettement dessinée, en raison de la présence de deux ou trois anneaux concentriques.

En dedans, un anneau finement grisâtre limite le pourtour des fibres nerveuses. Il est inconstant et peu apparent ; les deux suivants sont beaucoup plus marqués et manquent rarement.

C'est d'abord l'anneau scléral ou interne (*Phot.* 2) qui réfléchit vivement la lumière comme la sclérotique, dénudée dans certaines altérations.

Cet anneau sclérotical se fait remarquer par l'intensité de sa couleur blanche, d'un blanc de porcelaine ; c'est la teinte blanc bleuâtre ou jaunâtre de la sclérotique, tempérée quelque peu par les fibres nerveuses sus-jacentes. La demi-circonférence externe est plus blanche que l'interne en raison des fibres nerveuses moins épaisses au-devant de ce segment. Quelquefois elle apparaît seule et la bague devient un croissant (fig. 67 et *Phot.* 16).

Plus en dehors, on voit l'anneau choroïdien ou anneau externe ; il est plus large que le précédent, mais souvent irrégulier.

Parfois il s'agit d'un cercle noirâtre complet, encadrant le cercle blanc sclérotical (*Phot.* 16) ; d'autres fois un deuxième filet irrégulier le double ; le plus souvent l'anneau a des contours irréguliers (*Phot.* 1), déchiquetés. Sa couleur est brunâtre ou noirâtre. Souvent ébauché, incomplet, c'est un croissant sombre siégeant surtout à la partie externe, c'est une masse de grains pigmentaires très fins (*Phot.* 40), repoussés en dehors par le jet serré et volumineux des fibres nerveuses internes.

Ici l'anneau choroïdien manque, là il s'avance sur la sclérotique, la recouvre et fait disparaître l'anneau sclérotical sous-jacent.

On peut même constater parfois en pleine papille un petit amas pigmentaire d'origine choroïdienne ; il est probable qu'alors les cloisons choroïdiennes de la lame criblée contiennent des cellules étoilées pigmentaires.

Comment expliquer la présence de ces anneaux ou de ces croissants ?

Nous distinguons trois images ophtalmoscopiques : l'une avec un seul anneau noir ou choroïdien, l'autre avec un seul anneau blanc ou scléral, la troisième enfin avec un double anneau blanc et noir.

Dans le premier cas, les deux orifices sont exactement superposés, l'anneau choroïdien seul apparaît, car il cache par son pigment noirâtre l'anneau scléral plus profond.

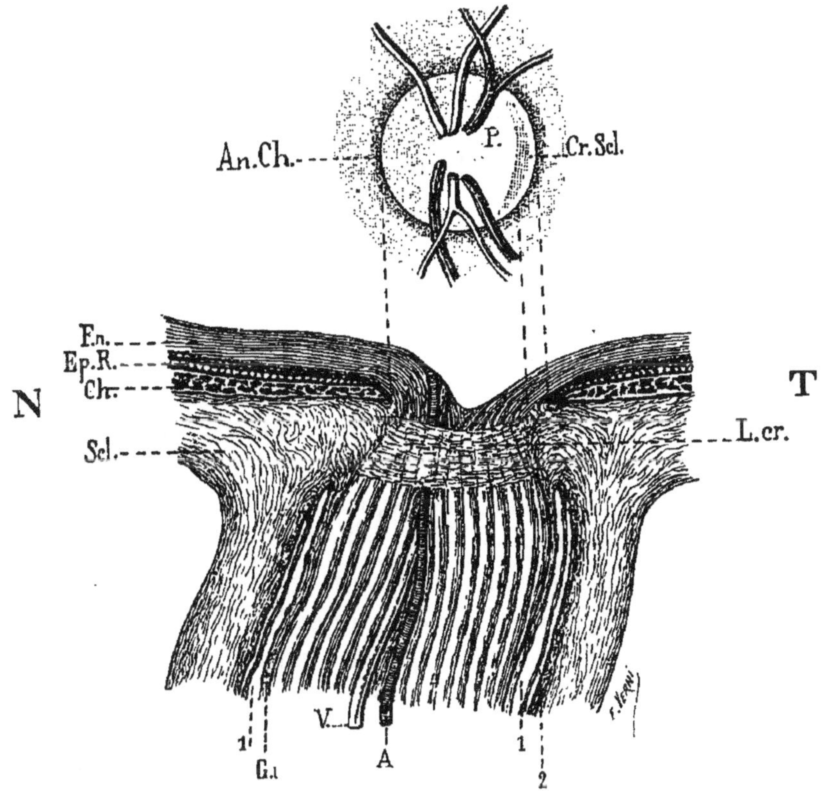

Fig. 67 (schématique). — ENTRÉE DU NERF OPTIQUE DANS L'OEIL (*coupe horizontale*) et PAPILLE (*coupe horizontale et aspect ophtalmoscopique*).

Fn, couche des fibres nerveuses de la rétine, plus épaisse dans le segment nasal de la papille N que dans le segment temporal T; E*p*. R, épithélium pigmentaire de la rétine; C*h*, choroïde; S*cl*, sclérotique, L. *cr*, lame criblée; Gi, gaine interne du nerf optique, participant en avant à la constitution de la lame criblée; 1, espace sous-arachnoïdien; 2, espace subdural; A, V, artère et veine centrales de la rétine; P, papille légèrement bombée du côté N; excavation physiologique centrale et T; A*n*. C*h*, anneau choroïdien péripapillaire correspondant à la pigmentation de la couche C*h*; C*r*. S*cl*, croissant scléral externe ou T, correspondant à une zone du tissu scléral, non recouvert, comme du côté N, du tissu choroïdien pigmenté normal C*h*.

Dans le second cas, l'anneau choroïdien ne contient pas de pigment, seul l'anneau scléral est visible.

Enfin, dans le troisième cas, il y a deux anneaux, soit parce que l'anneau scléral, plus étroit que l'anneau choroïdien, le déborde en dedans, soit parce que, malgré la superposition des deux orifices, les fibres choroïdiennes diaphanes et sans pigment ne peuvent voiler l'anneau scléral.

La *surface* de la papille se présente sous des aspects divers.

La papille devrait former, ainsi que l'indique son étymologie latine et comme on le croyait jadis, une saillie ou mamelon dans l'intérieur de l'œil. Cette assertion n'est pas exacte. Toutefois la papille peut présenter une portion légèrement saillante; plus souvent elle est plate ou même excavée, de là les variétés de papilles demi-bombée, plate ou excavée.

Papille demi-bombée. — Les fibres nerveuses, après la traversée de la lame criblée, se séparent pour s'épanouir dans le plan rétinien, mais ne se distribuent pas uniformément dans toutes les directions en prenant le centre de la papille pour point de départ de leur rayonnement. Le jet de fibres nerveuses est plus puissant du côté nasal; de ce côté les cylindres-axes ont un volume double de celui des fibres temporales; aussi, tandis que les fibres temporales seront de niveau avec le tissu rétinien du voisinage, les fibres nasales seront exhaussées, proéminentes. Le segment nasal constitue donc une sorte de demi-mamelon dépassant le niveau des parties voisines sur lequel se courbent un peu les vaisseaux. La papille est mi-rose, mi-rouge.

Papille plate. — La papille se trouve dans le même plan que la rétine, l'épanouissement des fibres nerveuses s'effectue exactement au niveau des parties voisines. La papille est de couleur uniformément fleur de pêcher (*Phot.* 47).

Papille excavée. — Ici il faut distinguer les excavations suivant leurs degrés.

L'excavation *légère* est d'observation banale. Elle est constituée par la séparation des fibres nerveuses qui s'infléchissent avant d'avoir gagné le plan de la rétine.

Il en résulte un entonnoir, le pore optique (*Phot.* 2, 5, 6, 7, 8, 9, 22, 34, 35, 36, 40, 41, 45), d'où émergent les vaisseaux centraux. C'est ce mode d'épanouissement que l'on compare à une fleur de convolvulus ou à l'embouchure d'une trompette. Alors on constate à l'ophtalmoscope que la portion périphérique de la papille est plus élevée que le centre ; on reconnaît à la papille une dépression centrale sans bords, en forme de cupule ou de godet, où se courbent progressivement les vaisseaux. On voit une tache blanche centrale ou un peu excentrique, c'est le tissu blanc profond du tronc du nerf optique.

Il existe toujours une portion, plus ou moins étendue, de tissu papillaire rose qui s'interpose entre les zones blanches de l'excavation et de l'anneau scléral.

Les excavations *fortes* sont plus rarement observées. Il est important de les bien connaître, ne serait-ce que pour ne pas les confondre avec les excavations pathologiques.

L'excavation physiologique, même très accentuée, n'occupe jamais toute la surface de la papille ; elle occupe la moitié (*Phot.* 3) ou les deux tiers du disque et n'est ainsi que partielle. L'excavation reste toujours à quelque distance de la zone circonférentielle de la papille formée par une languette (*Phot.* 4) de tissu papillaire rose, bordé de l'anneau scléral.

L'excavation de la papille nous présente des particularités intéressantes à étudier : un bord et un fond.

Sur son bord, de couleur rose, les vaisseaux rétiniens rougeâtres, bien visibles, se recourbent brusquement en crochet ; leur trajet est alors interrompu et on peut les apercevoir de nouveau sur le fond de l'excavation, mais là ils sont mal délimités et d'un rouge pâle. Ce bord est escarpé, taillé à pic ; brusquement la papille rose devient blanche au niveau de cette excavation ; elle a été comme trouée à l'emporte-pièce, en plein tissu papillaire normal.

Le fond de l'excavation est de coloration blanchâtre, réfléchissant fortement la lumière. A un examen attentif, on voit que cette surface n'est pas uniformément blanche : une série de dentelles à mailles allongées ou irrégulières (*Phot.* 4), de nuance grisâtre, la marbre en tous sens ; c'est bien là l'image de la lame criblée.

L'excavation, telle que nous venons de la décrire, est symétrique et tout son pourtour est découpé en falaise ; plus fréquemment encore, elle est dissymétrique. Alors un rebord est élevé et l'autre se confond insensiblement avec le plan rétinien : le bord mousse, dans ce cas, occupe surtout le segment externe de la papille. Les vaisseaux décrivent un crochet du côté excavé seulement.

L'observateur pourra mesurer la profondeur de l'excavation en déterminant à l'image droite, son accommodation étant relâchée, successivement la réfraction d'un point de son fond, puis d'un de ses bords. Le fond est doué d'une réfraction myopique et si, pour le voir nettement, il faut un verre — 3 dioptries, l'œil observé étant emmétrope, on conclura à une profondeur de 1 millimètre.

De même on affirmera les différences de niveau du fond de l'œil par la recherche du déplacement parallactique à l'image renversée. En imprimant à la lentille un mouvement de latéralité, la papille excavée, comparée à ses limites, aura un retard dans sa marche. Ses bords sembleront subir un déplacement en sens inverse de celui de la lentille, avec d'autant plus de netteté que l'excavation sera plus marquée, et cacheront ainsi tantôt un côté de l'excavation, tantôt l'autre.

OBSERVATIONS ET PHOT. 1 ET 2.

Observation et Phot. 1.

FOND D'OEIL NORMAL. — PAPILLE RONDE, SANS EXCAVATION PHYSIOLOGIQUE.

OEil droit.

Emile E..., vingt-trois ans, étudiant en médecine.

O. D. V = 1. Emmétropie. Champ visuel normal. Papille ronde, de couleur rose, à peine plus foncée dans la demi-circonférence nasale. Pas de cercle sclérotical, pigmentation péripapillaire surtout temporale. Pas d'excavation physiologique. Les vaisseaux rétiniens émergent au milieu du disque papillaire. On note trois artères et trois veines (vaisseaux papillaires supérieurs, vaisseaux temporaux et nasaux inférieurs). Deux fins vaisseaux maculaires directs. Aucun détail spécial dans la région maculaire. Fond choroïdien rouge pâle.

Observation et Phot. 2.

FOND D'OEIL NORMAL. — VEINULE CILIO-RÉTINIENNE. — LÉGÈRE EXCA-VATION PHYSIOLOGIQUE CENTRALE DE LA PAPILLE.

OEil droit.

A..., quarante-huit ans, homme.

O. D. La papille est ronde assez régulièrement. Cercle scléro-tical complet, tissu papillaire avec sa coloration rose normale. Légère excavation physiologique centrale de la papille. Les vaisseaux émergent en deux faisceaux, l'un supérieur, l'autre inférieur, qui comprennent chacun une artère et une veine papillaires.

Sur le bord externe de la papille, et légèrement en bas, on voit un petit vaisseau qui naît exactement à l'union de l'anneau sclérotical et du tissu papillaire. Il se dirige d'abord en dedans, puis se recourbe en crosse sur le bord papillaire qu'il semble érigner en bas. Deux veines maculaires directes issues des troncs veineux. Fond choroïdien rouge brun avec marbrures pigmentaires.

PHOT. 1. — Fond d'œil normal.

Papille sans excavation physiologique.

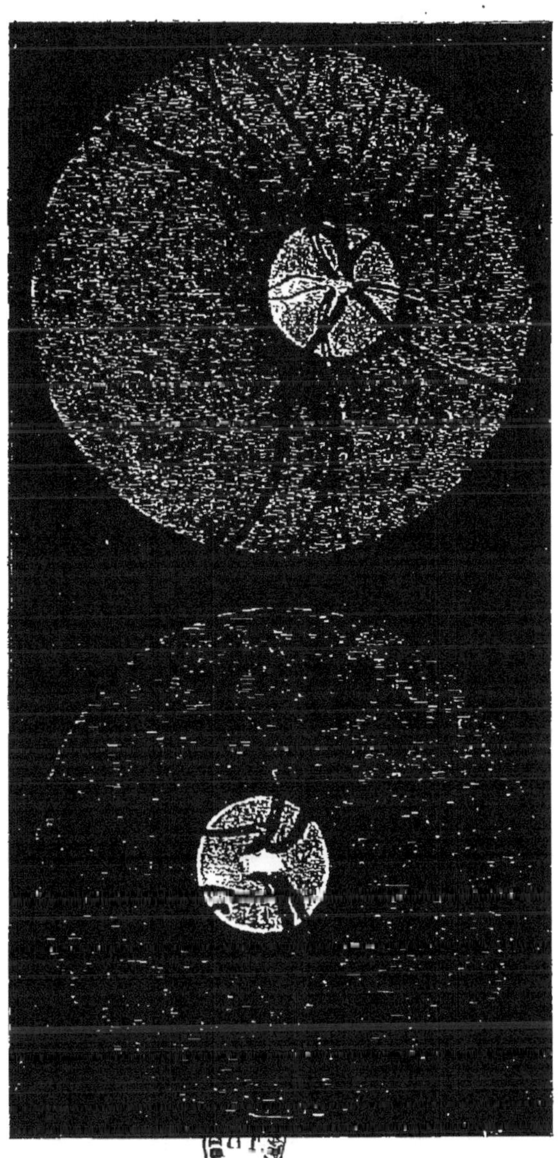

PHOT. 2. — Fond d'œil normal.

Légère excavation physiologique centrale.

OBSERVATIONS ET PHOT. 3 ET 4.

Observation et Phot. 3.

FOND D'OEIL NORMAL. PAPILLE AVEC EXCAVATION PHYSIOLOGIQUE PROFONDE.

OEil droit.

P. B..., acuité visuelle $= 1$, myopie $- 1$.

O. D. Papille légèrement elliptique, à grand axe vertical. Au centre du disque, excavation physiologique occupant environ la moitié de la papille. Couleur blanche contrastant avec la couleur rose du reste du tissu papillaire. D'après la règle classique, l'excavation mesure 1 millimètre. On aperçoit le fond de l'excavation avec netteté par le verre sphérique — 3. Le tronc veineux supérieur qui se distingue dans le fond de l'excavation émet une veinule maculaire directe. Le tronc artériel supérieur est caché et les artères temporale et nasale supérieures se coudent sur le rebord de l'excavation. Cercle sclérotical ; large cercle pigmentaire choroïdien. Fond choroïdien rouge clair et granité.

Observation et Phot. 4.

FOND D'OEIL NORMAL. PAPILLE AVEC EXCAVATION PHYSIOLOGIQUE TRÈS MARQUÉE.

OEil droit.

Pierre J..., imprimeur, cinquante ans. Emmétropie. V. normale.
O. D. La papille est de forme ronde. Elle comprend :

1° Une partie centrale ; l'excavation est très considérable, d'une profondeur de $1^{mm},3$. Elle a un aspect blanc nacré ; les vaisseaux qui tapissent le fond de l'excavation sont vus indistinctement sans verres correcteurs. Le dessin de la lame criblée se manifeste par quelques points estompés. Par le déplacement parallactique, on voit successivement le tronc des vaisseaux du fond de l'excavation se cacher et réapparaître sur le bord nasal de l'excavation. Leur déplacement est assez prononcé. Les deux vaisseaux maculaires directs subissent une ondulation. En somme, l'excavation est taillée à pic du côté nasal et regagne en pente douce la limite papillaire externe. Avec le verre — 4, on aperçoit distinctement la lame criblée dans la demi-circonférence papillaire externe ;

2° Une partie périphérique, sorte d'anneau qui entoure l'excavation. Cet anneau a une épaisseur plus grande du côté temporal que du côté nasal, où il est réduit à l'état d'un simple filet de tissu papillaire. Cet anneau a une coloration rose qui tranche nettement avec la couleur blanche de l'excavation et le fond rouge de la choroïde. Nappe pigmentaire péripapillaire assez prononcée. Les vaisseaux rétiniens, artères et veines, font un coude très marqué et plus ou moins incliné en descendant dans l'excavation. Hypercoloration au niveau du crochet vasculaire. Déplacement en baïonnette des vaisseaux du bord et du fond. Pas de crochet, mais ondulations des vaisseaux maculaires directes ; leurs branches d'origines ont un peu estompées. Rien d'anormal à la périphérie.

Phot. 3. — Fond d'œil normal.
Excavation physiologique profonde.

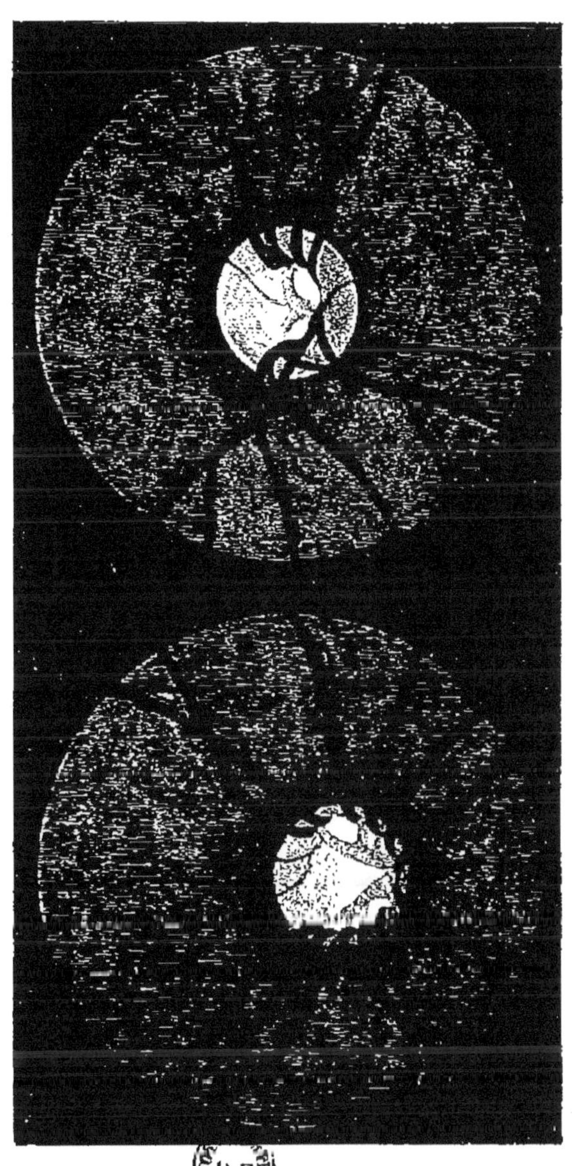

Phot. 4. — Fond d'œil normal.
Excavation physiologique très considérable.

OBSERVATION ET PHOT. 5 ET 6.

Observation et Phot. 5 et 6.

ASTIGMATISME MIXTE.

OEil droit.

Alice X..., vingt-quatre ans, sans profession. Astigmatisme mixte.

O. D. $\pm$ 4 D. selon la règle. Depuis son jeune âge, s'est aperçue que sa vue était basse et qu'elle ne pouvait distinguer de loin le détail des objets. Après avoir fixé quelques minutes un objet à 2 mètres de distance, la vue, bonne d'abord, se trouble ; pendant la lecture, en passant d'une ligne à l'autre, erreurs fréquentes. A essayé en vain des verres concaves ; elle a fait usage d'un — 2 D. qu'elle a abandonné en raison des troubles d'asthénopie : (il transformait, en effet, son As. myopique en As. hyperopique).

A l'examen, vision inférieure à 1/10.

Skiascopie (miroir concave), méridien horizontal : ombres inverses ; méridien vertical : ombres directes.

Image droite, papille elliptique à grand axe vertical (*Phot.* 5). Cercle sclérotical très visible. Les limites papillaires deviennent de moins en moins nettes à mesure que l'on quitte les parties latérales pour se rapprocher de la partie supérieure du disque. Vaisseaux nets avec leur double contour, dans leurs trajets verticaux, flous dans une direction horizontale. La papille semble tiraillée suivant son axe vertical. Avec — 5, la papille devient ronde (*Phot.* 6), les vaisseaux verticaux deviennent flous (hypermétropie) ; les petits vaisseaux maculaires, à parcours transversal et inaperçus tout à l'heure, apparaissent.

Verres correcteurs : sphérique convexe $+$ 2, cylindrique concave — 4, axe horizontal. Acuité $\frac{2}{3}$.

Mêmes constatations du côté opposé (O. G.).

PHOT. 5. — Astigmatisme mixte.

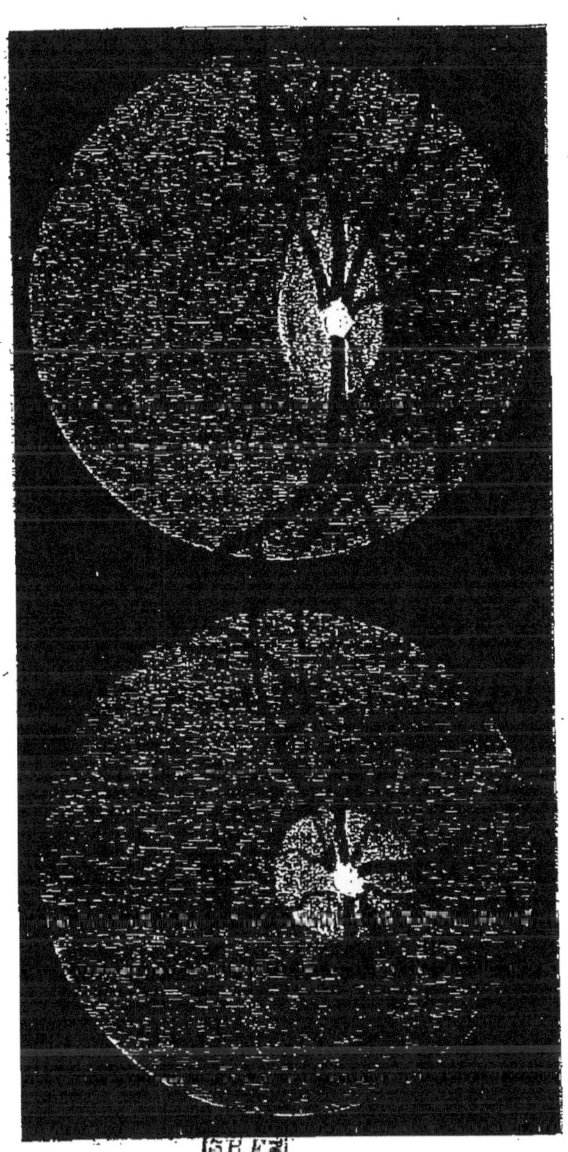

PHOT. 6. — Astigmatisme mixte.

CHAPITRE II

RÉTINE

I. — ANATOMIE ET PHYSIOLOGIE.

1° **Anatomie**. — Nous indiquons ici les divers plans anatomiques de la rétine en insistant particulièrement sur ceux dont on perçoit une image ophtalmoscopique.

On peut reconnaître à la rétine dix couches principales. D'abord, en arrière, l'épithélium pigmentaire qui correspond au feuillet externe de la vésicule optique secondaire : c'est la couche la plus postérieure de la rétine ; elle est séparée de la choroïde par une membrane mince et translucide, la vitrée pigmentaire.

L'épithélium rétinien est constitué par des cellules à forme géométrique : elles sont hexagonales, pentagonales et dessinent une mosaïque. Ces cellules renferment un ou deux noyaux et leur zone marginale est bourrée de pigment. A la périphérie se trouve une bande claire répondant au ciment amorphe qui les unit.

En avant de cette couche unique de cellules appliquée contre celle des vaisseaux choroïdiens, s'avancent des franges ou baguettes minces, remplies de grains pigmentaires arrondis. Par leur extrémité supérieure, les cônes et bâtonnets viennent butter contre le dôme formé par la cellule pigmentaire ; ils sont limités de chaque côté par les franges qui s'insèrent en avant sur la limitante externe.

Au-devant de la couche pigmentaire, on trouve la partie correspondant au feuillet interne de la vésicule optique, c'est la portion neuro-épithéliale de la rétine, portion externe privée de vaisseaux : couche des cônes et bâtonnets ou membrane de Jacob; limitante externe; couche de cellules visuelles ou des grains externes ou couche externe à noyaux; plexus basal et cellules basales ou couche granuleuse externe et intergranuleuse.

Puis c'est la portion cérébrale de la rétine : couche des cellules bipolaires, des cellules unipolaires ou spongioblastes ou couche interne à noyaux; plexus cérébral ou couche granuleuse interne ou des grains internes; cellules multipolaires; fibres du nerf optique et limitante interne.

La théorie des neurones, d'après les recherches relativement récentes de Ramon y Cajal, de Van Gehuchten, théorie qui paraît définitivement admise en neurologie, a singulièrement modifié et éclairci la structure compliquée de la rétine. Sans entrer dans des détails hors de notre sujet, disons en quelques mots comment il faut actuellement comprendre cette structure :

Les éléments nerveux de la rétine, nous venons de l'indiquer, se disposent en *dix couches*, mais en réalité peuvent et doivent se réduire à *trois étages* superposés. En partant de la choroïde, et en avant de l'épithélium pigmentaire, on rencontre en effet :

1° La *couche des cellules visuelles*, formée de cellules nerveuses bipolaires, dont le prolongement périphérique constitue les cônes et les bâtonnets, tandis que le prolongement central se termine librement dans la rétine, soit par un petit épaississement sphérique (bâtonnets), soit par une petite touffe de ramifications indépendantes (cônes) ;

2° *La couche des cellules bipolaires.* — Cette couche est formée d'éléments bipolaires, dont le prolongement périphérique touffu va chercher le contact et la transmission de l'ébranlement nerveux au niveau de l'extrémité des éléments de la couche précédente; le prolongement central ou antérieur va, à son tour, se terminer par une arborisation complexe au niveau de la couche suivante ;

3° *La couche des cellules ganglionnaires*. — Ces cellules nerveuses sont volumineuses (1); elles possèdent chacune plusieurs prolongements protoplasmatiques périphériques qui s'enchevêtrent avec les prolongements internes de la couche précédente, et un seul prolongement cylindraxile central. Tous les prolongements cylindraxiles se réunissent vers la papille (couche des fibres optiques).

Ces trois éléments superposés forment la partie fondamentale de la rétine ; les autres, tels que les fibres de Müller qui sont de nature épithéliale, n'entrent pas directement en jeu dans la transmission des vibrations lumineuses. Celles-ci arrivent aux centres cérébraux par pure contiguïté des éléments conducteurs dont nous venons de parler, chaque élément agissant pour son compte, sans mêler ses vibrations à celles de l'élément qui est à côté de lui, mais en transmettant d'autre part intégralement à celui qui lui est contigu par son extrémité.

La couche des fibres du nerf optique doit nous arrêter dans cette étude.

La rétine, coupée en sifflet au niveau de l'entrée du nerf optique, permet au jet des cylindraxes de pénétrer dans la coque oculaire, d'y former un disque qui constitue la papille et de s'étaler dans la portion antérieure de la rétine. C'est une couche de cylindraxes, avec cellules de névroglie, dont l'épaisseur va en diminuant de la papille à l'ora serrata.

En étudiant la disposition de ces fibres suivant leur ordre de superposition, on voit que celles qui occupent l'axe du nerf optique vont former la couche superficielle de la rétine et s'épuiser vers l'équateur. Les fibres situées à la périphérie du tronc du nerf optique ont un parcours moins long ; elles se distribuent surtout dans le segment postérieur de l'œil en constituant la couche rétinienne profonde. En outre,

(1) Renaut et Vialleton, *Congrès de Bordeaux*, 1895.

Bernheimer (1) a montré que les fibres maculaires ou temporales ont une épaisseur plus faible que les autres, l'épaisseur des fibres temporales étant de 0^m,003, alors que celle des fibres nasales est de 0^m,006.

A leur sortie de la papille, les fibres optiques se divisent, dans la coque oculaire, en trois faisceaux dont l'un, nasal, se dirige en dedans et l'autre, plus grêle, se porte en dehors ; ce dernier est destiné uniquement à la macula, et se nomme faisceau maculaire. Le troisième faisceau, appelé temporal, renferme des faisceaux supérieur et inférieur qui, en s'épanouissant, constituent la région externe de la rétine. Ils doivent à cet effet contourner la région maculaire en l'embrassant dans leur concavité ; ils disparaissent à la périphérie.

Au-devant de la couche des fibres nerveuses se trouve la limitante interne de la rétine qui la sépare du corps vitré ; c'est une membrane hyaline sur laquelle se terminent les fibres de Müller.

Ces fibres de Müller forment à cet ensemble d'éléments de la rétine, si délicats, un système de protection (2). Ce sont des cellules de soutènement (Ranvier) qui prennent la forme de fibres dont le pied commence à la limitante interne et dont les prolongements s'étendent à la limitante externe et même aux cônes et bâtonnets.

La portion cérébrale de la rétine renferme des vaisseaux sanguins qui, comme les vaisseaux encéphaliques, sont entourés d'une gaine lymphatique périvasculaire tapissée par un endothélium, véritable voie lymphatique (Berger).

Les artères rampent dans la couche des fibres nerveuses et y forment un réseau capillaire à larges mailles en communication avec un autre réseau plus profond qui s'arrête à la couche intergranuleuse.

---

(1) Bernheimer, *Acad. des sciences*, Vienne, 1884.

(2) Récemment, Johnson a admis que les fibres de Müller n'étaient pas des fibres de soutènement, mais des gaines de Schwann modifiées. *Arch. f. Augenheilk.*, 1897.

La rétine présente deux régions bien distinctes au point de vue anatomique, celle de la macula et celle de la papille.

Macula. — La tache jaune ou macula lutea, qui doit son nom à sa coloration jaunâtre sur le cadavre, plus souvent encore noirâtre, comprend un pourtour et une dépression centrale appelée fovea centralis.

La macula est située à 4 millimètres en dehors de la papille et à $0^{mm},8$ plus bas que le plan horizontal de la papille (Landolt, de Wecker) ou à 1 millimètre au-dessous du plan horizontal passant par le milieu de la papille (Rollet et Jacqueau) (1). Elle est ronde ou ovale, a un grand diamètre transversal de 3 millimètres et un petit diamètre vertical de 2 millimètres environ ; elle répond sensiblement au pôle postérieur de l'œil. La fovea centralis a une étendue en surface de $0^{mm},2$ à $0^{mm},4$.

Sur le pourtour de la macula, la rétine augmente d'épaisseur, ce qui tient à peu près uniquement à un plus grand développement de la couche granuleuse externe.

Au niveau de la fovea centralis, la rétine est formée surtout par des cônes modifiés reposant sur une couche épithéliale épaissie et sombre. Les autres couches sont amincies ou ont disparu. Les fibres nerveuses du nerf optique, qui nous intéressent spécialement, n'existent plus.

Le pourtour de la macula renferme un riche réseau capillaire à mailles très fines, mais l'aire de la fovea centralis en est complètement dépourvue.

La fovea centralis est une pièce perfectionnée, c'est le point de la rétine qui possède la sensibilité la plus délicate. Lorsque nous fixons un objet, son image doit tomber sur la fovea, siège de la vision la plus distincte, centre rétinien correspondant à la ligne visuelle.

Fibres rétino-optiques. — Nous connaissons déjà l'aspect de la papille, mais nous devons étudier maintenant le rôle

____

(1) Rollet et Jacqueau, *Ann. d'oculist.*, 1898.

des fibres nerveuses rétino-optiques qui traversent le carrefour papillaire.

La rétine est un ganglion nerveux ou une expansion
cérébrale périphérique d'où part la majorité des fibres du
nerf optique qui vont se terminer dans les centres visuels
corticaux. L'impression visuelle reçue par les cônes et les
bâtonnets est transmise le long des cylindraxes, et chaque
corpuscule rétinien qui recueille le courant, surtout dans la
région maculaire, a son fil conducteur différent aboutissant
au centre cortical de la vision, la rétine corticale de Henschen (1). Il est donc important de connaître la topographie
des fibres du tronc du nerf optique.

Les recherches anatomo-pathologiques nous ont appris
que, dans le tronc du nerf optique, les fibres nerveuses
émanées de la rétine se réunissent en trois faisceaux différents pour atteindre le centre visuel cérébral : le faisceau
croisé, le faisceau direct et le faisceau papillo-maculaire
ou central. Ce sont les fibres nasales provenant de la moitié
interne des deux rétines .— la ligne de démarcation des
deux moitiés rétiniennes étant tracée par un plan vertical
coupant la macula — qui deviennent les fibres visuelles
croisées ; la décussation partielle admise aujourd'hui s'opère
au niveau de la chiasma.

Quant au faisceau papillo-maculaire, il est destiné à la
région maculaire et comprend des fibres essentiellement
liées à la vision distincte. Son importance est grande ; aussi
le volume de ce faisceau est-il énorme comparativement à
son faible parcours. En arrière du bulbe oculaire, sur une
coupe transversale, il a la forme d'un triangle dont la base
s'appuie sur la limite temporale de la papille et dont le
sommet répond aux vaisseaux centraux de la papille.

Signalons encore dans le nerf optique des fibres *centrifuges* (Ramon y Cajal), qui, venues des couches optiques,

____

(1) Henschen, *Upsal,* 1894.

du corps genouillé externe ou de l'éminence antérieure des tubercules quadrijumeaux, se terminent dans la rétine au niveau des spongioblastes.

2° *Physiologie.* — La rétine est une membrane sensible dont l'excitant physiologique est la lumière. Disons qu'il est un point complètement insensible à cet excitant, c'est la papille (punctum cæcum), où la rétine est uniquement composée des fibres conductrices du nerf optique.

La rétine a pour fonction de transformer en excitation nerveuse les rayons des images projetés sur elle par le monde extérieur. Si le mécanisme de cette transformation est inconnu, on a pu cependant surprendre des modifications physiques et chimiques provoquées dans la rétine par la lumière.

On sait aujourd'hui que la lumière change la constitution de la rétine par une migration de son pigment [Angelucci (1), Engelmann (2)].

Dans l'obscurité, le pigment abandonne les franges qui avoisinent les cônes et les bâtonnets pour se porter vers la vitrée pigmentaire, où il s'amasse en une zone foncée. Une coupe de rétine restée à l'obscurité montre une bande de pigment ; une coupe de rétine exposée plus ou moins longtemps à la lumière montre soit deux zones pigmentaires avec traînées intermédiaires, soit des zones partiellement décolorées. C'est un rideau pigmentaire qui se baisse à la lumière et se lève dans l'obscurité (Renaut) (3).

Outre ce déplacement moléculaire, on constate une contraction des cônes qui contribue à la diminution d'épaisseur de la rétine, sous l'influence de la lumière (Pergens) (4), contraction qui serait produite par l'excitation des fibres optiques centrifuges (Nahmmacher) (5).

(1) Angelucci, *Gaz. med. di Roma*, 1882-84, et *Annali di Ottalm.*, 1887.
(2) Engelmann, *Pflüger's Arch.*, 1885.
(3) Renaut, *Cours de la Faculté de médecine de Lyon*.
(4) Pergens, *Soc. des sc. méd.*, Bruxelles, 1896.
(5) Nahmmacher, *Pflüger's Arch.*, 1893.

A côté de ces phénomènes d'ordre moteur, il existe des modifications chimiques sur l'action desquelles on est peu fixé aujourd'hui.

La rétine, quoique transparente, est rouge dans l'obscurité. Boll (1) a découvert le rouge rétinien en montrant par des expériences sur la grenouille que, si la rétine était rouge dans l'obscurité, exposée à la lumière elle restait rouge pendant dix à vingt secondes pour prendre ensuite un aspect satiné et se troubler. Cet auteur en avait conclu que ces phénomènes de coloration et de décoloration intervenaient dans le mécanisme des perceptions visuelles.

Depuis, on a mis en doute le rapport entre le rouge rétinien et la vision. Kühne (2) a démontré la présence du rouge rétinien, ou érythropsine, sur un cadavre dix jours après la mort, Schmidt Rimpler chez des amaurotiques, Langendorff chez des grenouilles aveuglées depuis six semaines par la section du nerf optique. En tout cas, le rouge rétinien existe chez l'homme, mais il ne paraît pas avoir une influence directe avec la vision ; il n'est pas sensible à l'action de la lumière (Krükenberg) (3) comme chez les céphalopodes.

Récemment on a essayé de mettre le pourpre rétinien en rapport avec la vision de certaines couleurs ou l'adaptation de la rétine à des lumières très faibles ; ces essais n'ont qu'un caractère hypothétique (Tscherning) (4).

Si ces modificateurs chimiques sont encore à l'étude, les phénomènes moteurs que nous avons signalés nous permettent de concevoir comment la vibration lumineuse peut se transformer en excitation nerveuse. La marche des excitations lumineuses serait la suivante, d'après Ramon y Cajal (5) :

(1) Boll, *Arch. f. An. u. Phys.*, 1877.
(2) Kühne, *Untersuch. physiol.*, *Institute Heidelberg*, 1877.
(3) Krükenberg, *Untersuch. physiol.*, *Institute Heidelberg*, 1878.
(4) Tscherning, *Optique physiologique*, 1898.
(5) Ramon y Cajal, *Bulletin médical*, 1893.

L'impression lumineuse est recueillie par les cônes ou les bâtonnets, les bâtonnets étant affectés à l'intensité lumineuse incolore et les cônes aux couleurs. Ce sont les cellules nerveuses rétiniennes et leurs expansions protoplasmiques qui constituent l'appareil de réception des courants, et ce sont les arborisations terminales du nerf optique qui, en se mettant en relation avec les prolongements protoplasmiques des différentes cellules, sont chargées de la conduite du courant jusqu'aux centres optiques cérébraux. Les éléments nerveux restent indépendants les uns des autres, le courant étant distribué ou transmis par simple contact, et aux fibres de Müller revient le rôle d'appareil isolateur des courants nerveux.

Quant au rôle des fibres optiques centrifuges, il serait le suivant : ces fibres agiraient par l'intermédiaire des spongioblastes, au niveau desquels elle viennent se terminer, sur l'articulation qui existe entre les expansions protoplasmiques des cellules ganglionnaires et le panache descendant des cellules bipolaires. Peut-être l'action de ces fibres centrifuges serait-elle d'exciter l'amœboïsme des prolongements au contact dans l'articulation des neurones, de façon à modifier ou à interrompre les contacts et par suite les transmissions [Mathias Duval, Deyber (1)].

La rétine, outre ces fonctions spéciales (sens lumineux, sens des couleurs, sens des formes), aurait un rôle nutritif (Panas). La nutrition du cristallin et du corps vitré serait sous la dépendance de la rétine.

II. — OPHTALMOSCOPIE.

Il faut un examen minutieux pour distinguer les différentes parties de la rétine à l'ophtalmoscope. Sa coloration rouge apparaît d'une façon douteuse ; la couche

____

(1) Deyber, *Th. de Paris*, 1898.

pigmentaire, les fibres nerveuses et la région maculaire sont reconnaissables, mais ce sont principalement les arborisations si visibles des vaisseaux centraux qui nous permettent d'apprécier l'intégrité ou la participation de la rétine à un processus pathologique.

Rouge rétinien. — Le fond de l'œil à l'ophtalmoscope nous apparaît rouge; cette coloration est certainement due à la présence de la choroïde, vue par transparence. Il est impossible de distinguer le rouge rétinien de la coloration rouge de la choroïde, alors qu'au contraire le pigment rétinien se différencie aisément du pigment choroïdien.

Toutefois, nous pouvons supposer que la coloration rouge du fond de l'œil est, pour une très faible part, attribuable à la rétine. Il ne faut pas oublier que le rouge rétinien disparaît rapidement sous l'influence de la lumière et que, même chez l'individu exposé au grand jour, le fond de l'œil est rouge à l'examen ophtalmoscopique.

Pigment rétinien. — La couche pigmentaire de la rétine recouvre uniformément le fond de l'œil et c'est elle qui contribue à lui donner un aspect rouge brun chez certains individus, en tempérant la coloration rouge vif d'origine vasculaire. Elle masque les lacis vasculaires, les marbrures ou îlots pigmentaires de la choroïde sous-jacente. Si, en raison du teint de l'individu ou d'une altération pathologique, l'épithélium rétinien est peu ou n'est pas pigmenté, alors la choroïde apparaît nettement. A l'image droite, le pigment rétinien se devine par la présence d'un fin pointillé dû à ses particules grenues que de Jæger s'est efforcé de rendre dans ses dessins par un piqueté très délicat et que nous croyons, de notre côté, être arrivé à reproduire.

Fibres nerveuses et Reflets rétiniens. — On peut réellement apercevoir les fibres du nerf optique; les cylindraxes transparents sont étalés en un plan rétinien qui n'est séparé de la membrane hyaloïde du vitré que par la limitante interne.

Pour bien reconnaître ces fibres, on fera un examen à l'image droite ou à l'image renversée avec un faible éclairage. Il faut les rechercher au pourtour de la papille où leur épaisseur est plus grande, principalement près du segment interne qui contient des fibres plus épaisses et plus nombreuses que le segment externe avec son faisceau maculaire direct. On remarquera en outre le parcours des faisceaux supérieur et inférieur qui se recourbent, pour contourner la région maculaire et s'épuiser à la périphérie; c'est à leur origine que souvent on notera l'existence des fibres nerveuses.

Elles apparaissent sous la forme de stries fines et claires ou de traînées miroitantes blanches donnant l'impression de paquets de fils soyeux et argentés.

Chez les enfants, et spécialement chez les bruns, on remarquera des reflets rétiniens très caractéristiques.

Ces reflets de la rétine sont surtout marqués le long des vaisseaux. Sur la bordure du vaisseau et de sa ligne carminée, on aperçoit une traînée brillante plus ou moins large et irrégulière qui, à un mouvement imprimé au miroir, disparaît pour passer de l'autre côté. Parfois encore le vaisseau présente de chaque côté une zone brillante qui s'accentue ou s'atténue d'un bord à l'autre aux oscillations de la lumière. Ce miroitement, comme Fuchs l'a montré, donne à la rétine l'aspect chatoyant de la moire. L. Dor (1) a attribué ces reflets moirés à des plissements de cette membrane, vestiges des plicatures fœtales. Cette explication, très judicieuse pour certains cas, ne peut s'étendre à tous. En effet, nous avons constaté ces reflets chez des adolescents où il semble difficile d'admettre un retard de développement. Cet aspect de la rétine, physiologique chez l'enfant et que nous avons renoncé à rendre convenablement par le dessin, semble devoir être attribué au soulèvement des fibres nerveuses et

____

(1) Dor, *Province médicale*, 1896.

de la limitante par les vaisseaux placés dans des rainures correspondantes du vitré.

Avec l'âge, la rétine perd son reflet brillant comme la sclérotique et la peau subissent avec les années des modifications de teinte et d'aspect.

Rappelons que, même chez l'adulte, la rétine, malgré sa transparence parfaite, est légèrement visible à l'ophtalmoscope en raison d'une teinte un peu grisâtre chez le blond et d'un aspect gris bleuâtre chez le brun. C'est un voile légèrement nuancé qui atténue le fond rouge et brun de la choroïde et qui, à l'examen ophtalmoscopique, se détache mieux de la choroïde chez les individus bruns dont l'œil est très pigmenté (*Obs.* 7) que chez les individus blonds et les albinos.

Macula. — La macula est située à deux diamètres papillaires en dehors de la limite externe du disque optique. Tous les auteurs s'entendent à ce sujet, mais il n'en est pas de même pour sa situation par rapport à une ligne horizontale menée de la papille, difficile à préciser à l'ophtalmoscope.

La macula est un peu *au-dessus* et en dehors du méridien horizontal qui doit être placé vers le bord supérieur de la papille (Berger) (1) ; c'est aussi l'avis de plusieurs anatomistes et ophtalmologistes qui figurent ainsi la macula.

Pour de Jæger et de Wecker (2), la macula est située un peu *au-dessous* d'une ligne horizontale coupant la papille en son milieu. L'opinion qui semble admise aujourd'hui est celle de Liebreich (3), de Oeller (4); ces auteurs la placent sur une ligne tangente au segment inférieur de la papille et même un peu au-dessous.

Cette dernière donnée ophtalmoscopique concorde avec

(1) Berger, *Anatomie normale et pathol. de l'œil*, 1893.
(2) De Jæger et De Wecker, *Atlas d'opht.*, Paris, 1870.
(3) Liebreich, *Atlas d'opht.*, Paris, 1870.
(4) Oeller, *Atlas of opht.*, Wiesbaden, 1896-98.

les mensurations anatomiques de la macula que nous avons
signalées plus haut et auxquelles nous nous sommes livré
en raison de ces opinions divergentes.

La macula est soit punctiforme, soit entourée d'une
auréole lumineuse. Quelquefois elle est impossible à reconnaître par l'examen ophtalmoscopique.

La macula punctiforme se montre sous l'aspect d'une tache
de couleur brun rouge (*Phot.* 21). Cette tache correspond à la
fovea centralis ; elle doit sa coloration à la minceur de la rétine
qui, en ce point, devenue plus diaphane, permet de mieux
apercevoir l'épithélium pigmentaire rétinien et la choroïde.

La macula est-elle entourée d'une auréole brillante,
(*Phot.* 9), c'est alors un point de couleur sombre encadré
d'un anneau miroitant ovale à grand axe horizontal
(2 millimètres parfois), déterminé par la réflexion de la
lumière sur le bourrelet du pourtour maculaire.

Quelquefois on remarque un deuxième anneau concentrique déterminé par l'ondulation de la rétine qui s'enfonce
irrégulièrement pour former la fosse centrale. Suivant
l'inclinaison du miroir, ces anneaux peuvent changer de
forme : on a seulement l'image d'un fer à cheval ouvert du
côté de la macula. Enfin, avec un éclairage faible on peut
noter un point brillant entouré d'une auréole sombre ou
jaunâtre. L'image de la macula est donc inconstante et les
reflets lumineux qu'on y observe sont variables.

La macula peut ne pas se distinguer des autres parties
du fond de l'œil : pour déterminer cette région si importante à explorer, on se guidera sur les vaisseaux très fins
qui y convergent et s'arrêtent à son pourtour, sur sa situation par rapport à la papille. Sa couleur se confond alors
avec celle des régions avoisinantes.

Vaisseaux de la rétine. — La rétine sera toujours reconnue
à son arborisation vasculaire.

L'artère centrale de la rétine vient soit de l'artère ophtalmique, soit d'une branche qui lui est commune avec les

ciliaires postérieures externes. Elle pénètre dans le nerf optique à 1 centimètre en arrière du globe oculaire, le traverse obliquement, atteint son axe et se porte directement en avant. Son tronc très court émerge de la papille à la partie moyenne de l'épanouissement du nerf, un peu en dedans vers le segment interne ou quelquefois au centre du disque optique. A l'ophtalmoscope, il apparaît comme un gros point rouge (*Phot.* 17). Cette artère centrale se divise sur la papille en deux troncs, supérieur et inférieur. Le *tronc artériel supérieur* (artère papillaire supérieure), arrivé soit à la limite de la demi-circonférence supérieure de la papille, soit au-dessus ou au-dessous, se divise en deux branches : artère temporale supérieure, artère nasale supérieure.

L'*artère temporale supérieure* se porte en haut et en dehors et se divise en deux branches principales.

L'une irrigue la partie supérieure du fond de l'œil et émet des rameaux et des ramuscules.

L'autre se recourbe en dehors ; de sa concavité ouverte en bas du côté de la région de la macula, se détachent les artères maculaires supérieures.

L'*artère nasale supérieure*, plus grêle que la précédente, a un trajet oblique en haut et en dedans. Elle se divise en deux branches qui se portent l'une vers la portion supéro-interne et l'autre vers la portion interne du segment postérieur de la rétine (*artère médiane supérieure*) (*Phot.* 15).

Le *tronc artériel inférieur* (artère papillaire inférieure), en pleine papille ou au-dessous de sa limite inférieure, se bifurque en deux branches : artère temporale inférieure, artère nasale inférieure.

L'*artère temporale inférieure* se recourbe obliquement en bas et en dehors et se divise en deux branches. L'une se dirige en bas et en dehors ; de sa concavité ouverte en haut vers la région maculaire, partent les artères maculaires inférieures. L'autre se dirige en bas.

L'*artère nasale inférieure*, plus petite, a un trajet oblique; l'une de ses branches se porte en dedans (*artère médiane inférieure*) et l'autre en bas (*Phot.* 16, 44).

L'artère centrale de la rétine, avant sa division en deux troncs (artères papillaires supérieure et inférieure), émet deux branches collatérales, les artères maculaires *directes* supérieure et inférieure qui se portent en dehors (*Phot.* 1, 3, 4). Ces artères peuvent venir d'un tronc commun et émaner des artères papillaires ou du système ciliaire. L'irrigation de la rétine comprend donc trois zones, deux très importantes par leur étendue qui répondent aux artères papillaires, et une très petite, triangulaire, la zone papillo-maculaire. La région maculaire reçoit ses vaisseaux de ces trois sources différentes.

Les branches des artères temporales et nasales se subdivisent à nouveau et donnent un grand nombre de rameaux et de ramuscules dirigés en tous sens. Il ne semble pas exister d'anastomoses artérielles.

La *veine centrale de la rétine* tire son origine des capillaires qui font suite aux artérioles. A l'ophtalmoscope on voit qu'à chaque artériole ou artère correspond une seule veinule ou veine quelquefois située à une certaine distance. Il existe ainsi des veines temporales et nasales supérieures et inférieures allant constituer deux troncs veineux (veines papillaires) aux côtés des deux troncs artériels qui se terminent dans la veine centrale de la rétine. Les veines rétiniennes accompagnent donc les artères.

La veine centrale de la rétine se loge dans l'axe du nerf optique, comme l'artère, et se déverse dans la veine ophtalmique inférieure ou dans le sinus caverneux. Nous devons signaler l'opinion de Sappey (1), qui avance que chaque branche artérielle de la rétine est toujours accompagnée de deux veines jusqu'au tronc du nerf optique : ce principe est

---

(1) Sappey, *Traité d'anatomie descriptive*, 1877, t. III.

erroné et même rarement il est donné de voir deux veines satellites accompagnant un des vaisseaux artériels importants (*Phot.* 41 : deux veines temporales inférieures pour une artère).

Comme dans une région quelconque de l'organisme, on trouve à la rétine des anomalies vasculaires ; nous distinguerons des variétés d'origine et des variétés de trajet.

Variétés d'origine. — Elles dépendent du point où a lieu la bifurcation de l'artère centrale de la rétine par rapport à la lame criblée. Dans la disposition que nous avons précédemment admise comme normale, l'artère se divise dans la papille, on aperçoit le tronc unique plus ou moins coloré suivant l'épaisseur des fibres nerveuses qui le recouvrent ; la bifurcation a lieu en plein tissu papillaire, immédiatement au-devant de la lame criblée.

Dans une autre variété d'origine, l'artère centrale de la rétine ne se divise qu'après un parcours papillaire plus long : c'est là encore un tronc artériel unique qui a traversé la lame criblée (*Phot.* 15).

La variété suivante est assez souvent observée. C'est au milieu des fibres opaques du nerf optique, c'est-à-dire profondément dans son tronc en arrière de la lame criblée, que l'artère se divise. On aperçoit par conséquent à l'ophtalmoscope deux troncs artériels qui émergent séparément du milieu de la papille (*Phot.* 2, 16, 24, 27, 18).

Plus rarement les troncs ont émis l'une ou la totalité de leurs branches temporales et nasales en arrière de la lame criblée : ce sont alors trois ou quatre artères qui naissent isolément des parties transparentes de la papille (*Phot.* 1, 41).

En définitive, suivant les variations individuelles, on peut compter voir apparaître une, deux, trois, quatre artères. Bien plus, s'il y a excavation physiologique profonde, ce sont cinq, six, sept, huit artères qui émergent de la papille ; dans ce dernier cas (fig. 68,⁵), les vaisseaux temporaux et nasaux émettent leurs branches de bifurcation sur la papille, les gros troncs ne sont visibles dans le fond excavé qu'avec un verre concave. On compte alors en réalité deux artères temporales et nasales supérieures et inférieures, indice d'une

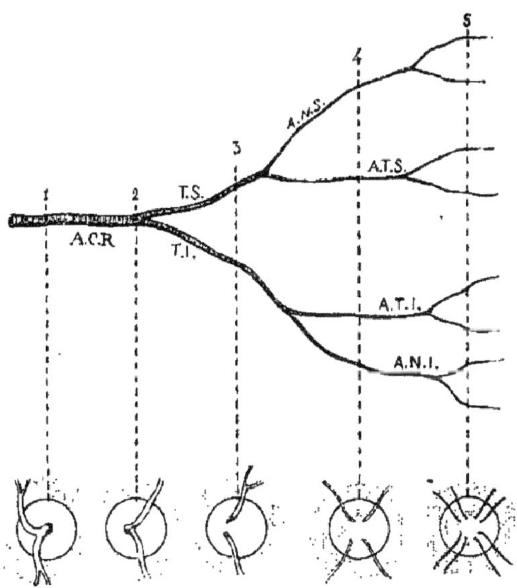

Fig. 68 (schéma). — ARTÈRE CENTRALE DE LA RÉTINE ET SES BRANCHES. *Variétés d'aspect ophtalmoscopique suivant sa bifurcation par rapport à la lame criblée ou au plan normal d'une papille excavée.*

1, lame criblée. L'artère s'est divisée après l'avoir traversée, son parcours papillaire est assez long; 2, lame criblée. L'artère se divise en deux troncs, aussitôt après l'avoir traversée; 3, lame criblée. L'artère s'est divisée en arrière. Deux troncs émergent de la papille; 4, lame criblée et niveau normal d'une papille excavée. Les 4 artères temporales et nasales apparaissent; 5, lame criblée et niveau normal d'une papille excavée. 8 vaisseaux, branches de bifurcation des artères temporales et nasales.

bifurcation prématurée : ce sont les branches temporales et nasales normalement visibles seulement à la périphérie (*Phot.* 3, 4).

Tout ce que nous avons dit des artères s'applique également aux veines.

Toutefois, les modes de division peuvent être différents pour la veine et pour l'artère : c'est ainsi qu'on apercevra quatre artères et trois veines, ou une série très variée de groupements vasculaires que l'on peut aisément concevoir. Il faut savoir que, en règle générale, la veine centrale de la rétine se bifurque un peu en arrière de l'artère (*Phot.* 17 : trois émergences vasculaires : l'artère centrale de la rétine, les deux veines papillaires).

Variétés de trajet. — Ces variétés portent sur les artères ou sur les veines.

Ici ce sera un vaisseau né de la demi-circonférence inférieure de la papille qui deviendra un vaisseau temporal supérieur, là une artère ou une veine émise par le tronc supérieur qui sera l'artère ou la veine nasale inférieure (*Phot.* 7).

Une autre disposition que nous avons rencontrée et qui constitue une véritable anomalie est la suivante : une artère temporale inférieure s'enroulait autour de la veine satellite ; elle reprenait son trajet normal après deux tours de spirale. Cette marche spiroïde est habituelle chez certains animaux (*Phot.* 50).

Système cilio-rétinien. — A côté des vaisseaux venus de l'artère centrale de la rétine, il existe parfois dans la couche des fibres nerveuses rétiniennes quelques vaisseaux émanés du système ciliaire situé profondément (cercle sclérotical ou choroïdien de Haller) : ce sont les vaisseaux cilio-rétiniens. A l'ophtalmoscope, c'est généralement un petit vaisseau isolé que l'on remarque. Cette artère, et plus rarement cette veine, a souvent un trajet récurrent. Elle sort au niveau de l'anneau scléral, s'avance vers le centre de la papille, puis revient, serpente ou s'arque pour franchir les limites de la papille et à peu de distance disparaît (*Phot.* 2). Ce sont des vaisseaux terminaux (Cohnheim, Elschnig), et, moins encore que les vaisseaux cilio-papillaires, ils ne peuvent servir à l'établissement d'une circulation collatérale utile, en cas d'embolie de l'artère centrale de la rétine.

Aspect général des vaisseaux. — Les artères et les veines

de la rétine subissent une réduction progressive de leur diamètre en allant de la papille à l'équateur. Leurs divisions se font suivant des angles droits ou aigus.

Ces vaisseaux souvent se superposent en se croisant : l'artère se place en avant, mais elle peut se trouver en arrière de la veine.

Il est important de distinguer les artères des veines : l'artère est plus petite, elle n'a que les deux tiers du volume de la veine, proportion qu'on retrouve dans tout son parcours; l'artère est plus brillante, présente une cannelure médiane rouge vermillon et un double contour carminé très net (*Phot.* 1, 3, 4, 15, 17, 18), elle a un trajet rectiligne. La veine est plus volumineuse, moins miroitante, de couleur plus sombre, c'est-à-dire d'un rouge lie de vin; elle est sinueuse, serpentine, globuleuse, et son trajet est moins rectiligne (*Phot.* 47).

La raie miroitante, plus visible sur les artères que sur les veines, serait un reflet lumineux provoqué par la face antérieure de la colonne sanguine (de Jæger).

Récemment, Story (1) a considéré ces stries lumineuses comme des images réfléchies directement par les cylindres des vaisseaux, tandis que Davis (2) les attribue à la réfraction par les vaisseaux de la lumière réfléchie par les tissus sous-jacents.

En tout cas, les reflets lumineux sont plus marqués sur l'artère que sur la veine (*Phot.* 2, 26, 45). Dimmer (3) a noté que les stries lumineuses des veines ont une largeur égale au 1/14 du diamètre du vaisseau, alors que celles des artères répondent au 1/4 du diamètre du vaisseau.

S'il y a excavation physiologique de la papille, l'artère et la veine au niveau de leur crochet sur le bord de l'excavation apparaîtront de couleur plus sombre qu'en d'autres points : on en comprend la raison, puisque le vais-

(1) Story, *Ann. d'ocul.*, t. CVIII, 1892.
(2) Davis, *Ophtalmic Rev.*, 1892.
(3) Dimmer, *Soc. d'opht. Heidelberg*, 1891.

seau est vu de face, suivant l'axe de la colonne sanguine.

En résumé, dans l'excavation blanchâtre, tout au fond le vaisseau paraît rose (*Phot.* 3, 4, 9) ; sur la margelle, le vaisseau est de nuance rouge sombre ; puis, quand il rampe dans le tissu papillaire normal, il reprend sa coloration carminée habituelle.

Au fond de l'excavation, le vaisseau est vu à son émergence, il va bientôt disparaître ; il semblera interrompu, car il est caché au regard de l'observateur par le rebord de l'excavation, mais il réapparaîtra en décrivant un coude caractéristique et pénétrera sur la zone normale de la papille. Lorsque la papille est excavée, les variétés d'origine des vaisseaux sont très nombreuses.

Nous figurons ainsi (*Phot.* 3) une veine centrale de la rétine dont le tronc inférieur paraît et se divise en trois branches, alors que le tronc supérieur, masqué sous le rebord de l'excavation, ne laisse voir, sur le niveau normal de la papille, que les deux veines temporales et nasales supérieures. Les modes de division de l'artère et de la veine sont différents : on reconnaît ainsi la veine centrale de la rétine, alors que, pour les vaisseaux artériels, c'est le tronc artériel inférieur et la bifurcation du tronc supérieur qui apparaissent seulement.

Pouls artériel. — A l'examen ophtalmoscopique, l'artère observée peut présenter une pulsation synchrone au pouls radial. On remarquera alors, au moment de la systole cardiaque, une locomotion et une augmentation de courbure et de calibre du vaisseau, un reflet central plus accentué, causés par la pulsation. Ces signes sont appréciables dans les régions papillaires et circumpapillaires ; ils sont surtout très caractéristiques si l'artère décrit un crochet au bord d'une excavation.

Ce pouls artériel a des causes multiples.

On le constatera chez les individus atteints d'insuffisance aortique : c'est un battement artériel rétinien provoqué

par la violence de la systole cardiaque et qui est l'indice
de pulsations exagérées par la propagation anormale de
fortes ondées sanguines. Les variations de calibre des
artères rétiniennes se voient également dans le glaucome ;
elles indiquent alors une augmentation de la pression
intraoculaire.

A côté de ce pouls artériel pathologique déterminé par
une affection générale ou oculaire, il existe un pouls artériel
physiologique. C'est exceptionnellement que le pouls
veineux normal peut provoquer dans une artère accolée à
une veine un véritable battement communiqué.

Le pouls artériel physiologique est artificiel et consiste
dans la pulsation que l'on fait apparaître à volonté en com-
primant le globe oculaire avec le doigt, pendant l'examen
ophtalmoscopique. Le sang alors ne pénètre dans l'artère
qu'au moment de la systole cardiaque par une poussée
saccadée, et dans l'intervalle le vaisseau, vidé de son contenu,
n'est plus perceptible.

Ainsi, normalement les artères de la rétine n'ont pas de
pouls artériel et sa présence, qui d'ordinaire témoigne un
état pathologique, a une réelle signification clinique.

Pouls veineux. — Si les artères ne présentent pas normalement des pulsations, ainsi que nous venons de le voir, il
n'en est pas de même des veines. Il existe un pouls veineux
physiologique. A l'image droite, il est d'observation banale
de constater une expansion veineuse, spécialement au niveau
du coude décrit par la veine sur le bord d'une excavation
physiologique. Nous avons noté cette pulsation veineuse
très fréquemment chez des enfants examinés à ce sujet. Ce
pouls veineux est caractérisé par l'expansion du vaisseau
sous forme d'une petite ampoule qui s'en détache rythmi-
quement. Cette pulsation n'est pas synchrone avec le pouls
artériel, elle se produit aussitôt après.

On admet sans conteste aujourd'hui l'explication donnée
par Donders. Au moment où la pression augmente pendant

la systole cardiaque, il y a augmentation de la pression du corps vitré, le calibre des veines rétiniennes est rétréci par compression. Lorsque, au contraire, pendant la diastole cardiaque, les tensions intra-artérielle et oculaire diminuent, il y a dilatation des veines rétiniennes. Telle serait la cause des variations de calibre des vaisseaux veineux.

Nous pensons que, puisque, chez certains sujets, la veine centrale de la rétine s'abouche directement dans le sinus caverneux, la pulsation veineuse observée peut correspondre au phénomène physiologique connu sous le nom de *pouls des sinus*.

CHAPITRE III

CHOROÏDE

I. — ANATOMIE ET PHYSIOLOGIE.

La choroïde est une membrane située entre la sclérotique
et la rétine ; elle est remarquable par sa vascularisation et sa
couleur foncée.

On la divise en quatre couches (Testut).

La couche la plus externe est en rapport avec la sclérotique ; c'est la lamina fusca, formée de travées conjonctives
avec lacunes lymphatiques (espace supra-choroïdien) et
d'une couche de cellules étoilées à granulations pigmentaires.

Au-devant est située la deuxième couche, dite des gros
vaisseaux. Ces vaisseaux sont contenus dans le stroma
choroïdien formé par du tissu conjonctif, des fibres
élastiques, du tissu musculaire lisse, et par des cellules
choroïdiennes, anastomosées entre elles, et pourvues d'un
pigment d'un noir charbonneux. Les vaisseaux sont disposés sur deux plans : sur le plan postérieur se trouvent les
veines choroïdiennes, vorticineuses, vasa vorticosa, disposées en tourbillons. Les unes font suite aux capillaires de
la chorio-capillaire, les autres viennent du corps ciliaire ;
elles aboutissent à quatre canaux veineux, deux supérieurs
et deux inférieurs. Ces canaux traversent la sclérotique un
peu en arrière du plan équatorial et vont aboutir aux veines
ophtalmiques.

Plus antérieurement on rencontre les vaisseaux artériels

venus des artères ciliaires postérieures courtes ou choroïdiennes, qui, au nombre de vingt environ, ont traversé la sclérotique au voisinage du nerf optique et dont quelques-unes se sont anastomosées avec des branches de l'artère centrale de la rétine.

La troisième couche de la choroïde, ou couche chorio-capillaire, comprend un réseau capillaire à mailles irrégulières, formé par les ramifications extrêmes des artères choroïdiennes. Ces mailles sont surtout très resserrées dans la région fovéo-maculaire, où les vaisseaux rétiniens font défaut. On remarquera que les plus fins vaisseaux sont ainsi disposés à la partie antérieure de la choroïde; ce sont ces vaisseaux qui sont destinés à nourrir la rétine et le corps vitré. On sait que la portion externe de la rétine est privée de vaisseaux, et que, chez quelques animaux, la rétine tout entière n'en contient pas.

La quatrième couche de la choroïde, ou lame vitrée, est constituée uniquement par une membrane mince et transparente appliquée contre la couche pigmentaire de la rétine dont nous avons parlé plus haut.

Entre la couche des gros vaisseaux et la chorio-capillaire, Sattler a décrit une autre couche, stratum intervasculaire formé par des lamelles conjonctives riches en fibres élastiques. C'est le tapis rudimentaire de l'homme. Chez certains animaux, comme nous le verrons, cette couche, couche fondamentale de Tourneux ou tapis brillant, est particulièrement développée.

Outre son rôle dans la nutrition de l'œil et la caléfaction de la rétine par sa couche vasculaire, la choroïde agit encore sur la vision par sa couche pigmentaire. Ce rôle n'est pas complètement élucidé ; peut-être le pigment absorbe-t-il les rayons lumineux les plus irritants? En tout cas, la présence de ce pigment est indispensable pour que la coque oculaire soit imperméable aux rayons lumineux et que l'œil puisse être assimilé à une chambre obscure.

II. — OPHTALMOSCOPIE.

La coloration rougeâtre du fond de l'œil est due à la choroïde, c'est-à-dire au contenu sanguin de son riche réseau vasculaire. En outre, le mode de répartition et la quantité du pigment qu'elle contient donnent à l'aspect du fond de l'œil une série de couleurs ou de nuances qui varient à l'infini et dont on trouvera les principales dans nos dessins.

La couleur des cheveux et de l'iris du sujet observé, son teint, peuvent déjà faire prévoir quel sera l'aspect du fond de l'œil.

Généralement, la couche pigmentaire de la rétine s'étend comme un voile granité sombre au-devant de la choroïde et masque partiellement ses détails.

On n'aperçoit qu'un fond rouge orangé, plus foncé dans le segment postérieur de l'œil et plus éclatant vers la région équatoriale. La teinte rouge est uniforme ; cependant, à un examen minutieux à l'image droite, on remarque un piqueté sombre, délicat, un aspect chagriné caractéristique ; il est dû aux fines granulations pigmentaires de la rétine, la choroïde n'y est pour rien.

Chez les individus à chevelure noire, à iris marron, la choroïde est fortement pigmentée, l'épithélium rétinien n'arrive pas à en masquer certains détails. On aperçoit alors des taches sombres nettement découpées, losangiques, s'allongeant vers les parties antérieures de l'œil. Entre ces taches se trouvent des réseaux vasculaires d'un rouge vif, d'où l'aspect de marbrures alternativement rouges ou brunes (*Phot.* 39, 41). C'est l'œil tigré physiologique, avec des îlots pigmentaires bordés de bandes rouges vasculaires.

Chez les sujets à cheveux blonds, à iris azuré, l'épithélium rétinien et la choroïde contiennent peu de pigment, le fond de l'œil a une couleur jaune ou rose vif. Le réseau vasculaire peut s'observer avec une grande netteté. On suit surtout les vaisseaux veineux choroïdiens de couleur rouge sur un fond jaunâtre ; ils augmentent de volume en allant vers l'équateur ; là, on apercevra un gros tronc terminal qui plonge dans la sclérotique, ici un lacis inextricable de vaisseaux tortueux.

De Wecker et Masselon ont pu ainsi constater une anomalie des veines choroïdiennes qui, au lieu de déboucher dans un des quatre canaux veineux situés près de l'équateur, perforaient la sclérotique autour du nerf optique. Ces troncs veineux, au nombre de trois, augmentaient de volume en se rapprochant de la papille, disposition inverse de celle qui est ordinairement constatée.

La couleur de la choroïde varie suivant les âges : d'une façon générale, on peut dire qu'elle est rose éclatant chez l'enfant, rouge feu ou orangée chez l'adulte, dépigmentée et jaunâtre chez le vieillard.

Elle varie aussi suivant les races.

Dans les races indoue et mongole, le fond de l'œil est gris perle (Macnamara) (1) ou brun rouge (Inouye) (2), les vaisseaux choroïdiens ne s'aperçoivent pas.

Chez le nègre, la quantité de pigment est considérable ; le fond de l'œil n'est plus rouge, il est ardoisé ou brun. Les vaisseaux choroïdiens ne peuvent se distinguer. La rétine se dessine sous la forme d'un voile grisâtre, réfléchissant la lumière avec ses stries rayonnées : ses vaisseaux apparaissent comme d'élégantes arabesques miroitantes (*Phot.* 7).

A côté de cette hyperpigmentation du fond de l'œil du nègre, on pourrait décrire la décoloration observée chez l'albinos (*Phot.* 8).

Mais l'albinisme n'est pas une variété rare de coloration (Prichard), c'est un arrêt de développement que nous aurons à décrire plus loin.

(1) Macnamara, *Diseases of the eye*. London, 1868.
(2) Inouye Tatsushichi, *Centr. f. prak. Augen.*. 1896.

Il importe de distinguer les vaisseaux choroïdiens des vaisseaux rétiniens.

Ils diffèrent, d'abord, quant à leur direction et à leur volume.

Ainsi, les vaisseaux choroïdiens sont recourbés sur eux-mêmes, présentent des sinuosités, décrivent des 8 de chiffre. Ces vaisseaux se font remarquer par leur entortillement, leurs divisions fréquentes et leurs anastomoses. Malgré leur parcours irrégulier, on les voit augmenter de volume de la région péripapillaire vers l'équateur, où leurs gros troncs disparaissent brusquement.

Au contraire, les vaisseaux rétiniens sont rectilignes, se divisent par dichotomie. C'est le schéma réduit du système artério-veineux de la racine d'un membre, système qui peut être comparé à un arbre dont le tronc se divise en branches, rameaux et ramuscules. Ces vaisseaux vont en diminuant de volume de la papille vers la périphérie.

L'aspect général et la couleur de ces deux variétés de vaisseaux diffèrent également.

Les vaisseaux choroïdiens se présentent comme des bandes ou des rubans d'un rouge uniforme.

Les vaisseaux rétiniens sont plus superficiels et croisent les premiers qui paraissent coupés à ce niveau. En outre ils possèdent un double contour : une traînée rouge clair, limitée de chaque côté par une ligne carminée.

Observation et Phot. 7.

FOND D'ŒIL NORMAL D'UN NÈGRE.

Œil droit.

Elie H..., dix-neuf ans, né à la Martinique. Tégument d'un noir intense.

O. D. papille rose, mais apparaissant un peu blanche à cause du contraste. Excavation centrale physiologique. Hyperpigmentation péripapillaire. Fond d'œil rouge très sombre, presque noir, artères et veines normales et miroitantes. La veine nasale inférieure naît d'un tronc qui lui est commun avec la veine nasale supérieure ; elle se dirige en haut, puis brusquement en bas. On devine la rétine, qui, sur la choroïde très riche en pigment, offre l'aspect d'une membrane gris bleuâtre.

O. G. Même aspect. Emmétropie.

Observation et Phot. 8.

FOND D'ŒIL D'UN ALBINOS.

Œil droit.

Claude C..., vingt-sept ans, boulanger. Rien chez le père, la mère, les sœurs. Un grand-oncle paternel albinos. Acuité 0,2, myopie — 4. Strabisme interne O. D. Nystagmus horizontal ; coloration blanche des cheveux, des sourcils, des cils, de la moustache. Pas de nævi pigmentaires.

Au miroir, aspect rouge feu du fond de l'œil et latéralement on voit la sclérotique amincie devenir translucide.

Aspect semblable des deux yeux. La papille est indistincte (image renversée) et ne se distingue guère du reste du fond de l'œil que par un contour circulaire peu marqué et son excavation centrale blanchâtre. Fond choroïdien légèrement rosé sur lequel se voit le lacis des vaisseaux choroïdiens de couleur rouge et les vaisseaux rétiniens carminés. On aperçoit les points d'émergence des vasa vorticosa.

PHOT. 7. — Fond d'œil normal d'un nègre.

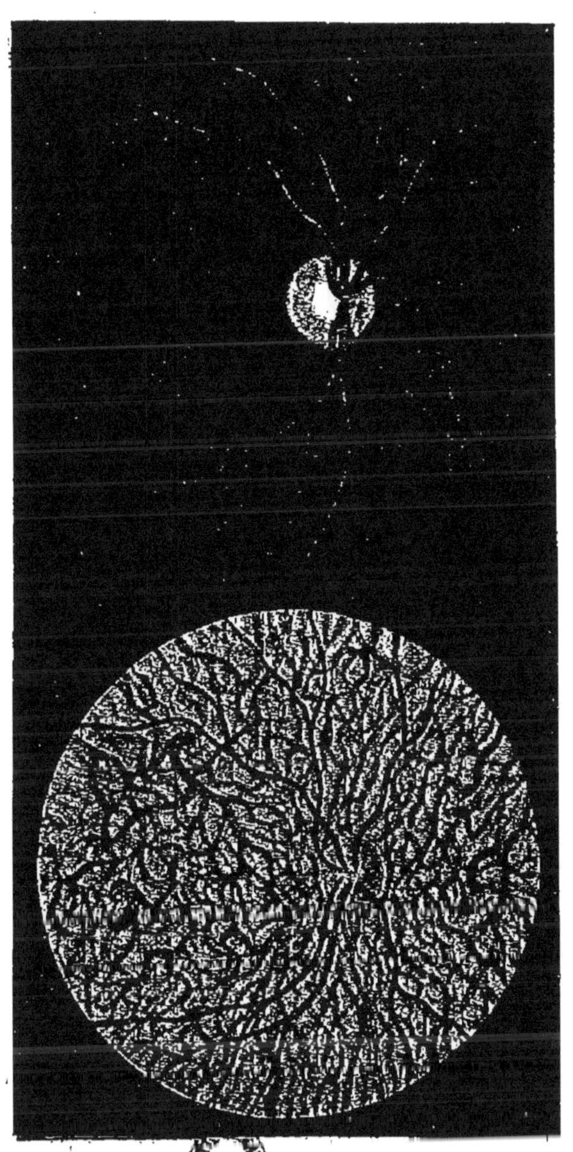

PHOT. 8. — Fond d'œil d'un albinos.

OBSERVATIONS ET PHOT. 9 ET 10.

Observation et Phot. 9.

FOND D'ŒIL NORMAL. — MACULA AVEC REFLET. — PAPILLE ELLIPTIQUE.

Œil gauche.

O. G. Emmétropie. $V = 1$. Champ visuel normal. Jeune homme.

A l'image droite, l'observateur, se déplaçant un peu en dehors, voit, à deux diamètres papillaires environ en dehors du disque optique et légèrement en bas, une ellipse régulièrement géométrique. Cette ellipse à reflet lumineux varie suivant les déplacements du miroir. Le grand axe de l'ellipse est horizontal, il mesure près d'un diamètre papillaire et le petit axe vertical plus d'un $\frac{1}{2}$ diamètre papillaire. La région choroïdienne comprise au centre de l'ellipse ne se distingue en rien du reste du fond de l'œil. La fovea centralis ne s'accuse par aucune tache spéciale.

Papille elliptique à grand axe vertical. Excavation physiologique en forme de puits et à bord externe légèrement effacé. Tissu papillaire rose un peu lavé de blanc dans la demi-circonférence externe. Anneau sclérotical complet. Pigmentation péripapillaire presque nulle. Rapport du diamètre des vaisseaux, veine $= 3$ et artère $= 2$.

Observation et Phot. 10.

FIBRES OPAQUES A MYÉLINE.

Œil droit.

Augustin C..., quarante ans, atteint d'atrophie cérébrale et de nystagmus congénital. Extérieurement, strabisme externe de O. G., compliqué de nystagmus dans le méridien horizontal. Oscillations rapides, de peu d'amplitude, exagérées pendant la fixation.

O. D. Papille normale rose ; à la partie inférieure, deux paquets de fibres nerveuses à myéline, finement striées sur leurs bords et accolées à la limite inférieure de la papille. En bas et en dedans, les vaisseaux disparaissent ou sont voilés par ces fibres opaques. Striation très nette dans le sens des fibres nerveuses. Couleur blanche éclatante analogue à celle de l'ouate.

O. G. Les vaisseaux passent nettement au-dessus des fibres opaques, disposées au-dessous de la limite inférieure de la papille comme dans l'œil droit. Au-dessus de la limite supérieure et empiétant sur elle, on voit deux panaches blancs.

Phot. 9. — Fond d'œil normal.
Macula avec reflet elliptique.

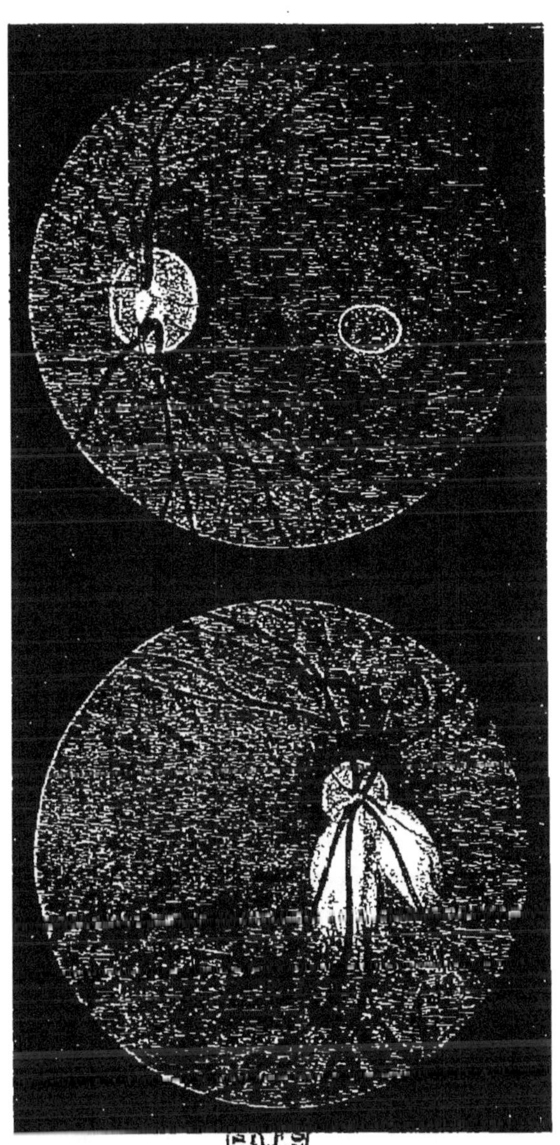

Phot. 10. — Fibres nerveuses opaques.

LE FOND DE L'ŒIL PATHOLOGIQUE

CHAPITRE PREMIER

AFFECTIONS DU NERF OPTIQUE

I. — ANOMALIES.

I. — *Fibres nerveuses à myéline ou opaques.*

A l'état normal, les fibres nerveuses, qui constituent le tronc du nerf optique, perdent leur gaine myélinique en traversant la lame criblée. Ces fibres, entourées de leur gaine de myéline, sont opaques en arrière de la lame criblée, mais au-devant, réduites à l'état de cylindraxes, elles deviennent transparentes.

Il arrive parfois que ces fibres recouvrent, sur un parcours plus ou moins long dans la rétine, leur gaine de myéline dont elles s'étaient dépouillées à l'entrée de la lame criblée. Ces fibres présentent alors à l'examen ophtalmoscopique une coloration blanchâtre parce que, comme on l'a constaté au microscope, les cylindraxes sont pourvus de leur enveloppe de myéline. C'est ce que l'on a appelé les plaques fibreuses congénitales, les fibres nerveuses à double contour, les fibres nerveuses opaques, la persistance des fibres nerveuses à myéline. Ce fait est normal chez le lapin (*Phot.* 48), fréquent chez le cheval et d'autres animaux.

Chez l'homme, cette disposition est loin d'être rare, et nous possédons à ce sujet une série d'observations personnelles.

C'est d'abord par des recherches anatomo-pathologiques que Müller, Virchow, Recklinghausen, ont pu donner la description de cette anomalie, puis Schweigger fit pareille constatation sur le vivant. Quoique de Græfe ait jadis nié l'origine congénitale de ces plaques, on s'accorde aujourd'hui pour reconnaître qu'il s'agit d'une anomalie.

A l'ophtalmoscope, on constate une plaque blanche, siégeant au-dessus (*Phot.* 47) ou au-dessous (*Phot.* 10) de la papille, quelquefois près de son segment interne.

Tantôt, il s'agit d'une ou de plusieurs taches blanches punctiformes, plus souvent d'un ou de plusieurs pinceaux ou de véritables plaques découpées en feuille de lierre, occupant une surface correspondant à un ou deux diamètres papillaires et même plus. Les taches prennent naissance sur le rebord papillaire, parfois même sur la papille ou en dehors d'elle. Si elles siègent sur la papille, elles n'envahissent qu'une partie d'un segment et leur couleur blanc jaunâtre tranche même sur celle de l'anneau scléral, comme on le voit sur une planche de l'Atlas d'Oeller.

La coloration des taches est variable. Elle est d'un blanc éclatant si les fibres de toute la couche nerveuse sont opaques : elle est légèrement rosée en raison de la choroïde sous-jacente si l'épaisseur des fibres myéliniques est moindre. Les bords sont découpés en fine dentelure, ces placards se terminent sous forme de gerbe ou de frange. C'est l'aspect d'une flammèche, d'une aigrette bilobée, d'une mèche de fouet.

Les vaisseaux rétiniens situés dans la couche des fibres nerveuses de la rétine ont leur calibre normal, leurs parois indemnes et leur trajet régulier, mais ils peuvent disparaître et réapparaître dans la plaque opaque.

Si, de temps à autre, ils sont intacts, voilés ou totalement cachés par les fibres à myéline, ces différences sont explicables par l'épaisseur plus ou moins grande de la plaque et par la présence de fibres transparentes ou opaques placées au-devant des vaisseaux.

Eversbuch a constaté la présence de fibres à myéline coïncidant avec l'absence de lame criblée. Ce cas est très exceptionnel et il n'y a pas de relation étroite entre ces deux anomalies. Dans les faits que nous avons en vue, on peut observer que la lame criblée est normale, ainsi que le prouvent d'ailleurs les examens ophtalmoscopiques et microscopiques (Schmidt). Ces fibres perdent réellement leur gaine myélinique au niveau de la lame criblée pour la recouvrer plus loin sur le plan papillaire et plus souvent rétinien. C'est exceptionnellement que quelques fibres à myéline traversent la lame criblée (Husher).

On pourrait songer à une anomalie réversive en présence de ces cas de fibres opaques.

La région papillo-maculaire et surtout la région maculaire proprement dite n'étant jamais envahies par les fibres opaques, l'acuité visuelle et le champ visuel restent intacts. La tache obscure correspondant à la papille est seule élargie et cela à l'insu du sujet ; c'est donc par l'examen ophtalmoscopique que l'on découvrira l'anomalie très importante à distinguer des cas vraiment pathologiques d'altération rétinienne.

Parmi les termes synonymiques usités, deux seulement sont à conserver, fibres nerveuses à myéline et fibres opaques, dénominations justifiées par l'examen microscopique ou ophtalmoscopique. Les termes suivants : persistance de fibres nerveuses à myéline et plaques fibreuses, reposent sur des constatations erronées ; quant à celui de fibres à double contour, il rappelle la structure histologique de la double gaine de myéline, entourant les cylindraxes et que l'on ne distingue pas à l'ophtalmoscope.

Bibliographie.

Eversbuch, *Klinische Monatsblätter für Augenheilkunde*, 1885. — Græfe, *Zehender's Augenh.*, 1865. — Husher, *Opht. Review*, 1896. — Muller, Leipzig, 1856. — Oeller, *Atlas of Ophtalm.*, Wiesbaden, 1896. — Recklinghausen, *Arch. f. path. Anat.*, Bd XXX. — Schmidt, *Klin. Monats. f. Augen.*, t. XII. — Schweigger, *Traité*, 1876. — Virchow, *Arch. f. path. Anat.*, Bd X.

II. — *Prolongements anormaux de la lame criblée*.

Sous ce titre, Masselon (1) a décrit dans une étude, reposant sur des constatations très précises, des anomalies de la lame criblée, très importantes à bien connaître.

Nous avons vu, au chapitre *Anatomie*, que la lame criblée était constituée par des faisceaux conjonctifs, émanés soit de la sclérotique et de la gaine interne, soit de la choroïde, soit du tissu connectif interfasciculaire du nerf optique. A l'ophtalmoscope, on peut reconnaître des tractus aberrants, issus des divers tissus qui constituent la lame criblée.

Des lames internes de la sclérotique peut se détacher une plaque blanchâtre qui, comme on le voit à l'ophtalmoscope, s'insère sur l'anneau scléral. Cette plaque s'applique sur la papille en masquant, sur un petit parcours, les vaisseaux centraux, puis se termine par des brides irrégulières en forme d'S dans la région péripapillaire.

Des fibres anormales peuvent partir de la choroïde; au lieu de passer en ligne droite pour tamiser le nerf optique, elles suivent un trajet parallèle à celui du nerf et, à l'examen du fond de l'œil, naissent manifestement de l'anneau choroïdien. Ces fibres se dirigent généralement sur le disque papillaire où elles se perdent.

Il sera difficile bien souvent de spécifier le point de départ précis de ces fibres. Qu'elles soient d'origine sclérale ou choroïdienne, elles sont blanchâtres.

(1) Masselon, Paris, 1885.

D'autres fois, ce sont des fibres du tissu connectif interfasciculaire ou intrafasciculaire du nerf optique et des fibres de la gaine conjonctive des vaisseaux, qui, au lieu de constituer en se repliant une lame criblée régulière, franchissent ses limites normales. Masselon, dans des examens minutieux, a pu découvrir le long des vaisseaux centraux, à côté de leur bordure rouge, une seconde bordure blanche, c'est l'indice d'une gaine celluleuse.

Dans une autre variété d'anomalies, on remarque des brides blanchâtres, celluleuses, émanées des cloisons de la lame criblée. Ce sont des gerbes de fibres blanchâtres qui s'enchevêtrent, des bandelettes qui enserrent dans leurs mailles ou leurs cordons les vaisseaux centraux. Ceux-ci passent au-dessous d'arcs fibreux ou traversent des 8 de chiffres. Parfois même un treillis de fibrilles est plaqué devant la papille ; c'est une sorte de toile d'araignée formée par une deuxième lame criblée d'où partent des tractus qui accompagnent les vaisseaux et disparaissent dans la région péripapillaire en décrivant des zigzags.

Les sujets qui présentent ces anomalies ont une acuité visuelle parfaite. Cette disposition congénitale doit être connue de l'observateur qui évitera ainsi la confusion avec les lésions atrophiques de la papille. On les distinguera parfois difficilement de la persistance de l'artère hyaloïde, mais assez facilement des fibres nerveuses à myéline. Ces dernières, rayonnées et groupées en pinceaux, ont des fibres régulières et parallèles, de coloration blanche.

III. — *Vestiges de l'artère hyaloïdienne.*

Pendant la vie intra-utérine, l'artère hyaloïdienne, ou capsulaire, continue l'artère centrale de la rétine qui s'est divisée en ses deux troncs artériels. Cette artère hyaloïdienne traverse d'arrière en avant le corps vitré et forme le réseau vasculaire de la cristalloïde. Elle s'oblitère vers le septième mois, si bien qu'à la naissance, ou quelques mois après (Terrien), il n'en reste aucune trace ; anormalement elle peut persister et ses vestiges sont observés à l'ophtalmoscope.

Ammon, en 1858, a publié le premier cas de persistance de l'artère hyaloïdienne ; puis de nombreux auteurs, Sœmish, Zehender, Stœr, Mooren et surtout Bayer, Vassaux, en ont rapporté de nouveaux cas.

S'il y a persistance totale de l'artère perméable ou, plus souvent, du cordon fibreux représentant l'ancien vaisseau, on peut constater un mince filet ou cordon tendu entre la papille et le pôle postérieur du cristallin. Ce cordon peut n'occasionner aucun trouble, d'autres fois flotter et être perçu par le malade. Il peut céder et ses débris persister à la partie postérieure du cristallin et au-devant de la papille. Ces faits sont exceptionnels.

Plus fréquemment, mais le fait est toujours assez rare, il y a des vestiges permanents de la portion initiale de l'artère. On reconnaît alors un appendice fixé à la papille sous la forme d'un chou-fleur ou d'un doigt de gant. C'est encore un bâtonnet grisâtre qui se détache des vaisseaux centraux (Siély, Little), susceptible de flotter pendant les mouvements de l'œil.

Le cordon peut présenter la forme d'un S, se terminer par une masse filamenteuse, être double (vestiges d'une artère et d'une veine). Des lésions analogues ont été constatées chez le lapin, la chèvre.

Notons que simultanément on peut observer de semblables tractus au pôle postérieur du cristallin et une cataracte polaire postérieure. C'est en se basant sur cette coexistence que l'on ne confondra pas cette anomalie avec les prolongements aberrants de la lame criblée, dont l'image clinique est assez semblable. Du reste, l'origine de ces deux anomalies pourrait avoir des liens étroits parfois, puisque Rochon-Duvigneaud considère ces prolongements comme des restes du pédicule embryonnaire du vitré.

Bibliographie.

AMMON, *Arch. f. Opht.*, 1858. — SOEMISCH, *Klin. Monats. f. Augen.*, 1868. — ZEHENDER, *Klin. Monats.*, 1863. — STOER, *Klin. Monats.*, 1865. — SIÉLY, *Amer. opht. Soc.*, 1882. — BAYER, *Med. Woch.*, 1881. — VASSAUX, *Arch. d'opht.*, 1883. — LITTLE, *Philadelphia med. Times*, 1882. — TERRIEN, *Arch. d'opht.*, 1897.

II. — TRAUMATISMES ET LÉSIONS VASCULAIRES DU NERF OPTIQUE.

I. — *Lésions traumatiques du nerf optique.*

Le nerf optique, quoique protégé par les parois orbitaires, peut être atteint de traumatismes divers. Au point de vue ophtalmoscopique, les lésions diffèrent essentiellement, suivant que le nerf a été frappé en avant ou en arrière du point où pénètrent les vaisseaux centraux de la rétine. Dans le premier cas, la lésion est juxta-bulbaire, puisque les vaisseaux entrent dans le nerf optique pour suivre son axe à 10 ou 20 millimètres du globe oculaire ; dans le second cas, la lésion a porté sur le nerf dans son trajet orbitaire, bien souvent au niveau du canal optique.

Les lésions traumatiques *juxta-bulbaires* répondent à des causes très diverses que l'on peut ranger en trois catégories : blessures accidentelles, chirurgicales, expérimentales.

S'agit-il de blessures accidentelles, c'est un instrument piquant tel qu'un stylet, une épée, un fleuret, un couteau, une alène qui, pénétrant par un des angles de l'orbite, sectionne le nerf près de son insertion oculaire. Ce sont ces causes que l'on trouve presque toujours indiquées dans les diverses observations que Horner a pu réunir.

D'autres fois il s'est agi d'une névroctomie. Tel est le cas de Knapp, qui conserva le globe oculaire après avoir extirpé la partie du nerf optique envahie par une tumeur.

Signalons les névrotomies pratiquées chez différents animaux, notamment chez le lapin (Krause, Berlin, Gudden, Magnus), et celles faites jadis assez fréquemment, chez l'homme, comme traitement de l'ophtalmie sympathique.

Dans ces sections du nerf optique d'ordre divers, l'examen ophtalmoscopique pratiqué de jour en jour a permis d'établir les modifications intraoculaires. Les constatations ophtalmoscopiques post-traumatiques faites chez l'homme par de Græfe, Just, Pagenstecher, concordent en tous points avec celles faites expérimentalement sur l'animal.

Comme on peut le concevoir *à priori*, l'image ophtalmoscopique dans ces cas a une grande analogie avec celle que l'on rencontre dans l'embolie de l'artère centrale de la rétine.

Si la section a porté sur la totalité du cordon optique, c'est brusquement que se déclare une cécité irrémédiable.

La circulation étant alors interrompue dans l'artère centrale de la rétine, à l'ophtalmoscope on constate que les vaisseaux rétiniens n'ont plus leur coloration rouge uniforme. La colonne sanguine est interrompue par places ; dans les parties où les vaisseaux sont dépourvus de globules sanguins, ils disparaissent. Veines et artères se différencient difficilement. Rapidement, six à huit heures après, on observe dans le fond de l'œil un léger trouble blanchâtre le long des vaisseaux, une tache rouge dans la région maculaire, puis tout le fond bientôt devient d'un blanc brillant.

On perçoit difficilement sur ce fond d'œil décoloré la papille qui a pâli aussi ; elle se voit indistinctement et paraît noyée dans un nuage blanchâtre.

Parfois, dans une deuxième phase, vers le cinquième ou sixième jour, en raison d'un léger rétablissement de la circulation, sans doute par les vaisseaux du cercle de Haller, au milieu de la teinte opaline du fond de l'œil on peut reconnaître plus facilement les vaisseaux et la papille devenue rougeâtre par les arborisations vasculaires anormales. Cette vascularisation n'est que passagère et les vaisseaux diminuent de volume, pour disparaître bientôt.

Dans une troisième période, le fond d'œil est pâle, les vaisseaux ne sont plus perceptibles et quelquefois leur ancien trajet est indiqué par des amas pigmentaires. La papille blanchie peut se reconnaître, mais elle est entourée d'une suffusion de couleur opaline ; au pourtour, on note des marbrures ou des plaques blanches d'atrophie choroïdienne.

Tels sont les troubles nutritifs du fond de l'œil causés par l'interruption de la circulation rétinienne ; ils aboutissent à la dégénérescence granuleuse des fibres nerveuses et à l'atrophie rétinienne. Tardivement on constatera, le trouble rétinien ayant disparu, une atrophie blanche optique et un plissement de la région maculaire (Zirm).

A côté de ces symptômes d'ischémie rétinienne, on peut observer des épanchements sanguins. Le sang extravasé fait irruption au niveau de la papille, fuse entre les diverses membranes, pénètre dans le corps vitré. On note alors les signes ophtalmoscopiques des hémorragies papillaire, rétinienne ou choroïdienne que nous décrivons ailleurs.

Les traumatismes du nerf optique siégeant à plus de 1 ou 2 centimètres en arrière du globe oculaire, c'est-à-dire *en arrière du point de pénétration des vaisseaux* centraux de la rétine, n'altèrent en rien la circulation rétinienne. On leur reconnaît les variétés étiologiques suivantes :

Ce sont des plaies proprement dites ou sections par instruments piquants.

Les plaies par armes à feu sont assez communes ; c'est un grain de plomb, une balle de revolver qui déchire le nerf optique. On a vu une section des deux nerfs optiques à la suite d'un coup de feu dans la tempe, ou d'autres fois une balle a pénétré d'un côté de l'orbite pour blesser le nerf optique du côté opposé.

On rencontre des ruptures ou arrachements du nerf optique par un coup de parapluie ou de corne d'animal. Les plaies contuses se voient surtout dans les fractures de l'orbite. Alors le nerf optique est déchiré par une esquille ou souvent écrasé dans le canal optique. La fracture de l'orbite est directe, plus souvent encore indirecte; dans ce dernier cas, c'est une fracture de la base du crâne qui s'est propagée à la voûte orbitaire. Les recherches de Berlin et Hölder ont montré la fréquence de ces complications : sur 88 fractures de la base du crâne, il y a eu 80 fois fracture de la voûte orbitaire et 54 fois le canal optique était intéressé.

L'image ophtalmoscopique est très différente de celle précédemment décrite. Ici les vaisseaux restent intacts, il n'y a pas de changement de la coloration générale du fond de l'œil, mais il se développe lentement une atrophie de la papille qui débute quatre ou cinq semaines environ après le traumatisme. La décoloration blanche ne comprend d'abord que le secteur temporal, puis se généralise à tout le disque et s'accompagne alors du rétrécissement des vaisseaux. Si un petit nombre de fibres seulement ont été détruites, la vision peut s'améliorer et l'atrophie optique n'être que partielle.

Là encore on peut noter simultanément, à l'aide de l'ophtalmoscope, des hémorragies des gaines qui accompagnent si souvent les fissures du canal optique.

N'oublions pas enfin que, dans toute plaie du nerf optique, s'il y a infection, on observe secondairement des papillites ou des névro-rétinites se terminant par des atrophies optiques ou cécités tardives; la nature microbienne de ces complications nous est démontrée parfois par des accidents méningitiques très graves.

Bibliographie.

Berlin, *Klin. Monats.*, 1871, et Leipzig, 1880. — Gudden, *Arch. f. Opht.*, 1874. — Just, *Klin. Monats.*, 1873. — Horner, Zurich, 1884. — Knapp, *Klin. Monats.*, XIV. — Krause, Leipzig, 1868. — Magnus, Leipzig, 1874. — Pagenstecher, *Arch. f. Opht.*, 1869. — Zirm, *Centralb. f. Augen.*, 1897.

II. — *Hémorragies du nerf optique*
et de ses gaines.

L'épanchement sanguin peut se produire dans le nerf lui-même en dedans de sa gaine piale ; on l'appelle alors interstitiel. Plus souvent on note une hémorragie des gaines qui se produit en dehors ou en dedans de la gaine durale. En dehors, c'est une hémorragie extra-dure-mérienne qui s'accompagnera de signes orbitaires plutôt qu'oculaires. En dedans, c'est l'hémorragie vaginale. Souvent l'épanchement est mixte, il occupe le nerf optique et ses gaines.

Il peut être d'origine traumatique. Citons le cas de Talko : c'était une déchirure de l'artère méningée moyenne. L'épanchement sanguin traumatique intracranien, dont on connaît la fréquence, peut donc suivre les gaines optiques jusqu'à leur insertion oculaire.

D'autres fois, et ces cas sont nombreux, il y a fissure du canal optique et irradiation d'une fracture de la base du crâne, avec épanchement sanguin des gaines optiques. Sur 54 cas de fracture du canal optique, Hölder a constaté 42 fois des épanchements sanguins.

La déchirure des petits vaisseaux et des vaisseaux centraux de la papille est provoquée par une lésion traumatique du nerf optique dans son trajet orbitaire ou simplement une contusion.

S'il n'y a pas traumatisme, l'épanchement d'origine intracranienne peut être symptomatique d'une rupture d'un anévrysme de l'artère cérébrale antérieure (Mackensie), d'une apoplexie cérébrale (Michel, Max, Abadie, Bouveret), d'une pachyméningite hémorragique (Manz), ou encore il s'agit d'apoplexie du nerf optique causée par l'artériosclérose, l'albuminurie ou le diabète.

Une hémorragie interstitielle de faible importance se

traduira à l'examen ophtalmoscopique par une tache sanguine papillaire et plus tardivement par une pigmentation
du disque optique qui sera difficile à distinguer, sans commémoratifs, d'une pigmentation congénitale. On note les
mêmes signes dans l'hémorragie des gaines qui s'est *diffu-
sée*, mais généralement l'épanchement est plus abondant.

Le sang peut s'échapper de l'espace vaginal et donner
lieu à un anneau (Abadie) ou à une nappe sanguine péripapillaire bien visible à l'ophtalmoscope. L'épanchement
peut s'infiltrer entre la rétine et la choroïde, mais son
siège est surtout papillo-rétinien et prérétinien.

Quand l'épanchement est en éventail et suit le trajet des
fibres nerveuses, il donne lieu à de vastes nappes (*Phot.* 31),
qui s'infiltrent jusqu'au vitré ; le diagnostic alors ne souffre
aucune difficulté (1).

C'est surtout dans les cas où l'épanchement est *collecté*,
renfermé dans les gaines, que les symptômes de compression du nerf optique sont les plus importants. La compression du nerf optique est surtout provoquée par l'hématome
qui siège en arrière de la coque oculaire.

Rappelons que les autopsies ont démontré que l'hématome
intracranien se continuait sans interruption avec l'hématome vaginal, l'épanchement parti de l'espace sous arach-
noïdien cérébral suit l'espace vaginal et vient butter contre
le globe oculaire.

En outre Magnus, par des expériences sur l'animal, a pu
reproduire les phénomènes morbides observés chez l'homme
et qui seraient déterminés par la compression ou la destruction de fibres nerveuses et par l'entrave apportée à la
circulation sanguine.

Ainsi qu'on pourra le remarquer, l'intérêt de ces lésions
réside surtout dans leurs caractères très rapprochés de ceux
de l'embolie de l'artère centrale de la rétine.

(1) Voy. *Hémorragies de la rétine, Rétinite proliférante.*

Dans l'hémorragie des gaines, les signes subjectifs, qui apparaissent soudainement, consistent en sensations lumineuses rapidement suivies d'une cécité brusque, complète ou partielle, définitive ou temporaire. Les caractères qui peuvent aider au diagnostic sont l'apparition d'une exophtalmie ou encore d'une augmentation de la tension oculaire qui est normale ou diminuée dans les cas d'embolie.

Les signes ophtalmoscopiques, surtout sans hémorragie visible, ont aussi beaucoup d'analogie avec ceux de l'embolie rétinienne.

Le vrai caractère différentiel reposera sur l'absence totale de circulation artérielle rétinienne dans les cas d'embolie et l'entrave partielle seulement dans les cas d'hématome vaginal.

Dans l'épanchement sanguin vaginal, on notera la suffusion opaline qui voile la papille et qui s'étend sur la rétine principalement, suivant le parcours des vaisseaux. Les veines ont leur aspect normal, mais l'aspect des artères indique nettement une gêne de la circulation. Ces artères n'ont pas disparu, elles sont seulement pâles et effacées, le sang ne pénètre qu'en petite quantité au moment de la systole cardiaque. On peut remarquer alors les globules du sang sous la forme de petits cylindres sanguins séparés par des espaces vides formés par les artères aplaties.

Dans la suite, on constatera l'absence complète des globules du sang, les artères deviennent filiformes, s'entourent d'un double liséré blanchâtre, ce qui rend le diagnostic difficile avec les lésions emboliques.

Si, dans certains cas, la vision redevient à peu près normale, il n'en est pas moins vrai que la cécité peut survenir; on constate alors une atrophie blanche de la papille sans qu'elle soit nécessairement accompagnée de reliquats hémorragiques, c'est-à-dire de pigmentation.

Le diagnostic est d'une haute importance, car si l'on est en présence d'un hématome vaginal il y a lieu, selon nous, d'intervenir chirurgicàlement par l'incision aseptique des gaines, opération alors comparable à celle que l'on pratique dans l'épanchement sanguin intracranien accompagné de signes de compression cérébrale.

En définitive, les hémorragies du nerf optique et de ses gaines peuvent se présenter sous trois aspects ophtalmoscopiques différents, pouvant se combiner :

1° L'épanchement visible à l'ophtalmoscope est d'ordre traumatique, il complique une ischémie de la rétine consécutive à une blessure juxta-bulbaire du nerf optique (1);

2° L'hémorragie, de cause traumatique ou spontanée, se reconnaît à l'ophtalmoscope seulement par les signes caractéristiques d'un épanchement papillo-rétinien ;

3° L'hémorragie, de cause traumatique ou spontanée, se révèle par des phénomènes de compression du nerf optique.

Nous devons ajouter que parfois les signes ophtalmoscopiques sont obscurs, surtout au début et, dans la suite, c'est un œdème papillaire ou une atrophie optique qui se déclarent : le diagnostic de leur cause peut alors être incertain.

Bibliographie.

ABADIE, *Traité des mal. des yeux*, Paris, 1876. — BOUVERET, *Rev. de méd.*. 1895. — MACKENSIE, *Traité des mal. des yeux*, Paris, 1844. — MAGNUS, Leipzig, 1871. — MANZ, *Deutsche Arch. f. klin. Med.*, 1871. — MAX, *Klin. Monats.*, 1865. — MICHEL, *Arch. f. Heilkunde*, 1872. — REMAK, *Berlin. klin. Wochenschr.*, 1886. — TALKO, *Zehender's Augenh.*, 1873.

III. — NÉVRITES OPTIQUES.

On désigne sous le nom de névrite optique l'inflammation aiguë ou chronique du nerf optique.

La névrite optique, suivant sa localisation, se différencie en névrite optique intraoculaire et en névrite optique rétrobulbaire.

(1) Voy. le chapitre précédent.

I. — *Névrite intraoculaire.*

On désigne sous le terme de névrite optique (névrite optique intraoculaire) des altérations papillaires d'origine inflammatoire ou mécanique qui constituent par leur aspect ophtalmoscopique une série d'images avec transition parfaite et dont les causes sont très variées.

A l'ophtalmoscope, nous n'apercevons que l'extrémité terminale intraoculaire du nerf optique; aussi ne pouvons-nous que constater les modifications de la papille (papillite et œdème de la papille). Parfois, cependant, nous pouvons supposer ou affirmer, à l'aide d'autres signes, que ces lésions papillaires sont l'indice d'un trouble non pas seulement localisé à l'extrémité du nerf, mais généralisé à toute son étendue ; alors il y a vraiment névrite optique.

Ces névrites optiques, localisées ou généralisées, apparaissent comme complications des néoplasmes cérébraux et cérébelleux ou des gommes syphilitiques méningo-encéphaliques qui déterminent une pression intracranienne anormale. Peu de tumeurs encéphaliques évoluent sans retentissement papillaire, d'où l'importance extrême de l'examen à l'ophtalmoscope pour dépister le néoplasme au début de son évolution ou pour affirmer un diagnostic si souvent incertain.

Dans d'autres cas, les névrites optiques sont symptomatiques d'inflammations intracraniennes (méningites infectieuses, abcès du cerveau) ou d'inflammations orbitaires (suppurations ou infections d'origine osseuse, vasculaire, lymphatique, sinusique) (1).

Elles se rencontrent encore dans les maladies infectieuses (scarlatine, diphtérie, fièvre typhoïde, syphilis acquise ou héréditaire, blennorragie, paludisme), dans les maladies de la nutrition, les intoxications.

(1) Nous avons eu dans notre service une femme atteinte de papillite suite de fronto-ethmoïdite suppurée. (Voy. Delon, *Th. de Lyon*, 1898.)

La similitude d'images ophtalmoscopiques produites par des causes diverses ou, au contraire, leurs diversités dans les affections de même nature, nous expliquent les théories multiples tour à tour proposées pour élucider leur mécanisme.

De Græfe, en 1860, divisait les névrites optiques en névrite descendante ou propagée le long du tronc du nerf jusqu'à la papille et en névrite résultant d'une augmentation de la pression intracranienne et d'une stase sanguine, *Stauungspapille*.

Pour de Græfe, la névrite descendante était de nature inflammatoire et la stase papillaire était causée par une gêne de la circulation veineuse intracranienne et papillaire consécutive aux tumeurs cérébrales. L'orifice inextensible des anneaux scléral et choroïdien déterminait ainsi un véritable étranglement papillaire.

Liebreich a ajouté une troisième variété de névrite, la névrite primitive de la papille ou névrite intraoculaire, aujourd'hui désignée sous le terme de papillite.

Depuis lors, la névrite optique a été considérée comme un trouble vaso-moteur réflexe (Benedikt, Brown-Séquard); comme un œdème lymphatique du nerf optique produit par le même mécanisme que l'œdème du cerveau, dont le nerf optique est une sorte de prolongement orbitaire (Parinaud); comme le résultat de la compression de la veine centrale de la rétine à sa sortie du tronc du nerf optique (Deyl, 1897).

Deux théories surtout expliquent la généralité des cas et ont aujourd'hui leurs défenseurs :

1° Toutes les névrites optiques sont de nature infectieuse (Deutschmann). En effet, par l'injection du pus dans les méninges d'un animal, on détermine une papillite ;

2° La névrite optique peut avoir une origine mécanique ; il y a compression du nerf optique par l'accumulation dans ses gaines vaginales de liquide céphalo-rachidien (Schmidt, Manz).

Cette dernière théorie a été vivement critiquée et beau-

coup d'auteurs classiques ont rayé aujourd'hui le terme
d'œdème de la papille. Cette théorie nous semble vraie,
nous n'en voulons comme preuve que le fait signalé par
Bouveret qui a la valeur d'une expérience :

Il s'agit d'une malade qui présentait de son vivant une
atrophie blanche primitive à droite et un œdème papillaire
à gauche. A l'autopsie on trouve à droite une tumeur com-
primant le nerf optique, mais il n'y avait pas d'hydropisie
de l'espace vaginal, ce qui expliquait l'absence d'œdème de
la papille et la présence d'une atrophie simple du nerf optique par compression. A gauche, il y avait accumulation de
liquide dans l'espace vaginal, avec hydropisie sous-arachnoï-
dienne et ventriculaire, expliquant l'œdème papillaire par
la pénétration, dans l'espace vaginal optique, du liquide
sous-arachnoïdien plus abondant et soumis à une plus forte
tension (1).

Les névrites optiques, à notre avis, peuvent se produire
sous l'influence de deux mécanismes différents qui se combi-
nent parfois : il y a névrite optique ou papillite infectieuse
à la suite des méningites microbiennes, de certaines artérites, des suppurations intracraniennes ou orbitaires; il y a
stase papillaire ou mieux œdème de la papille à la suite des
néoplasmes encéphaliques, des hémorragies cérébrales (2);
il y a enfin parfois œdème et inflammation, c'est la papillite
œdémateuse.

La papillite succède à un processus inflammatoire. Il s'agit
le plus souvent, sauf dans les maladies générales, d'une
infection du nerf de proche en proche qui peut ne pas céder
à la suppression du foyer morbide primitif. Tel notre cas
de papillite qui, consécutive à un abcès orbitaire par sinusite
fronto-ethmoïdale, continua à évoluer, malgré l'incision de
la poche virulente.

(1) Citons un autre fait confirmatif récent dû à Jacqueau et Carrel-
Billiard (*Province méd.*, 1897).
(2) Thévenet, *Th. de Lyon*, 1894.

L'œdème de la papille est symptomatique de l'œdème cérébral, de la vaginalite des gaines, de l'œdème du nerf optique. Secondairement, il se produit une constriction du nerf, dans le canal scléro-choroïdien, qui s'exagère sous l'influence de la poussée œdémateuse et qui joue un certain rôle dans la propulsion papillaire ; il en résulte des actions dégénératives dues à cet œdème.

Nous savons que le liquide céphalo-rachidien dans les cas de tumeurs cérébrales n'est pas de nature infectieuse ; en outre, les interventions chirurgicales nous montrent que l'œdème papillaire au début peut disparaître par l'ablation du néoplasme ou la résection cranienne décompressive; cette disparition de l'œdème de la papille peut se produire dans les quarante-huit heures qui suivent l'opération (1), d'autres fois plus lentement (2). Cette craniotomie doit être pratiquée de bonne heure, sinon ses résultats curatifs sont nuls, comme chez notre malade (*Obs.* 12).

L'examen ophtalmoscopique est indispensable pour diagnostiquer les névrites optiques. En effet, les troubles fonctionnels sont parfois au début nuls ou peu marqués, surtout dans l'œdème de la papille ou dans la papillite simple. On ne note aucune douleur. Puis c'est très rapidement que l'on constatera une diminution de la sensibilité chromatique et de l'acuité visuelle, un rétrécissement concentrique du champ visuel et une cécité incurable.

Nous allons décrire successivement les diverses variétés d'images ophtalmoscopiques par lesquelles se révèle la névrite optique, c'est-à-dire l'œdème de la papille, la papillite, la papillite œdémateuse.

A l'ophtalmoscope, *l'œdème de la papille* est caractérisé par les signes suivants :

La papille est saillante, bombée (*Phot.* 12, 26). Elle a

(1) Devic et Courmont, *Rev. de méd.*, 1897.
(2) Chipault, *Neurologie chirurgicale*, 1896. — Angelucci, *Arch. di Ottal.*, 1897.

perdu sa transparence et sa coloration rosée ; elle devient opaque et de couleur grisâtre, ses dimensions augmentent, elle gagne un demi-diamètre papillaire environ. Parfois la teinte grisâtre n'est pas uniforme, la saillie est parcourue par une série de stries rayonnantes de nuance foncée représentant les fibres nerveuses dissociées ; elle prend ainsi l'aspect d'un champignon strié, d'un demi-pompon lanugineux et grisâtre.

Les vaisseaux centraux ne peuvent être suivis dans le tissu opaque papillaire au delà de leur émergence ; généralement même on ne peut les apercevoir au centre grisâtre de la papille, ils émergent un peu excentriquement par une racine fusiforme très reconnaissable surtout pour les veines.

Les artères sont pâles, elles semblent avoir leur calibre diminué, parfois on ne les distingue bien qu'au moment de la systole cardiaque, du pouls artériel. Leur trajet est plus rectiligne.

Les veines sont toujours le siège de modifications plus appréciables. Elles sont gorgées de sang, c'est-à-dire dilatées et flexueuses. Ces veines ont une coloration rouge bleuâtre et présentent en leur partie moyenne une ligne miroitante très apparente. Elles serpentent sur le versant de la papille bombée et, arrivées sur le tissu sain périphérique, elles décrivent un coude, une sorte de plicature rentrante.

Dans le reste du fond de l'œil, en dehors de la papille, le parcours et le diamètre des vaisseaux sont à peu près normaux. Comme le fait remarquer de Wecker, la plupart des dilatations et rétrécissements des vaisseaux ne sont qu'apparents et dépendent de leur changement de position. Ils sont vus sous une incidence anormale et masqués en partie par du tissu opaque. Tels sont les signes de la propulsion papillaire mécanique sans inflammation vraie et primitive.

La saillie de la papille se devine à un simple examen à l'image renversée, mais elle se trahit surtout par la recherche du déplacement parallactique.

En imprimant à la lentille un léger mouvement de va-et-vient, on note la différence de niveau.

Si l'on compare la marche des images de la saillie papillaire et du plan rétinien normal, il y a déplacement plus rapide de l'élevure, l'image du fond de l'œil sain est en retard.

Nous évaluons ainsi approximativement le degré de soulèvement; pour le calculer plus exactement, il faut pratiquer l'examen à l'image droite. Si l'œil observé est emmétrope l'emploi d'un verre convexe de 3 ou 6 dioptries nous indique une papille exhaussée au-dessus du plan rétinien périphérique de 1 ou 2 millimètres. L'élevure a donné à l'œil emmétrope observé une réfraction hyperopique, c'est un œil à axe antéro-postérieur trop court. L'observateur, bien entendu, a relâché son accommodation et alors il ne peut voir avec la même netteté des points situés sur des plans différents ne possédant pas la même réfraction.

On pourra constater ainsi que la saillie papillaire est plus marquée en sa partie interne ; on sait que le faisceau interne des fibres nerveuses est plus volumineux que l'externe, de là vient la différence.

Dans la *papillite* il y a hypérémie, mais sans gonflement papillaire appréciable.

On ne constate donc pas de saillie, la papille est d'un rouge vif, ses bords sont flous et noyés dans un halo; les veines sont un peu dilatées, mais surtout entourées d'une légère suffusion ou nuage grisâtre. Cette papillite peut se compliquer de rétinite, c'est alors une papillo-rétinite.

La papille est de coloration rouge et comme ses limites ont disparu, elle se confond avec le reste du fond de l'œil; la rétine participe à l'inflammation optique.

Dans la *papillite œdémateuse* des phénomènes d'inflammation vraie s'ajoutent à l'œdème simple.

La papille, fortement proéminente dans la coque oculaire, est turgide. Les stries grisâtres alternent avec des stries rougeâtres formées par les capillaires distendues ; ces tractus rougeâtres se terminent irrégulièrement en franges sur les limites du disque papillaire qui a augmenté d'étendue.

Dans divers points on aperçoit soit de petites taches hémorragiques ou de petits placards grisâtres, soit un léger nuage qui fait disparaître l'état strié de la papille, ou masque les gros vaisseaux. Les artères disparaissent, les veines tortueuses sont voilées par place, cet état se constate encore, mais atténué, dans le reste du fond de l'œil.

Si l'inflammation s'étend, c'est alors une papillo-rétinite où les altérations ne sont plus limitées à la papille seule, mais ont atteint les fibres nerveuses qui, du disque optique, s'épanouissent dans la rétine (*Phot.* 11).

La papille œdématiée n'a plus de bords nets, l'infiltration œdémateuse et la congestion s'étendent dans une étendue d'un ou deux diamètres papillaires. On constate une large plaque voussurée représentant la papille dont les bords frangés et irréguliers s'affaissent insensiblement; les fibres nerveuses rétiniennes voisines sont-boursouflées et exhaussées. Au milieu des stries grises et rouges les grosses artères centrales disparaissent, les veines tortueuses plongent en certains points et émergent en d'autres. Des extravasats sanguins tachettent ce placard en gerbes rouges, ailleurs et plus tardivement on trouve des foyers de taches grises ou blanches qui agglutinent les stries et les font disparaître ainsi que les vaisseaux des divers calibres. C'est l'image d'un œillet panaché blanc et rouge.

L'inflammation peut s'étendre jusqu'à la région périmaculaire. On observe dans ces cas au pourtour de la macula des stries rouges, puis des exsudats blanchâtres qui se groupent en forme de portions d'étoiles et qui, à la période régressive, peuvent simuler l'image de la rétinite albuminurique

Au microscope on remarque des lésions anatomo-pathologiques qui nous expliquent l'hypérémie ou la propulsion papillaire constatées à l'image ophtalmoscopique. Il y a tuméfaction œdémateuse des fibres nerveuses, périnévrite, hyperplasie du stroma, infiltration des gaines périvasculaires accompagnées de l'immigration des leucocytes; on constate parfois de l'hydropisie des gaines. Si les phénomènes morbides s'arrêtent là, le retour à l'état normal peut s'effectuer.

Plus tard quand la diapédèse augmente, les hémorragies et les exsudats apparaissent, il y a des signes de prolifération des tuniques vasculaires, de dégénérescence gangliforme des fibres nerveuses de la papille et de la rétine, c'est alors que se produiront presque fatalement l'induration et l'atrophie de la papille.

A la *période de déclin* les signes ophtalmoscopiques seront les suivants :

La congestion papillaire diminue. La papille est-elle propulsée, elle s'affaisse lentement, l'infiltration se résorbe. Les veines diminuent de calibre, sont moins serpentines, elles sont moins noyées dans l'œdème papillaire, mais apparaissent encore voilées par un nuage. Les artères se distinguent mieux et alors on constate que leurs gaines sont infiltrées, qu'il y a endartérite et périvasculite, ces vaisseaux artériels sont alors bordés d'une double ligne blanchâtre.

Les taches hémorragiques disparaissent, les exsudats blanchâtres se résorbent, mais longtemps encore il subsiste un trouble péripapillaire masquant le pourtour du disque optique.

Dans la papillite simple le retour à l'état normal est possible, mais dans les autres variétés de névrite la terminaison la plus fréquente est l'atrophie blanche de la papille, c'est l'atrophie secondaire ou post-inflammatoire (*Phot.* 13, 14).

Alors la papille se décolore lentement, de grisâtre elle devient blanc bleuâtre, puis blanchâtre. Longtemps et quelquefois toujours, elle conserve un voile grisâtre ardoisé qui masque ses contours normaux et semble l'agrandir ; ses bords restent flous, irréguliers, découpés par des exsudats blanchâtres ou pigmentaires.

Devenue opaque elle peut conserver indéfiniment une légère saillie, mais les traces d'une inflammation régressive peuvent disparaître et la papille s'affaisse.

En ce qui concerne les vaisseaux, les artères ont un liséré blanchâtre; les veines ayant subi antérieurement une dilatation restent un peu tortueuses, bordées de légers exsudats ou voilées en certains points d'une fine opacité.

L'examen minutieux des altérations persistantes des vaisseaux ou des bords papillaires, permet le plus souvent de différencier l'atrophie papillaire primitive de l'atrophie secondaire.

II. — *Névrite rétrobulbaire.*

La névrite rétrobulbaire est caractérisée par l'inflammation du nerf optique dans son trajet orbitaire. Alors que la névrite intrabulbaire, que nous venons de décrire, est surtout d'origine intracranienne, la névrite rétrobulbaire, affection très obscure, semble être une névrite périphérique.

Au point de vue de la pathogénie, on peut admettre deux variétés de névrite rétrobulbaire (Parinaud), l'une d'origine infectieuse rencontrée dans les maladies générales, l'autre d'origine toxique (alcool, tabac, sulfure de carbone, arsenic), nous l'avons rencontrée dans un cas d'empoisonnement par l'oxyde de carbone (1). Certains cas de névrite rétrobulbaire consécutive à des intoxications semblent devoir être rapportés à des lésions d'origine centrale, c'est-à-dire des centres visuels. Ces inflammations sont encore peu connues et leur origine périphérique n'est pas toujours nettement établie.

La névrite rétrobulbaire infectieuse se montre dans les

(1) Malade du service de notre collègue M. Audry, présentée à la *Soc. des sc. méd. de Lyon*, 1897.

maladies générales, telles que pneumonie, érysipèle, rhumatisme, blennorragie (Panas) ou dans les phlegmasies orbitaires ou périorbitaires. Nous reconnaîtrons à cette affection une forme aiguë et une forme chronique.

Dans la névrite rétrobulbaire aiguë le malade ressent brusquement une douleur sourde rétrooculaire qui s'accompagne bientôt de douleur oculaire spontanée et provoquée par la palpation. L'œil en apparence est sain, on constate un scotome central entouré d'une zone périphérique amblyope. La vision décroît rapidement et au bout de quelques jours il peut y avoir cécité complète. La lésion d'abord unilatérale peut devenir bilatérale, mais la guérison est habituelle, le scotome central persiste seul et disparaît même parfois progressivement.

A l'ophtalmoscope les limites de la papille sont un peu floues. La papille présente une légère vascularisation anormale, avec veines un peu engorgées et artères légèrement rétrécies. Il n'existe pas de signes ophtalmoscopiques plus précis, aussi faut-il pratiquer minutieusement l'examen fonctionnel pour diagnostiquer la maladie. Parfois même l'ophtalmoscope ne dénote rien d'anormal du côté de la papille dans la période de début.

Dans la suite il peut se produire une atrophie blanche optique descendante et partielle. En rapport avec le scotome central du champ visuel, on constate une atrophie du segment externe papillaire, déterminée par la dégénérescence du faisceau papillo-maculaire.

Là encore un examen rigoureux à l'image droite pourra seul montrer cette atrophie papillaire partielle. Normalement le secteur temporal de la papille est de couleur pâle, dans la névrite rétrobulbaire on notera une coloration tout à fait blanche.

Il peut en résulter une légère excavation, reconnaissable au crochet que décrivent les petits vaisseaux maculaires qui abandonnent les limites externes du disque optique.

La névrite rétrobulbaire chronique d'emblée est de cause infectieuse ou toxique. Ici la douleur fait défaut. Comme dans la forme aiguë on notera un scotome central, étendu de la tache de Mariotte à la macula et démontrant l'atrophie du faisceau papillo-maculaire. On se rappellera que chez l'alcoolique le scotome central au début n'existe que pour le vert, puis pour le rouge, il n'y a aucune lacune semblable pour le bleu et le blanc. Parfois, mais très tardivement, le scotome deviendra absolu et l'image bleue ou blanche ne sera plus perçue.

A l'ophtalmoscope on remarquera au début une rougeur hypérémique de la papille, puis dans la suite une décoloration de son segment temporal. Cette atrophie papillaire partielle a peu de tendance à devenir totale, le pronostic est donc relativement favorable.

Bibliographie.

Benedikt, *Wien. med. Zeit.*, 1868. — Bouveret, *Lyon médical*, 1895. — Deutschmann. Göttingen, 1887. — Deyl, *Congrès méd. de Moscou*, 1897. — De Graefe, *Arch. f. Opht.*, 1860, 1864. — Manz, *Klin. Monat.*, 1865. — Panas, *Semaine méd.*, 1890. — Parinaud, *Ann. d'oculist.*, 1879, 1895. — Schmidt. *Graefe's Arch.*, 1869.

Observation et Phot. 11.

PAPILLITE ŒDÉMATEUSE. (*OEil gauche.*)

L. G..., vingt-huit ans. Pas d'antécédents héréditaires. Brusquement, il y a un mois, frissons intenses, céphalées et vomissements.

Actuellement mêmes signes et troubles de l'équilibre. Diplopie. Rien aux pupilles. Les couleurs sont bien perçues, pas de stigmates hystériques. Rien au cœur et aux poumons. Rien à l'examen des urines. On songe à une tumeur cérébelleuse.

A l'ophtalmoscope : O. G. Emmétropie; la papille et la région péripapillaire sont remplacées par une large surface d'un blanc grisâtre. Aspect nettement strié. Par places, taches d'un blanc éclatant Cette région est en saillie et le verre + 4 permet d'en apercevoir le sommet. Les veines sont tortueuses, en forme d'anse avec doubles contours. Les artères n'ont pas le double contour, elles sont rectilignes ; ébauche d'étoile maculaire regardant la papille.

O. D. Pas de troubles des milieux, papille agrandie et proéminente en avant, saillie de 2 millimètres. Le tissu papillaire est opaque, blanc grisâtre, légèrement rosé. Quelques fines striations rayonnées. Les bords de la saillie rejoignent brusquement les bords de la choroïde ; les veines sont congestionnées, augmentées de diamètre, tortueuses. Ces veines cylindriques, avec double contour, disparaissent par place pour reparaître plus loin. Les artères sont petites et rectilignes. Périvasculite en certains points, V = 0 ; emmétropie.

Observation et Phot. 12.

ŒDÈME DE LA PAPILLE. (*OEil gauche.*)

Femme âgée de vingt-six ans. Père mort tuberculeux. Très bonne santé dans l'enfance, ne semble pas avoir eu la syphilis. Il y a trois mois, métrorragie, rhumatisme articulaire subaigu et céphalée surtout à droite. Ces douleurs de tête n'ont jamais disparu complètement, elles sont sourdes. Cette malade est alcoolique depuis deux ans. Sa vue, qui a baissé il y a six mois, a totalement disparu depuis un mois. Aujourd'hui les pupilles sont dilatées, immobiles, sans aucune réaction. La sensation de la lumière est à peine perçue.

M. Rollet, suppléant M. Gayet, pratique une trépanation pour effectuer une décompression cérébrale par écoulement céphalo-rachidien ou enlever une tumeur à laquelle on songe. L'opération ne permet pas de constater la présence d'une tumeur et la malade meurt, trente-huit jours après, sans que sa vue ait été améliorée.

A l'autopsie, on constate une tumeur dure, du volume d'un petit œuf de poule, placée exactement au-dessus du chiasma (cette observation se trouve *in-extenso* dans la thèse de M. Jacqueau, Lyon, 1896). Nous avons noté ce qui suit au point de vue ophtalmoscopique : Emmétropie des deux côtés. A l'image droite O. G., saillie papillaire vue avec + 8 dioptries, et O. D., saillie de la papille + 9 dioptries. On note que la papille est en forme de bouton, proéminente dans le corps vitré ; sa couleur est rosée, fine striation dans le sens des fibres nerveuses. Vaisseaux veineux congestionnés à double contour comme les artères. Veines tortueuses, en tire-bouchons, disparaissant par endroit. Artères rectilignes et filiformes. Pas d'hémorragie, pas de plaque de dégénérescence. Rien à la macula.

Phot. 11. — Papillite œdémateuse.

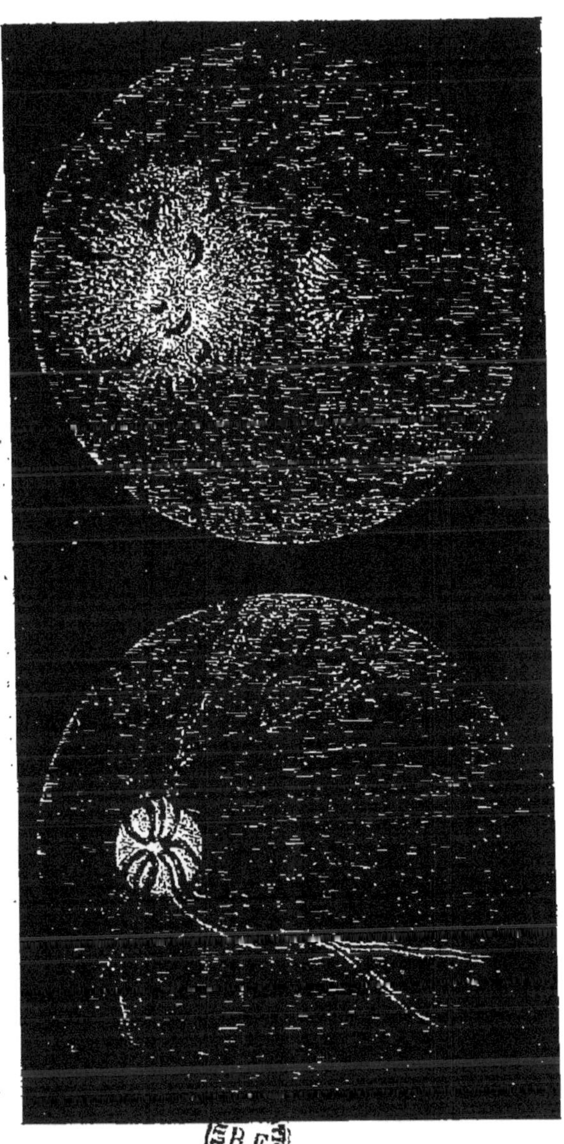

Phot. 12. — Œdème de la papille.

OBSERVATION ET PHOT. 13 ET 14

Observation et Phot. 13 et 14.

ATROPHIE DE LA PAPILLE POST-NÉVRITIQUE.

Œil droit et œil gauche.

M. M..., vingt-quatre ans. Père et mère bien portants. Réglée à dix-neuf ans. Syphilis probable. Il y a trois ans, la malade eut un étourdissement et tomba. Hémiplégie droite sans anesthésie et difficulté dans la parole. Cet état persiste pendant six semaines, puis s'atténue. Il y a deux ans se déclare des céphalées violentes, puis des vomissements bilieux. Douleurs périorbitaires, mouches volantes. A ce moment, MM. les professeurs Gayet et Teissier constatent une névrite optique par étranglement. Il y a un an, les douleurs céphaliques deviennent intolérables, vertiges, bruits de roues, cécité complète de l'œil gauche.

Il y a trois mois malade très faible, ne peut se tenir debout. Douleurs térébrantes dans les membres. La malade accuse à peine la sensation de lumière. Aujourd'hui atrophie bilatérale consécutive à une papillite.

O. D. Papille d'un blanc grisâtre, pas de croissant sclérotical ou choroïdien. Le tissu papillaire a perdu sa transparence, les vaisseaux sont comme plaqués, disparaissant brusquement dès qu'ils commencent à s'enfoncer dans la papille. Pas de dessin en moelle de jonc, pas de différence de niveau. Bords flous, région péripapillaire blanc jaunâtre avec pigmentation irrégulière entourant la papille. Cette auréole est consécutive à la névro-rétinite papillaire par stase. Les vaisseaux, artères ou veines, ont diminué de calibre, ils paraissent misérables. Les veines se distinguent des artères par leur diamètre supérieur et leur coloration rouge plus intense. Pas de double contour. Les vaisseaux maculaires ont disparu. Les artères se perdent à un diamètre papillaire environ. Certaines veines ont conservé des ondulations, traces d'anciennes stases. Elles n'offrent aucune ramification et sont bordées de deux traînées blanches de périvasculite.

Rien à la macula ni dans les parties périphériques.

O. G. A peu près même aspect ophtalmoscopique. Les vaisseaux sont légèrement plus visibles. La papille est plus blanche et ne contient pas de pigment périphérique.

L'autopsie, pratiquée en présence de M. le professeur Teissier avec l'assistance de MM. Devic et Rollet, agrégés, montre une quantité de petits kystes irritatifs non parasitaires, disséminés dans les méninges, spécialement sur la surface convexe des hémisphères. Le nerf optique que nous examinons au microscope présente les altérations suivantes : Les gaines de myéline ont totalement disparu, les cylindreaxes ne sont plus mis en évidence par les colorants ; le nerf est constitué par des fibres incolores entourées de bandes conjonctives épaisses, c'est une sclérose du nerf optique.

Phot. 13. — Atrophie de la papille post-névritique.

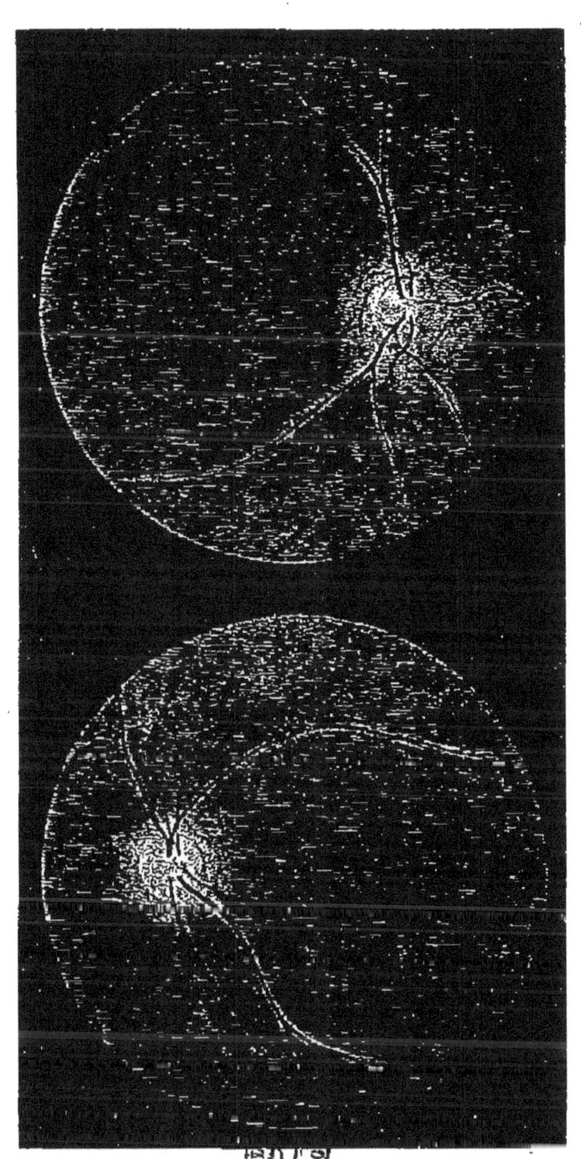

Phot. 14. — Atrophie de la papille post-névritique.

IV. – ATROPHIES DU NERF OPTIQUE.

L'atrophie du nerf optique est déterminée par la disparition de ses éléments nerveux, il en résulte une diminution,
puis une abolition de la vision.

L'atrophie optique peut se développer sans inflammation
préalable, c'est alors l'atrophie simple, primitive. D'autres
fois elle est la terminaison d'une névrite optique, c'est
l'atrophie secondaire, post-inflammatoire ou névritique.

L'atrophie optique primitive peut avoir des causes très
diverses, obscures même. Cette atrophie sera ascendante,
par exemple, à la suite de l'embolie d'une artère rétinienne,
d'une rétinite pigmentaire, d'une rétinite infectieuse, d'un
décollement rétinien ; elle sera au contraire descendante
dans les affections cérébrales, la sclérose en plaques, le
ramollissement, la paralysie progressive, les traumatismes,
les méningites (l'atrophie alors peut être congénitale ou
infantile).

On note l'atrophie optique dans les lésions spinales :
traumatismes du rachis et de la moelle, mal de Pott, myé-
lites (1), et surtout tabes. D'autres fois la cause réside dans
l'orbite (compression du nerf optique par un os, une tumeur),
enfin d'emblée elle apparaît dans les infections, maladies de
la nutrition ou intoxications (syphilis, diabète, alcoolisme,
saturnisme, tabagisme).

En cas d'atrophie optique la papille devient blanche ou
grise, de là les noms d'atrophie blanche ou grise. L'atrophie
blanche est dite aussi cérébrale parce qu'elle survient surtout à la suite des affections du cerveau; l'atrophie grise
est dite spinale parce qu'on la rencontre de préférence dans
les altérations des centres médullaires et des noyaux gris
centraux. Cette notion est vraie en général, mais comporte

(1) Nous venons d'observer avec notre collègue M. Josserand, une
atrophie grise optique dans une poliomyélite antérieure chronique.

des exceptions. Il faut se rappeler que l'atrophie grise se voit principalement dans le tabes et ne pas oublier qu'une papille grise peut devenir crayeuse sur le tard (tabes) et qu'un nerf optique d'abord blanc peut prendre une couleur grise (atrophie optique ascendante de l'œil phtisique).

L'atrophie optique post-névritique ou post-inflammatoire, survient à la suite d'un œdème de la papille ou d'une papillite, lésions si souvent symptomatiques d'une tumeur intracranienne ou d'une inflammation.

I. — *Atrophie blanche.*

Cette atrophie blanche, simple ou cérébrale, a des signes objectifs très reconnaissables à l'ophtalmoscope et très caractéristiques.

Au point de vue ophtalmoscopique on doit reconnaître à cette atrophie optique trois ordres de lésions fondamentales : 1° une modification de la coloration de la papille ; 2° un changement de niveau du disque papillaire et 3° le rétrécissement ou la disparition des vaisseaux rétiniens.

1° *Modification de la couleur de la papille.* — Cette modification consiste dans la disparition de la couleur rose, teinte normale d'une papille saine.

Dans l'atrophie blanche, la papille pâlit tout d'abord. Le secteur nasal, normalement plus vasculaire que le secteur temporal, se confond avec ce dernier comme teinte. Puis si l'atrophie envahit toute la papille, celle-ci devient blanc grisâtre, blanc bleuâtre, permettant de voir les tractus de la lame criblée. Quand l'atrophie sera complète la papille est blanche comme une feuille de papier (*Phot.* 15, 17). Ailleurs existe un certain chatoiement par l'éclairage qui donne à la papille l'aspect nacré de la porcelaine ou de l'aponévrose. Au début il est important de comparer les deux papilles, l'affection étant généralement unilatérale à cette phase.

On notera en outre que le disque papillaire devenu blanc se détache avec une grande netteté dans le fond de l'œil, tranchant avec l'anneau choroïdien et le plan rétino-choroïdien qui l'entourent. L'anneau scléral très souvent se distingue par sa teinte blanche différente de celle de la papille; comme celle d'un staphylome elle est d'un blanc plus pur que celui de la papille atrophiée.

Les gros vaisseaux centraux sont particulièrement visibles dans la papille blanche atrophique, parfois translucide; on peut alors les poursuivre jusqu'à leur émergence de la lame criblée.

Telle est la marche de la décoloration dans l'atrophie d'origine cérébrale, décoloration qui intéresse la totalité de la papille et ne présente aucun signe avant-coureur. Mais l'atrophie optique n'est pas toujours totale, elle peut être partielle (*Phot.* 16) pendant toute son évolution, dans la sclérose en plaques par exemple, où seul le faisceau maculaire est atrophié; de même dans certains cas d'alcoolisme, de névrite rétrobulbaire.

En outre dans les atrophies par infection et intoxication, il y a au début, une période de congestion de la papille à laquelle fait rapidement suite la phase de décoloration.

2° *Changement de niveau du disque papillaire.* — Progressivement dans l'atrophie blanche, les fibres nerveuses, les capillaires et la névroglie disparaissent, aussi en raison de ce processus atrophique, de cette diminution réelle de volume du nerf, la papille s'affaisse, c'est ce qu'on appelle l'excavation atrophique (*Phot.* 39).

Cette excavation atrophique porte sur la totalité de la papille, mais ne s'accompagne jamais de refoulement en arrière de la lame criblée. La lame criblée ne subit aucune modification et constitue le fond de l'excavation. Elle est donc totale, ce qui la différencie de l'excavation physiologique toujours partielle; elle est peu marquée comparativement à celle du glaucome où la lame criblée est déprimée en arrière par l'hypertension intraoculaire.

L'excavation atrophique s'opère lentement par affaissement progressif du tissu papillaire atrophique, aussi ses bords sont mousses. Ces bords lui donnent l'aspect d'une cupule, d'un godet; l'excavation se continue sans arête circonférentielle, sans ressaut avec l'anneau scléral. Ce n'est plus comme dans le glaucome la forme du chaudron, avec bords abrupts et incurvés.

Dans l'excavation atrophique, on reconnaît une papille blanche, parfois avec treillis un peu grisâtre qui montre les tractus de la lame criblée. Souvent périphériquement on note une auréole du choroïdite atrophique circonscrivant la papille.

On reconnaît l'excavation qui se produit au niveau de la papille atrophique par l'examen des bords où les vaisseaux peuvent être coudés ou interrompus; leur incurvation est généralement légère, ce n'est pas un vrai crochet comme dans les cas de glaucome.

Le déplacement parallactique, puisque le fond et les bords ne sont pas dans le même plan, nous montre que l'image du fond de l'excavation est en retard sur celle du bord.

En outre le fond de l'excavation est doué d'une réfraction myopique, ce que l'on constate, en relâchant son accommodation, par l'examen comparatif avec le plan rétinien voisin. Une différence de réfraction de — 3 D. nous indique une excavation de 1 millimètre.

3° *Rétrécissement et disparition des vaisseaux rétiniens.* — Ce phénomène n'accompagne pas toujours l'atrophie blanche. On peut dire qu'en général la décoloration blanche de la papille, due principalement à l'oblitération des capillaires, s'accompagne aussi du rétrécissement des gros vaisseaux rétiniens qui, dans ce cas, peuvent devenir filiformes (*Phot.* 27).

La sclérose vasculaire se localise très longtemps uniquement sur les troncs papillaires. En conséquence la colonne sanguine, en ces points, prend une coloration plus pâle que normalement. La comparaison avec l'autre œil, s'il est sain, aidera beaucoup dans cette appréciation de coloris et on doit se rappeler que l'artère ayant un calibre d'un tiers en moins que celui de la veine, c'est en comparant le volume de ces deux vaisseaux, artère et veine, que l'on pourra affirmer le rétrécissement artériel.

On cherchera à connaître la cause de l'atrophie blanche, car le pronostic est grave dans l'atrophie cérébrale et congénitale : il est relativement favorable, quelquefois et au début, dans la sclérose en plaques et l'alcoolisme. On cherchera s'il y a décoloration partielle ou totale du disque.

En outre, dans l'atrophie optique cérébrale, le champ visuel est rétréci concentriquement et irrégulièrement, il y a réduction égale du champ des couleurs.

Dans l'alcoolisme, il y a dyschromatopsie commençant par le vert et le rouge, puis achromatopsie centrale ; en outre la dyschromatopsie qui, on le sait, peut exister dans toute atrophie, se rencontre dans l'alcoolisme dès le début de l'affection, souvent même au stade préatrophique. Dans la sclérose en plaques, le champ visuel est peu ou n'est pas rétréci à la périphérie, l'affection est unilatérale ; les réflexes pupillaires sont conservés, il y a du nystagmus, des paralysies musculaires associées.

II. — *Atrophie grise.*

Dans l'atrophie grise ou spinale, la papille présente aussi une modification de la coloration normale.

A la teinte rose fait suite une nuance bleu grisâtre. L'anneau sclérotical tranche nettement par sa coloration blanche.

L'atrophie grise ne s'accompagne guère d'une excavation atrophique, qui, si elle se produit, est toujours peu appréciable. De même les modifications des vaisseaux, consistant dans leur transformation et leur disparition, ne se montrent que très tardivement. Le caractère primordial de l'atrophie consiste donc dans sa coloration grise (*Phot.* 18).

Nous voyons qu'à l'ophtalmoscope on peut distinguer une atrophie blanche et une atrophie grise du nerf optique, fait assez important au point de vue du diagnostic de la cause de l'atrophie; nous devons rechercher par quelles modifications de texture la papille a perdu sa coloration normale dans les deux variétés de lésions.

Dans l'atrophie blanche, la coloration est due spécialement à la sclérose ou à l'oblitération des petits vaisseaux de la papille. Privée de ses capillaires, elle perd sa coloration rose d'origine sanguine.

En outre le nerf diminue de volume, car les fibres nerveuses sont détruites et se transforment en cordons conjonctifs (névrite interstitielle); il s'ensuit nécessairement un affaissement, une excavation de la papille.

La dégénérescence graisseuse de ses éléments peut lui communiquer un aspect nacré.

Dans l'atrophie grise, d'après de Jæger, de Wecker et Masselon, il s'agit d'une opacification de la papille. En raison de l'hyperplasie du tissu conjonctif et de la transformation des fibres nerveuses en fibres variqueuses ou en tissu fibrillaire (sclérose parenchymateuse), la papille perd sa transparence. Les petits vaisseaux n'ont pas disparu comme dans l'atrophie blanche, ils sont simplement enfouis et masqués au regard de l'observateur. Les gros vaisseaux ne se voient qu'à leur émergence et on ne peut les suivre à travers la papille jusqu'à la lame criblée. A l'atrophie des fibres nerveuses s'ajoute donc un processus néoformateur qui explique la faible diminution de volume du nerf et le peu de tendance qu'a la papille à s'excaver. Les vaisseaux rétiniens ne disparaissent que très lentement, ce qui correspond aux modifications nulles ou tardives que nous trouvons du côté de l'arbre vasculaire rétinien.

L'atrophie optique tabétique mérite d'être étudiée à part ; c'est le type de l'atrophie grise, sa fréquence est grande, sa gravité très marquée et ses rapports sont si intimement liés avec une syphilis antérieure, qu'Alexander sur 87 cas d'atrophie optique tabétique n'a pas vu un seul cas sans syphilis antérieure (1), opinion qui nous semblerait un un peu trop absolue, si on la généralisait.

L'atrophie débute par un œil, puis l'autre est frappé à son tour. Rapidement, au bout de six à huit mois, l'atrophie est complète et il y a cécité ; d'autres fois la marche est lente. A l'ophtalmoscope, au début on remarque que le secteur temporal de la papille, normalement moins rouge que le secteur nasal, prend une teinte grisâtre. Bientôt toute la papille apparaît d'un gris bleuâtre, mais c'est en général assez tardivement que la papille blanchit. Son aspect alors est d'un blanc tendineux, nacré, elle peut s'affaisser, mais son excavation est toujours assez minime.

Les vaisseaux rétiniens ne présentent pendant longtemps aucune altération appréciable, dans la suite les artères et quelquefois les veines peuvent être atteintes d'un rétrécissement manifeste.

L'atrophie optique se montre dans le tabes, dans la proportion de 26 p. 100 d'après Leber, le fond de l'œil ne serait normal que chez 12 p. 100 des tabétiques (Grosz) (2), c'est dire qu'une complication du côté du nerf optique est fréquemment observée. Un devra au début rechercher les signes précurseurs ou concomitants tels que : rétrécissement du champ visuel irrégulier en secteurs périphériques, dyschromatopsie pour le vert et le rouge, alors que le bleu persiste très longtemps. Un pourra constater des troubles fonctionnels des muscles de l'œil : paralysies isolées des nerfs moteur oculaire commun, moteur oculaire externe, pathétique ; des troubles fonctionnels de la pupille : mydriase, myosis,

(1) Alexander, *Syph. und Auge*, Wiesbaden, 1887.
(2) De Grosz, *Orvosi Hetilap Szem.*, Budapest, 1896.

pupille oblique ovalaire ; enfin le signe d'Argyll Robertson : réaction à la lumière abolie et réaction à l'accommodation conservée.

Le diagnostic de l'atrophie optique tabétique est d'un très grand intérêt. Fait, tout au début de l'affection, il permettra d'instituer immédiatement, pour prévenir la cécité, un traitement énergique, sur l'action duquel il ne faudrait pas compter si l'atrophie avait envahi toute la papille ; d'autre part si la cécité s'est déclarée on pourra porter un pronostic favorable de ce tabes compliqué d'atrophie optique.

C'est Bénédikt qui, le premier, a montré que le tabes est arrêté dans sa marche par la cécité et, comme l'atrophie optique est un signe précoce du tabes, on remarque que l'incoordination motrice ne se montre pas et que les phénomènes douloureux peuvent même s'amender.

L'atrophie papillaire rend le tabes abortif, l'aveugle ne devient pas ataxique (*Obs.* 18), il y a antagonisme entre la sclérose des cordons postérieurs et celle du nerf optique.

Déjerine et Martin (1) ont insisté sur ces faits difficiles à expliquer, mais fréquemment observés en clinique, et ont montré en outre que ces malades ne présentaient pas le signe de Romberg. Les tabétiques aveugles marchent sans trace d'incoordination, alors que, chez le tabétique non aveugle, l'occlusion des yeux rend la station debout et la marche presque impossible.

III. — *Atrophie post-névritique*.

L'atrophie qui succède à la papillite ou à la papillo-rétinite présente des signes ophtalmoscopiques qui permettent de la distinguer de l'atrophie primitive, blanche ou grise.

Dans l'atrophie post-névritique ou post-inflammatoire, la

(1) Déjerine et Martin, *Soc. de biol.*, 1889, — Martin, *Th. de Berne*, 1890. — Déjerine, *Méd. mod.*, 1895.

papille est blanc grisâtre au début, avec bords striés ou nébuleux. C'est un bouton fibreux légèrement proéminent; un exsudat, qui se résorbe lentement, est plaqué au-devant de la papille et la pénètre. Les vaisseaux plongent en certains points nuageux. Les veines sont tortueuses, bordées de filets blanchâtres ; les artères sclérosées aussi se rétrécissent.

Dans la suite et assez rapidement, la papille devient nettement blanche comme dans l'atrophie primitive blanche, elle peut laisser voir les tractus grisâtres de la lame criblée.

L'examen de ses bords et de l'état des vaisseaux permettra de distinguer l'atrophie post-inflammatoire de l'atrophie primitive.

L'inflammation a laissé des traces : les bords de la papille sont confus et ailleurs déchiquetés et échancrés, avec répartition irrégulière de pigment; on n'a pas là, comme dans l'atrophie primitive, l'anneau scléral et le cercle choroïdien nettement et régulièrement dessinés.

En outre, veines et artères à leur sortie de la papille sont recouvertes d'un voile; ces vaisseaux sont bordés d'une ligne blanche de périvasculite ou transformés en cordonnets filiformes ou blanchâtres.

Cette atrophie secondaire se distingue donc aisément de l'atrophie primitive par les traces de l'inflammation de la papille, de la rétine et de ses vaisseaux, qui peuvent persister pendant très longtemps.

Les altérations du système vasculaire y sont toujours plus marquées que dans l'atrophie primitive (*Phot.* 13, 14).

Observation et Phot. 15.

ATROPHIE BLANCHE DE LA PAPILLE.

Œil gauche.

Antoine B..., quarante-trois ans. Paralysie générale et atrophie papillaire bilatérale. Pas de syphilis. A commencé à perdre la vue il y a six mois, de l'œil gauche, puis de l'œil droit. Actuellement V. inférieure à $\frac{1}{50}$. Emmétropie.

O. G. Papille absolument blanche, nacrée ; sur ce fond blanc se détachent avec une extrême netteté les artères et les veines qui ne présentent pas d'altérations. Pas d'excavation.

O. D. Mêmes constatations.

Observation et Phot. 16.

ATROPHIE PARTIELLE DE LA PAPILLE.

Œil droit.

Jean E..., trente-sept ans. Atrophie partielle de la papille d'origine traumatique. Il y a quatre mois coup de bouteille sur l'arcade orbitaire droite. Hémorragies nasale et auriculaire consécutives.

O. D. Papille un peu elliptique à grand axe vertical, léger cercle sclérotical en dehors. Le disque optique est très nettement divisé en deux demi-circonférences, l'une externe et l'autre interne. La première est blanche, atrophique ; un léger cercle grisâtre la sépare du cercle sclérotical. La seconde est de couleur rose, normale. Le déplacement parallactique montre que la partie temporale est excavée en godet, le côté nasal rose est saillant. Hyperpigmentation péripapillaire (anneau choroïdien). Rien ailleurs, vaisseaux normaux.

Rétrécissement du champ visuel, à peine V $= \frac{1}{10}$.

O. G. normal. Emmétropie.

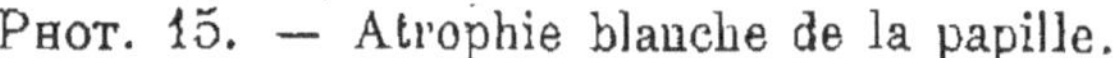

PHOT. 15. — Atrophie blanche de la papille.

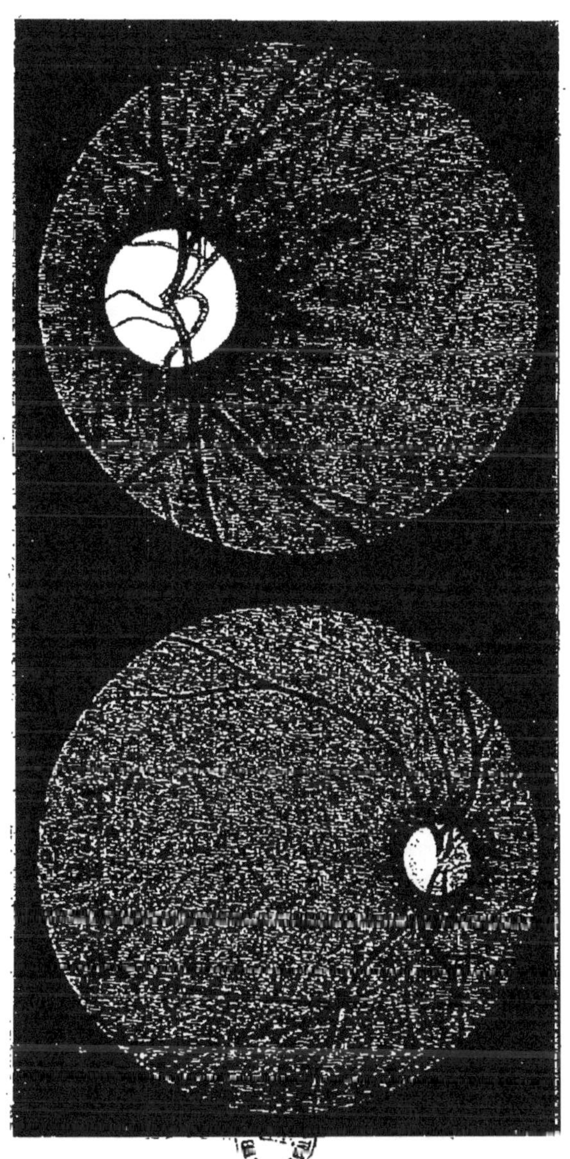

PHOT. 16. — Atrophie partielle de la papille.

OBSERVATIONS ET PHOT. 17 ET 18.

Observation et Phot. 17.

ATROPHIE BLANCHE SYPHILITIQUE DE LA PAPILLE.

OEil gauche.

Claude P..., soixante-sept ans. Atrophie papillaire primitive bilatérale d'origine syphilitique.

A l'âge de vingt-six ans, chancre syphilitique suivi d'accidents secondaires cutanés; quatre enfants dont deux morts en bas âge. La vue a diminué à l'âge de trente-huit ans, mais cet état s'est surtout aggravé depuis quelques années.

O. G. Opacités flottantes du vitré se déplaçant avec rapidité dans le champ ophtalmoscopique. Papille ronde d'un blanc mat, assez uniforme. Léger croissant sclérotical à la partie supéro-externe. Pas d'excavation atrophique. Vaisseaux normaux : trois émergences vasculaires, l'artère centrale de la rétine et les deux veines papillaires. Rien à la macula. $V. = \frac{1}{4}$.

O. D. même état.

Observation et Phot. 18.

ATROPHIE GRISE TABÉTIQUE.

OEil droit.

F..., quarante-neuf ans. En 1881, syphilis soignée par M. le professeur Rollet avec Hg et Ki. Six mois après le chancre, syphilide papulo-squameuse. En 1883, diplopie, paralysie du droit interne gauche, KI 6 grammes. Amélioration. En 1890, dyschromatopsie. Acuité visuelle diminuée. En 1892, douleurs fulgurantes dans les membres inférieurs. En 1894, pas de troubles de la marche, réflexe rotulien aboli, signe d'Argyll Robertson. En 1896, mémoire affaiblie, le malade talonne, se tient assez bien sur ses pieds.

Aujourd'hui (1897) tabes d'origine syphilitique, avec crises rénales et œsophagiennes; arrêt au stade préataxique par atrophie papillaire bilatérale.

O. D. Papille grisâtre. Coloration grisâtre sur les bords et blanche au centre. Cercles scléral et choroïdien. Artères un peu diminuées de calibre, pas d'excavation atrophique, myopie — 2,50. Signe d'Argyll Robertson.

O. G. Même atrophie grise.

$V. = \frac{1}{2} Q.$

Phot. 17. — Atrophie syphilitique de la papille

Phot. 18. — Atrophie grise tabétique

V. — GLAUCOME.

L'importance de l'examen ophtalmoscopique est grande dans l'étude du glaucome, car un des signes les plus importants de cette affection, caractérisée par l'augmentation de la pression intraoculaire, consiste dans la constatation à l'ophtalmoscope d'une excavation de la papille.

Nous disons qu'un œil est atteint de glaucome, ou de glaucome primitif, quand l'affection se déclare à la suite d'angio-sclérose et d'angio-névrose séniles (Panas) et frappe un œil sain ; il s'agit de glaucome secondaire quand l'hypertension oculaire résulte de l'occlusion de l'angle irien par une tumeur intraoculaire, d'adhérences irido-cornéennes, d'une luxation du cristallin... Quelles que soient leurs causes diverses, le glaucome primitif et le glaucome secondaire présentent les mêmes symptômes fonctionnels et ophtalmoscopiques.

Le glaucome revêt plusieurs formes cliniques : glaucome prodromique, glaucome confirmé, aigu ou chronique, glaucome hémorragique.

Glaucome prodromique. — Sans insister trop longuement sur les symptômes du glaucome prodromique nous dirons que le malade se plaint d'une fumée grisâtre qui lui voile les objets, de cercles irisés concentriques qui entourent la flamme d'une bougie. En palpant le globe oculaire on le sent dur.

Par l'examen ophtalmoscopique on va constater des signes du côté des vaisseaux rétiniens artériels et veineux, alors que rien n'est changé du côté de la papille ou des autres régions du fond de l'œil.

Les artères sont un peu rétrécies et on note un pouls artériel rétinien au niveau des grosses branches.

Les battements sont isochrones avec ceux de l'artère radiale. Dans l'intervalle des pulsations l'artère disparaît ou pâlit, elle réapparaît en devenant rouge au moment de la systole cardiaque. Par une pression digitale même faible sur le globe, on peut faire très facilement apparaître la saccade si elle n'existe pas ou si elle n'est que peu prononcée. C'est bien là, comme de Graefe l'a montré, une preuve de l'excès de tension intraoculaire.

En effet on sait que normalement pendant la systole ventriculaire le flot liquide qui pénètre dans l'arbre artériel exagère passagèrement la tension du sang. Et, dans le glaucome prodromique, c'est à cause de cette tension additionnelle que le sang peut pénétrer dans le globe oculaire seulement au moment des systoles.

Ce pouls artériel spontané est essentiellement d'ordre pathologique, il n'en est pas de même du pouls veineux, phénomène physiologique. Mais lorsque la tension intraoculaire est augmentée, comme dans le glaucome, le pouls veineux est plus marqué que normalement et, en raison de la gêne de la circulation en retour, les veines deviennent serpentines et variqueuses. On se rappellera que cette pulsation, caractérisée par une augmentation de calibre de la veine que l'on observe, se produit au moment où disparaît l'artère. On remarque donc alternativement le pouls artériel et le pouls veineux. Le premier correspond à la diastole artérielle et le second à la systole artérielle.

Cet aspect ophtalmoscopique des vaisseaux rétiniens, veineux ou artériels, n'a rien d'absolument pathognomonique, puisque le pouls veineux se rencontre aussi à l'état normal et le pouls artériel chez les cardiaques. Il en sera de même, à ce point de vue, si l'on note quelques petites hémorragies en flammèches le long des vaisseaux.

Il faut donc tenir compte de l'état général du sujet et des troubles fonctionnels oculaires concomitants pour porter le diagnostic de glaucome et instituer de suite un traitement approprié.

A cette phase prodromique qui s'annonce par des poussées

glaucomateuses successives, séparées par des intervalles d'accalmies, fait bientôt suite une période d'état, c'est le glaucome confirmé.

Si le glaucome revêt la forme chronique, sa marche est lente, mais l'affection, abandonnée à elle-même, n'en progresse pas moins, sans arrêt vers la cécité; si le glaucome est aigu, une violente attaque se produit et abolit rapidement la vision. Il est à peine besoin de faire remarquer que les formes intermédiaires sont nombreuses.

Glaucome chronique. — C'est dans le glaucome chronique que l'on peut le mieux étudier les signes ophtalmoscopiques très spéciaux causés par l'hypertonie. Progressivement l'hypertension se développe et augmente en raison de la sécrétion exagérée de l'humeur aqueuse et principalement de son défaut d'excrétion par la fermeture de l'angle iridien et du canal de Schlemm. A la suite de cette rétention oculaire, d'ordre vaso-moteur (1), la papille est refoulée en arrière et ainsi se produit l'excavation glaucomateuse sous l'influence d'un processus dystrophique et par action mécanique. C'est d'avant en arrière que s'exerce la pression qui repousse la papille tout entière, aussi l'excavation dans le glaucome est-elle toujours totale.

Cette excavation n'est pas en forme de puits cylindrique, mais en forme de vase à goulot étroit et à ventre large. Le goulot est formé par l'anneau sclérotical et l'anneau choroïdien, ce dernier a subi une modification atrophique.

Les parois et le fond sont constitués par la lame criblée et les fibres du nerf optique incurvées et refoulées en arrière par la pression.

La lame criblée est donc le point faible de la coque oculaire, celle qui cède en premier lieu à l'influence de l'hypertension intraoculaire et se laisse déprimer en arrière.

Nous allons pouvoir affirmer l'effondrement papillaire en

(1) Démontré aujourd'hui par les effets de la sympathicotomie (Jonnesco, *Acad. de méd.*, 1898).

utilisant les méthodes usuelles qui nous permettent d'apprécier les différences de niveau du fond de l'œil.

A l'examen à l'image renversée, par l'étude du déplacement parallactique, on constate que le fond de l'excavation subit un déplacement plus lent que les bords, qu'il semble animé d'un mouvement inverse.

On en conclut que le fond et les bords de l'excavation ne sont pas situés dans le même plan, puisque leurs positions respectives ne sont point conservées pendant les mouvements de va-et-vient imprimés à la lentille.

A l'image droite, l'observateur, ayant relâché son accommodation, peut apprécier exactement la profondeur de l'excavation qui atteint 1 à 2 millimètres. L'œil observé étant par exemple emmétrope, si, pour voir le fond de l'excavation aussi nettement que le plan rétinien voisin, on doit employer un verre concave de 3 ou 6 dioptries, on en conclura que le puits mesure 1 ou 2 millimètres de profondeur au-dessous de sa margelle scléro-choroïdienne. Au niveau de l'excavation, l'axe antéro-postérieur est allongé et l'œil en ce point est doué d'une réfraction myopique plus ou moins notable, en rapport direct avec la dépression, qu'il est facile d'apprécier, chez l'emmétrope, l'hypérope ou le myope.

A l'image renversée, mais mieux encore à l'image droite, on va remarquer que les vaisseaux rétiniens décrivent un crochet caractéristique sur le rebord de l'excavation. En outre en ce point leur coloration est plus sombre. Cette coloration spéciale est facile à expliquer, quand on songe que l'on ne voit pas le vaisseau et son contenu globulaire suivant son bord antérieur, mais suivant son axe. Le vaisseau examiné de face, et non de profil, prend une teinte plus foncée.

Les vaisseaux après avoir décrit un coude ou même un angle sur le rebord de l'excavation disparaissent brusquement, puis réapparaissent dans le fond, mais là on ne les aperçoit que très indistinctement, ils sont pâles et voilés. Les vaisseaux papillaires et juxtapapillaires n'étant plus situés sur le même plan, on doit s'assurer que leur réfraction n'est pas la même. L'observateur a-t-il accommodé pour voir nettement un vaisseau rétinien, il ne verra que d'une façon indistincte le vaisseau papillaire profond qui possède une réfraction myopique.

D'autre part les vaisseaux du fond semblent ne pas se continuer avec ceux du pourtour.

Après avoir quitté l'arête circonférentielle de l'excavation, les vaisseaux vont suivre ses parois. On comprend que lorsque les vaisseaux rampent sur les parois du sac papillaire, ils soient cachés au regard de l'observateur par l'orifice rétréci. C'est donc le goulot de la fossette pathologique qui donne l'illusion d'une interruption de parcours dans les vaisseaux.

En raison du refoulement de la papille en arrière, les vaisseaux, qui naissent en général du segment interne ou du centre de la papille, sont aussi rejetés latéralement. C'est donc du côté interne que les vaisseaux sont accumulés, c'est sur la partie interne du surplomb de l'excavation qu'ils apparaissent disposés en éventail (*Phot.* 20) et laissant complètement le segment externe de la papille privé de gros vaisseaux.

On voit que l'excavation glaucomateuse présente des caractères très précis qui peuvent cependant être modifiés quelquefois par des malformations congénitales.

C'est ainsi que dans les yeux atteints de staphylome postérieur congénital, l'excavation glaucomateuse pourra porter presque uniquement sur le côté interne de la papille, à la partie externe il existera une dépression qui se fusionne insensiblement avec celle de l'ectasie sclérale.

Les désordres du glaucome ne se limitent pas au disque optique, mais s'étendent à la région péripapillaire.

Tout autour de l'anneau sclérotical apparaît à la longue

une zone blanchâtre à contours plus ou moins réguliers, si bien que l'excavation glaucomateuse peut être bordée d'une couronne atteignant parfois la largeur d'un diamètre papillaire. C'est le halo glaucomateux, l'aréole glaucomateuse, causés par une décoloration de la couche pigmentaire et une atrophie choroïdienne péripapillaire (Schweiger) assez semblable, sauf sa cause, au cercle sénile péripapillaire. Au début on distingue l'anneau sclérotical avec sa couleur tendineuse et tout autour on remarque un deuxième anneau concentrique qui précisément est le halo glaucomateux ; sa coloration n'est pas blanche uniformément, mais jaunâtre, gris rosée ; on peut y voir quelques granulations pigmentaires et quelques vaisseaux de couleur rose, c'est une transformation scléreuse et progressive de la choroïde.

Dans une phase plus avancée, l'auréole glaucomateuse est formée par l'anneau sclérotical et une collerette blanchâtre d'atrophie choroïdienne ne constituant autour de la papille excavée qu'un seul et même anneau blanchâtre. L'atrophie choroïdienne peut devenir diffuse et envahir une grande partie du fond de l'œil.

Progressivement, le fond de l'excavation, de teinte bleuâtre ou verdâtre au début, blanchit et les fibres nerveuses dégénèrent en raison de leur compression par l'hypertension et de leur coudure brusque sur l'arête circonférentielle de l'excavation.

A l'ophtalmoscope on constate alors une excavation totale de la papille accompagnée d'atrophie optique. La papille est excavée, pâle et atrophiée dans toute sa surface.

On ne confondra pas, quoique une erreur de diagnostic de ce genre ait peu d'importance, une excavation glaucomateuse atrophique avec l'excavation atrophique simple, dans laquelle la papille primitivement atteinte d'atrophie s'excave secondairement.

Dans l'excavation atrophique, on ne trouve pas comme

dans le glaucome une fosse avec bords taillés à pic, mais
une dépression légère en forme de godet se continuant avec
les tissus périphériques sans arête circonférentielle, et
n'ayant pas de bords. L'excavation atrophique est totale
(*Phot*. 39), mais a une profondeur très peu marquée, puisqu'elle est due seulement à la disparition
des fibres nerveuses sans refoulement
ou ectasie de la lame criblée.

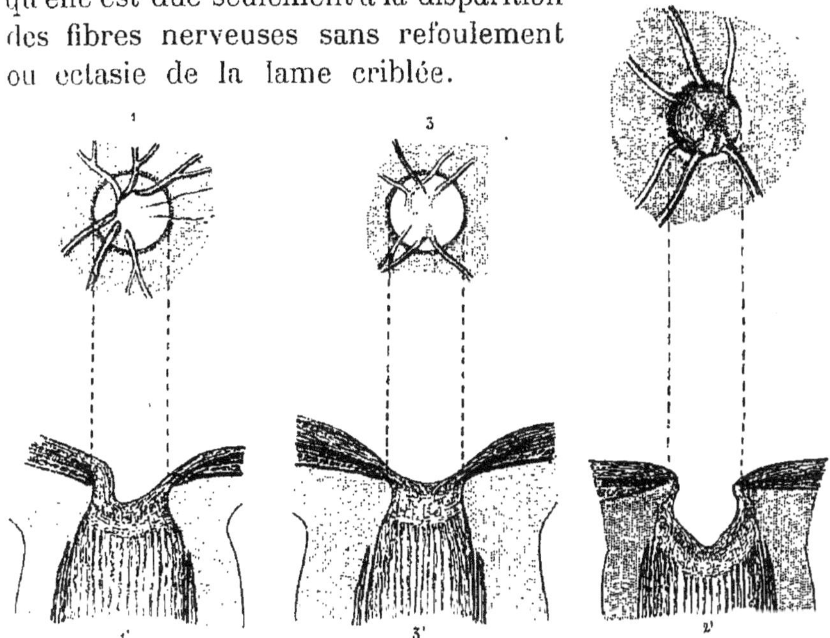

Fig. 69 (schématique). — Excavations de la papille.

1, excavation physiologique de la papille. Elle est partielle. Segment
nasal (gauche sur la fig.) abrupt, coude des vaisseaux sur ce rebord de
tissu sain. Segment temporal (droit sur la fig.) en pente douce ; 2, excavation glaucomateuse. Elle est totale, en forme de vase à goulot étroit
et à ventre large. Coude des vaisseaux sur l'auréole et l'anneau scléro-
choroïdien ; 3, excavation atrophique de la papille. Elle est totale, en
pente douce. Vaisseaux rétrécis, ondulés sur les limites papillaires, vus
indistinctement sur l'excavation.

Un diagnostic beaucoup plus important, puisque il s'agit
de reconnaître si l'œil est sain ou malade, consiste à différencier l'excavation glaucomateuse de l'excavation physiologique (fig. 69).

L'excavation glaucomateuse, nous l'avons dit, porte toujours sur la papille entière, aussi diffère-t-elle de l'excavation physiologique où, même dans les formes les plus accentuées (*Phot.* 4), on reconnaît une demi-lune ou un anneau étroit de papille rosée de niveau avec le plan rétinien voisin. L'excavation physiologique est donc toujours partielle (*Phot.* 3, 4). Il suffit du reste de se rappeler que dans l'excavation glaucomateuse les vaisseaux se coudent sur les limites de la papille (anneaux scléral et choroïdien) et qu'en cas d'excavation physiologique le crochet des vaisseaux embrasse une portion normale de la papille. Dans le premier cas le coude s'opère sur un tissu blanc, dans le second sur un plan rosé.

Du reste, là comme ailleurs, pour assurer le diagnostic de l'affection on devra rechercher les signes fonctionnels : l'anesthésie de la cornée, la réduction du pouvoir accommodateur, la diminution du champ visuel surtout du côté nasal.

L'excavation papillaire est de tous les signes celui qui a la plus haute valeur, mais il n'apparaît qu'au bout d'un certain temps, le refoulement ne se produisant que progressivement.

Glaucome irritatif ; Glaucome aigu. — Dans le glaucome chronique irritatif (de Wecker) où l'on note des signes d'inflammation du segment antérieur de l'œil, mais surtout dans le glaucome aigu, il est souvent difficile de pratiquer l'examen ophtalmoscopique. La pupille, à reflet verdâtre, est légèrement dilatée alors, mais la cornée mate, chagrinée, œdémateuse, semblable au verre dépoli, empêche toute exploration du fond de l'œil. C'est principalement pendant l'attaque aiguë de glaucome que le fond d'œil est inéclairable en raison des altérations cornéennes plutôt qu'à cause des troubles des milieux ; plus tard l'examen ophtalmosco pique redevient possible. Il reste praticable dans l'attaque subaiguë, pendant laquelle l'image du fond de l'œil devient floue (*Phot.* 19).

Glaucome hémorragique. — Nous signalerons enfin le

glaucome hémorragique qui au point de vue ophtalmoscopique, se rapproche beaucoup plus de la rétinite hémorragique que du glaucome. C'est une maladie spéciale où l'on
note des hémorragies rétiniennes produites soit par de
petits anévrysmes miliaires (Liouville, Laqueur), soit par
une dégénérescence hyaline ou fibreuse des parois vasculaires (Valude et Dubief) (1).

C'est ainsi que chez un artério-scléreux on verra apparaître
des hémorragies rétiniennes au niveau de la papille ou
dans un point quelconque du fond de l'œil le long des
vaisseaux. Ces hémorragies sont semblables à celles que
nous avons décrites à propos des apoplexies rétiniennes,
mais leur pronostic est tout autre. Dans le glaucome
hémorragique, elles sont le signe avant-coureur d'un durcissement de l'œil qui survient avec le cortège symptomatique
du glaucome foudroyant, deux à six semaines après la production des hémorragies (Panas); il y a une abolition complète de la vision. Dans cette affection on ne pourra pas se
guider sur l'excavation glaucomateuse, très peu prononcée et
même généralement nulle dans la période des hémorragies
rétiniennes, seul moment où le fond d'œil soit éclairable:
aussi il y a tout lieu de distinguer comme l'a fait de Bourgon (2), le glaucome ordinaire qui peut se compliquer d'hémorragies, du glaucome hémorragique, entité spéciale qui
est sous la dépendance d'une maladie généralisée du
système cardio-vasculaire (Valude).

(1) Valude et Dubief, *Annal d'ocul.*, 1892.
(2) De Bourgon, Thèse de Paris, 1892.

Observation et Phot. 19.

ATTAQUE DE GLAUCOME SUBAIGU. (*OEil gauche.*)

R..., soixante-deux ans, il y a deux ans s'est aperçue que sa vision s'obscurcissait ; elle voyait des cercles irisés autour des flammes. On lui fait une opération à la suite de laquelle il y a infection et perte de l'œil droit. Depuis quelques jours, à la suite d'un refroidissement, elle s'aperçoit de troubles de son œil gauche : léger brouillard, douleur périorbitaire.

Depuis hier, elle a constaté avec effroi que sa vue a baissé considérablement. Avant-hier elle lisait son journal, aujourd'hui elle peut à peine se conduire. Elle distingue les doigts à 60 centimètres.

A l'examen, injection périkératique, dépoli très net de l'épithélium antérieur de la cornée. Chambre antérieure très rétrécie. L'iris à moitié dilaté est projeté contre la face postérieure de la cornée. Il est immobile, ne réagit ni à la lumière, ni à l'accommodation. La pupille est un peu verdâtre. A l'ophtalmoscope, trouble des milieux jetant un voile sur l'image ophtalmoscopique.

Les gros détails seuls s'entrevoient comme à travers un brouillard. L'image renversée avec le miroir concave permet seule de distinguer la papille ; par le déplacement parallactique, on note une excavation. Cette excavation est entourée d'un cercle d'atrophie péripapillaire, on aperçoit les veines grâce à leur coloration, on n'en distingue pas les ramifications. Les artères ne se voient pas. Il s'agit d'une attaque de glaucome subaigu.

Observation et Phot. 20.

GLAUCOME CHRONIQUE SIMPLE. (*OEil droit.*)

F..., soixante-trois ans. Rhumatisme chronique. Il y a trois ans la vue a baissé. Début par l'œil droit. Peu à peu, sans rougeur, la vue a commencé à diminuer du côté gauche il y a un an. Brouillard progressif.

Actuellement, O. D. rien extérieurement, pas d'hypérémie périkératique. La chambre antérieure ne semble pas rétrécie. L'iris réagit avec paresse. Aspect légèrement verdâtre de la pupille. Tonus à peine exagéré. Opacité fixe sur la cristalloïde postérieure dans le secteur inférieur, apparaissant comme un rayon blanc à l'éclairage oblique. Rien au vitré. Papille excavée. Aspect gris verdâtre ; vaisseaux en baïonnette. Bords taillés à pic. Dépigmentation et atrophie péripapillaire. Ne distingue que les doigts à 10 centimètres ; ne voit pas les mires du champ visuel. Réfraction statique, emmétropie. Fond de l'excavation vu avec — 5 d.

O. G. Rien extérieurement, aspect glauque de la pupille, pas de troubles du vitré, ni du cristallin. Papille excavée dont le fond est vu avec — 4. Emmétropie à l'image droite. Large anneau péripapillaire de choroïdite atrophique. $V = \frac{1}{8}$. Champ visuel rétréci.

Phot. 19. — Attaque de glaucome subaigu.

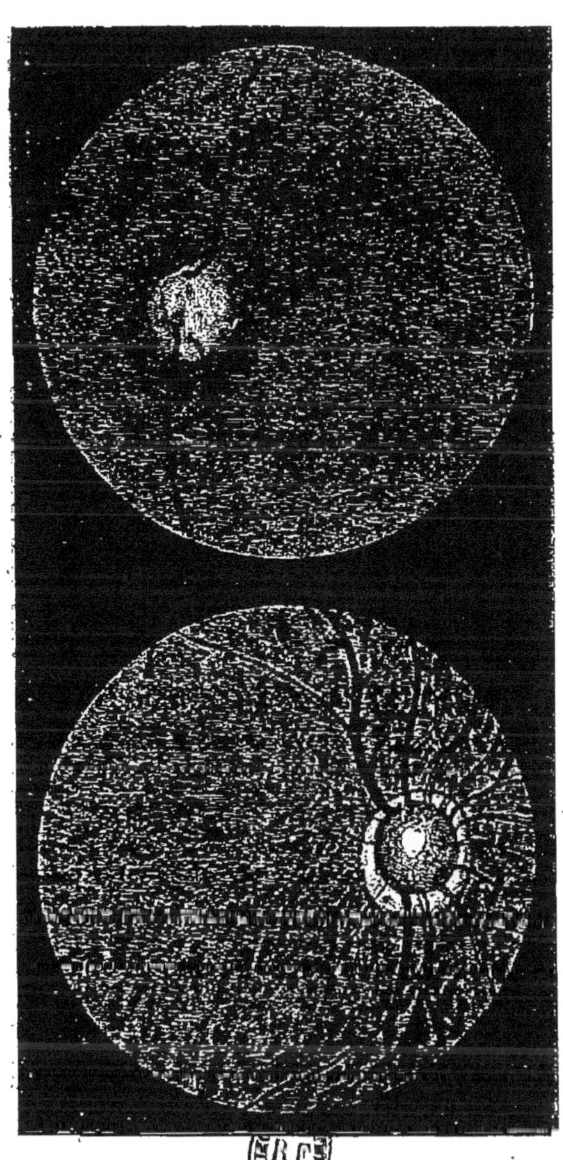

Phot. 20. — Glaucome chronique simple.

VI. — TUMEURS DU NERF OPTIQUE.

I. — *Verrucosités hyalines de la papille.*

Ces productions verruqueuses, hyalines, ne viennent ni de la choroïde, ni de la lame criblée, il s'agit de verrucosités qui naissent primitivement dans la couche des fibres nerveuses de la papille ou de son pourtour sans relation avec les vaisseaux. Constituées par de petites cavités à contenu mucilagineux comme l'ont montré Gurvitsch (1) et de Schweinitz (2), ces verrucosités semblent être des productions kystiques à évolution lente et qui laissent la vision tout à fait indemne.

A l'ophtalmoscope, au niveau de la papille ou sur son pourtour, on aperçoit une série de petites masses arrondies, disposées en chapelet ou en grappe. Si ces masses sont confluentes, elles proéminent légèrement et prennent un aspect mûriforme. Elles forment à la papille une sorte de collerette godronnée à points scintillants ressemblant à des stalactites, à des gouttes de plâtre desséché (Terson) (3).

Suivant leur point d'implantation, les vaisseaux sont soulevés ou déjetés sur leur côté, il en est de même de l'anneau choroïdien péripapillaire. Ces masses sont tantôt opaques, et de coloration jaunâtre ou blanchâtre, tantôt translucides et de couleur rose, pouvant briller comme des cristaux de cholestérine.

On ne les confondra pas avec les prolongements anormaux de la lame criblée, quoique dans les deux cas le pronostic soit le même : intégrité de la vision. On les distinguera des reliquats inflammatoires, des produits régressifs où les masses sont miroitantes, mais avec altération des vaisseaux.

(1) Gurvitsch, *Central. f. Augen*, 1891.
(2) De Schweinitz, Philadelphie, 1892.
(3) Terson, *Arch. d'ophtal.*, 1892.

ROLLET. — *Traité d'ophtal.*   15

II. — *Néoplasmes du nerf optique*.

Le nerf optique, dans sa portion orbitaire, peut être le siège d'un néoplasme primitif.

Dans ce cas, la tumeur dérive presque toujours du type conjonctif, elle s'est développée dans le stroma lamelleux du nerf, il s'agit alors le plus souvent d'un myxome ou d'un sarcome.

Que nous apprend l'examen ophtalmoscopique ?

Dans la majorité des cas, la tumeur qui évolue lentement en arrière du globe, détermine un œdème ou une congestion de la papille, puis plus tardivement, une atrophie optique.

On constatera que la papille est tuméfiée, qu'elle proémine vivement, que ses bords sont flous et mal délimités. D'autres fois, elle est moins œdémateuse, c'est la congestion et l'inflammation qui dominent, ce sont les signes de la papillite.

L'œdème de la papille s'accompagne de lésions vascuaires. Les veines sont gonflées et tortueuses, les artères sont amincies et disparaissent dans les tissus infiltrés.

Progressivement, la papille s'affaisse, puis elle blanchit, on a alors les signes d'une atrophie optique secondaire ; il est plus rare de voir une atrophie optique primitive, c'est-à-dire, sans le stade antérieur de congestion papillaire.

On voit, par cette description, que ces signes ophtalmoscopiques ne sont en rien pathognomoniques. Ils doivent s'accompagner d'autres symptômes pour permettre le diagnostic de tumeur du nerf optique et pour ainsi assurer l'intervention qui doit être sanglante et hâtive.

Exceptionnellement à l'ophtalmoscope on a rencontré des images assez caractéristiques. C'est ainsi que de Graefe a vu un gonflement localisé en une portion de la papille, faisant penser à une infiltration néoplasique, que Jacobson (1) en-

(1) Jacobson, *Arch. f. Opht.*, 1864.

core a constaté une petite masse bleu clair, saillante, au niveau de la papille et dépourvue de vaisseaux ; à son côté, se
trouvaient une plaque brunâtre et une zone vascularisée avec
agrandissement du cercle choroïdien.

En somme, les néoplasmes du nerf optique se développent
dans la cavité orbitaire, et même intracranienne, mais ont
très peu de tendance à franchir la lame criblée, c'est-à-dire,
à gagner l'œil où leur présence est soupçonnée seulement
par des signes de stase ou d'inflammation papillaire, mais
non pas des symptômes d'envahissement néoplasique.

L'examen ophtalmoscopique n'a pas ici la même importance qu'en cas de tumeur rétinienne, et on devra dans la
recherche de ces néoplasmes, fréquents surtout chez les enfants, s'appuyer sur d'autres symptômes bien étudiés par
Panas et Jocqs (1).

Avec le doigt enfoncé dans le sillon orbito-palpébral, on
peut reconnaître une masse dure, indépendante de la paroi
osseuse, suivant les mouvements de l'œil. L'œil, en effet,
conserve sa mobilité, mais il y a de l'exophtalmie en dehors
et en bas, de la diplopie par déviation du globe oculaire, de
l'hyperopie par raccourcissement de l'axe antéro-postérieur
et souvent une abolition très rapide de la vision. Plus tardivement, ce sont des douleurs, des phénomènes cérébraux et
enfin, des troubles de la cornée, ne permettant plus l'examen ophtalmoscopique.

(1) Jocqs, Thèse de Paris, 1887.

CHAPITRE II

AFFECTIONS DE LA RÉTINE

I. — LÉSIONS TRAUMATIQUES DE LA RÉTINE.

1. — *Commotion de la rétine.*

Berlin a décrit autrefois la commotion de la rétine caractérisée à l'ophtalmoscope par l'œdème de cette membrane.

C'est à la suite d'un choc porté sur l'œil, surtout par des corps mousses ou élastiques, par exemple un ballon, une boule de neige, un bouchon de champagne, ou encore avec un bâton, qu'apparaissent les signes de la commotion de la rétine.

Aussitôt après le traumatisme, à l'examen ophtalmoscopique, on note dans une région circonscrite du fond de l'œil une opacité d'un blanc laiteux, un œdème rétinien grisâtre ; ses bords sont nets ou dentelés ; les vaisseaux rétiniens à ce niveau passent intacts et tranchent nettement par leur réseau sombre. La papille est parfois hypérémiée. Ce foyer nébuleux peut être unique, d'autres fois, il en existe deux.

On a admis que c'était au point frappé qu'il siégeait ; Max Linde s'appuyant sur plusieurs cas l'a toujours constaté à l'endroit directement opposé au point d'application du choc. Berlin, dans ses expériences chez le lapin, a vu deux foyers, l'un au point percuté, l'autre, dans une zone diamétralement opposée. Cliniquement, il est fréquent d'observer un foyer équatorial, accompagné d'un foyer maculo-papillaire.

C'est donc au pôle postérieur que l'on recherchera les lésions de la commotion : un foyer nébuleux blanc jaunâtre ou blanc bleuâtre, dessinant un anneau autour de la papille et de la macula ou un croissant ouvert du côté de la macula. C'est également aux régions équatoriales, que l'on remarquera les altérations rétiniennes.

Berlin, en frappant des yeux de lapins avec une baguette de caoutchouc, a reproduit expérimentalement l'œdème gris blanchâtre rétinien. La rétine est infiltrée, la couche des cônes et bâtonnets traumatisée et on note un épanchement sanguin entre la choroïde et la sclérotique.

C'est en général au bout de trois jours que tout signe pathologique a disparu à l'ophtalmoscope dans cette affection passagère et à pronostic bénin.

Toutefois, à côté des formes légères, il peut exister une forme grave: on doit à de Wecker un cas de commotion terminé par une atrophie papillaire et rétinienne. Max Linde sur 17 cas, dit n'avoir trouvé que 3 fois des complications consistant en hypohéma, hémorragie rétinienne et rupture choroïdienne.

On ne confondra pas les signes ophtalmoscopiques de la commotion de la rétine avec ceux de l'embolie des artères rétiniennes. Les commémoratifs et l'absence des lésions vasculaires lèveront les doutes. On se rappellera que dans le décollement de la rétine, produit brusquement par un traumatisme, il n'y a pas cet aspect blanchâtre, la rétine décollée est plus transparente, les vaisseaux décrivent un coude sur les bords du décollement, qui présente des plis et une différence de niveau très appréciable.

Voici, d'autre part, les symptômes de la commotion de la rétine :

Aussitôt, après le traumatisme, on note de la douleur, de la photophobie : il y a un peu d'injection périkératique, la pupille réagit très lentement à l'action de l'atropine. La diminution de l'acuité visuelle centrale, serait la conséquence d'un astigmatisme cristallinien, traumatique, déterminé soit par des hémorragies de la région ciliaire (Berlin), soit par le tiraillement de la zonule au moment du choc (Max Linde). D'autres fois, la diminution de la vision centrale est produite par des contusions maculaires. On peut ne pas observer de rétrécissement du champ visuel qui, dans certains cas, peut cependant être constaté (Ostwalt, Mackrocki).

La commotion de la rétine se rapproche de la commotion de l'encéphale et, comme cette dernière, elle donne lieu à des controverses au point de vue de la physiologie pathologique. Berlin l'explique par l'hémorragie choroïdienne suivie d'œdème rétinien; Hirschberg, par l'ischémie des vaisseaux; de Wecker, par la disjonction des éléments sensoriels rétiniens par un liquide épanché; Max Linden, par une contusion du globe entier, le corps vitré étant le corps contondant; Rudolf Denig, par un froissement et une infiltration de la macula dans les formes graves.

Il semble bien que l'œil, plus dépressible et plus élastique encore que le crâne, obéisse aux mêmes lois. Nous pensons que l'on rencontre dans la commotion rétinienne comme dans la commotion cérébrale, une action par contre-coup, avec cône de dépression au point percuté et cône de soulèvement à l'extrémité opposée de l'axe de percussion, ce qui expliquerait la présence fréquente de deux foyers nébuleux, l'un direct, l'autre indirect.

Quand les effets de la commotion s'exagèrent, il y a contusion et là alors dans ce deuxième degré, nous constatons les hémorragies choroïdiennes.

Bibliographie.

Berlin, *Klin. Monatsbl. f. Augenh.*, 1873. — De Wecker et Landolt, *Traité complet d'opht.*, IV, 1896. — Mackrocki, *Arch. f. Augenh.*, 1892. — Max Linde, *Centralbl. f. Augen.*, 1897. — Ostwalt, *Centralbl. f. Augen.*, 1887. — Rudolf Denig, *Arch. f. Augen.*, 1896.

II. — *Ruptures de la rétine.*

Les ruptures de la rétine peuvent n'intéresser que les couches externes de la rétine ou la rétine tout entière. Dans le premier cas, les vaisseaux rétiniens passent intacts au-devant de la lésion, dans le deuxième cas, leur parcours est interrompu.

On notera la présence de scotomes et une diminution de l'acuité visuelle.

Quoique tout trouble puisse disparaître après la résorption de l'épanchement sanguin, en d'autres cas, les éléments sensoriels rétiniens peuvent être étouffés dans le processus cicatriciel, qui aboutit à la formation de lignes crayeuses, bordées de pigment ou de tractus grisâtres, vestiges de la rupture rétinienne.

On ne confondra pas les ruptures rétiniennes avec les déchirures de cette membrane, que l'on rencontre dans les décollements, leur mécanisme est tout autre et on n'a pas alors à invoquer une cause traumatique.

III. — *Plaies et corps étrangers de la rétine et de la choroïde.*

Il n'est pas très rare de voir pénétrer dans l'œil des particules métalliques qui, après avoir traversé la sclérotique ou le vitré, vont se fixer dans la rétine ou la choroïde. Ces corps étrangers sont tolérés quand ils sont aseptiques, alors il s'agit principalement de petits éclats d'acier. C'est avec une grande facilité que l'on peut les examiner à l'ophtalmoscope, ainsi qu'il nous a été donné de le faire dans deux cas.

Les signes de la présence de ces corps étrangers ont été bien étudiés et on en trouve des cas rapportés dans les divers recueils.

Signalons les travaux les plus récents de Hurzeler (1), Jeulin (2), Baudry (3).

Aussitôt après l'accident on peut reconnaître le corps étranger fixé dans la rétine, à son aspect brillant, à sa forme insolite ; dans la choroïde, il est généralement masqué par un épanchement sanguin.

Rapidement, à la rétine, se produit un œdème trouble qui environne le corps étranger, les fibres nerveuses s'épaississent et deviennent variqueuses, d'où l'aspect d'un foyer de rétinite.

Dans la suite, l'exsudat rétinien a disparu, il reste une plaque de rétino-choroïdite atrophique, reconnaissable à sa coloration blanche mouchetée de taches pigmentaires, et à la disparition des vaisseaux.

Au niveau de la choroïde, le corps étranger s'entoure aussi d'un foyer de choroïdite, les recherches anatomo-pathologiques ont montré qu'il peut s'envelopper d'une coque fibreuse avec sels calcaires. Haab (4) a appelé l'attention sur la cicatrice blanchâtre, laissée dans un point du segment postérieur de l'œil par un fragment qui, après l'avoir frappé, vint se loger par ricochet dans le corps ciliaire, c'est-à-dire dans le segment antérieur.

On comprend que, à part des complications toujours redoutables, qui peuvent se produire, même longtemps après le traumatisme, certains corps étrangers n'altèrent que peu la vision. Souvent, on ne constate que quelques lacunes du champ visuel.

En tout cas, que le corps étranger s'enkyste ou qu'il subisse une migration, comme tout corps étranger qui a pénétré dans les tissus, il peut ne plus être distingué à l'opthalmoscope, au bout de quelque temps.

(1) Hurzeler, *Beiträg. z. Augen.*, 1893.
(2) Jeulin, Th. Paris, 1894.
(3) Baudry, *Traumatismes de l'œil*, Lille, 1895.
(4) Haab et Terson, *Atlas d'opht.*, Paris 1896

II. — TROUBLES CIRCULATOIRES DE LA RÉTINE.

I. — *Embolie de l'artère centrale de la rétine ou d'une de ses branches.*

C'est brusquement, sans douleur et sans aucun phénomène inflammatoire, que se déclare la cécité dans l'œil où se produit une embolie de l'artère centrale de la rétine (de Graefe, 1859), cécité le plus souvent irrémédiable.

Le caillot migrateur s'arrête en général dans l'artère centrale de la rétine dans la portion située en arrière de la lame criblée, c'est du reste là que Schweigger le trouva pour la première fois dans un examen micrographique. L'embolus traverse donc assez difficilement le passage rétréci de la lame criblée comme l'ont établi encore récemment les recherches de Marple et de Nuel.

Cette embolie est déterminée par un caillot détaché qui, emporté par le courant sanguin, vient échouer en cette région qui est plus ou moins éloignée de son foyer d'origine.

Le caillot peut n'oblitérer que partiellement la lumière de l'artère ou même se déplacer dans la suite, de là une cécité incomplète ou des retours temporaires de la vue. Mais ces faits sont très exceptionnels, car l'embolus adhère très rapidement aux parois du vaisseau et constitue un véritable bouchon oblitérateur.

Fischer, dans une statistique de 129 cas, a noté que 91 fois l'embolie se produisait chez des malades atteints de lésions valvulaires du cœur. D'autres fois les anévrysmes de l'aorte ou des carotides, l'athérome, les maladies infectieuses, l'alcoolisme, doivent être incriminés. L'embolie n'est pas un accident rare, elle s'observe surtout chez l'adulte, parfois chez l'adolescent (nous en avons vu 2 cas chez des sujets adolescents) ou le vieillard ; dans ce dernier cas, il y a souvent hémiplégie par embolie concomitante de l'artère sylvienne, tel un malade que nous avons observé dans le service de M. le professeur Teissier.

Les signes fonctionnels et l'aspect ophtalmoscopique diffèrent suivant qu'il y a embolie de l'artère centrale ou d'une de ses branches.

1° Embolie de l'artère centrale de la rétine. — Dans l'embolie du tronc de l'artère centrale les phénomènes diffèrent suivant l'époque où il est donné d'examiner le malade.

Quelques heures après l'apparition de la lésion, vingt minutes après (de Schweinitz), les artères qui émergent de la papille ont diminué de volume, leur trajet est plus rectiligne. Elles sont réduites à l'état de fils blanchâtres et on ne peut distinguer leurs rameaux périphériques.

Si l'on recherche le phénomène du pouls artériel par la pression digitale du globe oculaire, on remarque que, malgré l'influence de la systole cardiaque, les artères sont toujours filiformes et ne reçoivent plus la pulsation caractéristique.

Les veines présentent un état différent suivant qu'on les examine près de la papille ou vers l'équateur. Près de la papille elles sont rétrécies, à l'équateur elles sont élargies. Elles peuvent disparaître en certains points, ailleurs on remarque un vestige de colonne sanguine, plus loin il existe un infarctus hémorragique, une plaque rougeâtre qui masque le parcours de la veine.

Il existe un œdème brumeux dans la zone péripapillaire et la région maculaire ; ces deux taches sont séparées par une portion de rétine d'aspect normal.

Assez rapidement les deux foyers brumeux se rapprochent. Le voile de la papille se poursuit sur le parcours des vaisseaux et gagne tout le plan rétinien. Le trouble devient général, la rétine privée de ses vaisseaux fonctionnels, perd sa transparence.

La suffusion opaline qui recouvre la rétine est toutefois moins épaisse vers les régions équatoriales. Fait à noter, la macula seule se détache pas sa couleur rougeâtre au milieu de l'exsudation rétinienne grisâtre (*Phot.* 21). Cette coloration a été attribuée à une hémorragie maculaire, à une injection des capillaires (Nuel), souvent il s'agit seulement d'un effet de contraste avec les parties voisines infiltrées. A la macula le rouge choroïdien est visible en raison de la minceur de la rétine ; c'est la tache rouge du fond du puits maculaire dont le pourtour est infiltré.

Dans la suite, au bout de deux à trois semaines le brouillard œdémateux rétinien disparaît et la rétine recouvre presque complètement sa transparence. Les vaisseaux artériels sont tellement rétrécis qu'ils sont à peine perceptibles sous la forme de cordonnets blanchâtres ; les veines peuvent être normales sauf près de la papille où elles ont diminué de calibre. Parfois au pourtour de la macula on remarque un piqueté blanchâtre et miroitant, indice d'une dégénérescence de la rétine ou reliquat de fines hémorragies. Dans la plupart des cas la papille blanchit, elle s'atrophie et s'excave.

Le pronostic pour la vision est très souvent fatal. On a publié cependant des cas de guérison par le massage oculaire, ainsi que des guérisons ou améliorations spontanées. Dans les cas heureux la circulation peut n'avoir pas été complètement interrompue, car l'oblitération de l'artère par le caillot a été incomplète ou la contraction de l'artère au niveau de l'embolus a cessé (Schnabel, Elschnig). Dans d'autres cas la circulation s'est établie par le système ciliaire (Holden) ou bien il s'est produit une désagrégation du caillot.

Quoi qu'il en soit, ces faits sont exceptionnels, et il importe de ne pas confondre l'ischémie par embolie avec l'hémorragie des gaines, lésion qui a des signes souvent identiques et dont le pronostic est beaucoup plus bénin.

On peut dire en définitive qu'on ne doit guère compter sur le retour de la perception visuelle qui, malgré le rétablissement de la circulation, ne sera jamais parfaite à cause des altérations rétiniennes. Il est à noter heureusement que l'embolie ne se produit que d'un seul côté, une embolie bilatérale est très rare.

2° **Èmbolie d'une branche de l'artère centrale de la rétine.** — Quand le caillot s'arrête dans une des branches de l'artère centrale de la rétine, il y a abolition soudaine de la vision dans une moitié, dans un quart du champ visuel ou seulement encore dans la zone papillo-maculaire (Perles, Hirsch). Les lacunes du champ visuel seront de formes diverses et leurs irrégularités s'expliquent par les variations de distribution des artères rétiniennes.

C'est au niveau du territoire de la branche obstruée que l'on constatera le rétrécissement de l'artère, l'absence de pouls artériel, l'exsudation sous forme de voile opalin ; il en résultera une atrophie papillaire généralement partielle, mais qui peut être totale (Jocqs).

On pourra soupçonner plutôt que constater à l'ophtalmoscope la présence de l'embolus, car le caillot et l'artère vide de sang se confondent en une même traînée blanchâtre.

Plus fréquemment que dans l'embolie de l'artère centrale, où toute circulation est abolie, on remarque dans l'embolie partielle que les veines satellites sont tortueuses, engorgées et donnent lieu à des apoplexies rétiniennes (Knapp).

L'infarctus est dû à la stase sanguine du réseau capillaire et de la veine satellite où il existe un excès de pression ; on peut encore l'attribuer au reflux du sang des veines normales dans la veine où manque l'influence de la vis à tergo. C'est du reste ce qui arrive aux poumons dans les cas d'embolie artérielle. Ces hémorragies laissent à leur suite des traînées de sclérose ou de dégénérescence graisseuse qui peuvent finalement disparaître.

Le pronostic de l'embolie partielle est moins sombre que

celui de l'embolie totale parce que la perte de fonction ne s'étend qu'à une portion de la rétine.

Il variera suivant que l'obstruction siège en deçà et au delà du point d'origine des artères maculaires, suivant que l'embolus est situé dans un tronc artériel ou dans une de ses branches nasale ou temporale. On a pu voir au milieu d'un trouble laiteux, diffus, un petit espace normal triangulaire à sommet maculaire, seules alors sur la rétine les artères maculaires étaient perméables. Au contraire on a cité des cas d'embolie limitée à ces artères, avec perte de la vue du triangle rétinien papillo-maculaire qu'elles irriguent, alors qu'il y avait conservation de la vision dans tout le reste de la rétine.

Il est facile de concevoir les divers aspects ophtalmoscopiques du fond d'œil suivant la localisation de l'embolie ainsi que leurs conséquences plus ou moins graves pour la vision.

Bibliographie.

Marple, New-York, 1895. — De Schweinitz, *Assoc. méd. Améric.*, Détroit, 1892. — Elschnig, *Arch. of Opht.*, 1893. — Holden, *Arch. of Opht.*, XXII. — Perles, *Centr. f. Augen.*, 1891, 1892. — Hirsch, Wiesbaden, 1897. — De Graefe, *Arch. f. Opht.*, 1859. — Fischer, Leipzig, 1891. — Knapp, *Arch. f. Opht.*, 1860. — Schweigger, *Arch. f. Opht.*, V. — Schnabel et Sachs, *Arch. f. Augen*, 1883. — Jocqs, *La Clin. opht.*, 1896. — Nuel, *Arch. d'opht.*, 1896.

II. — *Hémorragies de la rétine.*

A l'ophtalmoscope les hémorragies se présentent sous l'aspect d'un fin *piqueté* rougeâtre à aspect criblé ou comme des taches arrondies, cupuliformes et rougeâtres sur lesquelles passent les vaisseaux rétiniens. Ce sont alors des hémorragies profondes d'origine capillaire, masquant la choroïde sous-jacente et siégeant dans la couche des cellules nerveuses et dans la couche granuleuse interne. C'est le sablé hémorragique de la rétine.

Parfois leur siège est plus superficiel. L'hémorragie s'est produite dans la couche des fibres nerveuses. Ce sont alors des plaques rouges, longues et effilées. Ces plaques sont parfois en gerbes *striées* et radiées avec bords dentés.

Leur aspect en pinceau effilé, en aigrette, est déterminé par la disposition des fibres nerveuses dans l'interstice desquelles s'infiltre le sang.

D'autres fois l'hémorragie est plus abondante, elle est en *foyer* (*Phot.* 35) ; ce sont de larges nappes rouges plaquées au-devant de la rétine avec configuration irrégulière et extrémités rameuses.

Ces hémorragies sont de couleur rouge sombre qui tranche avec la coloration orangée du fond de l'œil. Elles s'étendent de la papille à la macula, ou le long des vaisseaux en patte de crabe ; parfois sous l'influence de la pesanteur elles forment un arc dont la concavité ouverte en haut est de teinte pâle et dont la convexité est de nuance plus sombre, en raison de l'accumulation du cruor. Progressivement l'image ophtalmoscopique de l'extravasation sanguine se modifie et ses teintes différentes accusent les transformations régressives des globules rouges.

A la tache du début de coloration rouge vif ou sombre, succède une tache aux contours pâles, qui se décolore complètement et devient jaunâtre, puis grisâtre ; elle présente alors l'image d'une couche fibrineuse plus ou moins épaisse et coagulée.

Les vestiges de l'ancienne hémorragie persistent souvent sous forme d'un semis de corpuscules noirâtres. Ce piqueté nous représente les traces de la transformation et de la destruction des hématies. Ces granulations pigmentaires d'origine sanguine ou cristaux d'hématoïdine disparaissent à la longue et la rétine redevient normale.

Ailleurs l'ancien épanchement se transforme en plaques blanchâtres striées ou en taches blanches miroitantes et arrondies, plus ou moins réunies en îlots confluents et coalescents. Ce sont alors des groupes d'amas arrondis, agminés, qui dessinent des figures géométriques, se disposent en plaques à bords festonnés et sont encadrés d'un liséré pigmentaire.

S'il s'est produit de larges nappes hémorragiques interposées entre la rétine et le vitré et appendues aux parois d'un vaisseau, il se forme une résorption lente du caillot qui s'organise en tissu de formation nouvelle.

Peu à peu à la place du thrombus on trouvera un cordon ou tractus irrégulier de tissu cicatriciel. Ce sont des brides rétractées, cicatrices irrégulières, avec plaques saillantes à prolongements multiples. Ces bandes sont d'aspect blanc tendineux et contiennent çà et là des amas pigmentaires, vestiges d'hémorragies (*Phot.* 31). C'est l'image de la rétinite proliférante de Manz ; ces transformations régressives d'un épanchement sanguin sous-vitréen font songer à de fausses membranes ou à des adhérences inflammatoires.

Tantôt il s'agit donc d'une métamorphose de la plaque hémorragique, tantôt d'une dégénérescence graisseuse ou d'une plaque d'atrophie rétinienne.

C'est principalement dans les cas de lésions vasculaires oblitérantes qu'il y a atrophie de la rétine et immigration de pigment rétinien.

Du reste l'épanchement sanguin peut entraîner à sa suite non seulement une atrophie de la rétine, mais aussi celle de la choroïde sous jacente. Il en résulte une plaque blanche d'atrophie choroïdienne avec bordure pigmentaire.

On conçoit aisément qu'un même fond d'œil peut présenter des foyers hémorragiques avec formes diverses et survenues à des époques différentes, d'où leur aspect multiple. On aura à distinguer les hémorragies récentes des anciennes.

Nous avons à décrire encore l'état des vaisseaux. Parfois rien d'anormal n'est décelé à l'examen ophtalmoscopique des artères ou des veines et l'extravasation sanguine peut être d'origine capillaire.

D'autres fois l'épanchement est plaqué sur un vaisseau ou encore il y a des lésions en certains points. Les artères sont atteintes d'endartérite.

La double bande carminée normale qui délimite le reflet central de l'artère est remplacée par une double bande blanchâtre et au milieu on voit un liséré rose qui est la colonne sanguine.

Ailleurs la périvasculite s'ajoute à l'endartérite, processus qui s'annonce par un double liséré blanc d'une largeur anormale, ailleurs encore le liséré sanguin rouge est à peine visible et disparaît même, ce sont alors des cordons d'apparence fibreuse où la lumière centrale du vaisseau oblitéré n'est plus perceptible.

Les parois même peuvent être infiltrées de granulations graisseuses qui miroitent.

Ce sont de petits îlots provenant de la dégénérescence graisseuse des tuniques artérielles.

Les veines peuvent être atteintes de phlébo-sclérose, elles sont bordées alors du double liséré blanchâtre. Plus sinueuses qu'à l'état normal, tantôt elles sont épaissies avec des parois qui deviennent analogues à celles des artères, tantôt elles sont amincies, il s'agit de phlébectasies ou dilatations variqueuses.

D'autres fois l'hémorragie est réellement de cause veineuse; il y a thrombose de la veine centrale et de ses branches. La veine est tortueuse, dilatée et recouverte par un exsudat blanchâtre avec plaque rouge au centre. Dans ce cas on note généralement des signes de papillo-rétinite.

La veine rétinienne où s'est produite la rupture est masquée par l'épanchement sanguin, c'est ce qui permet d'affirmer qu'il ne s'agit pas d'une hémorragie choroïdienne, car dans ce cas le trajet des vaisseaux rétiniens serait intact.

Les troubles visuels dus à l'infarctus veineux se rapprochent de ceux de l'embolie artérielle, mais ils se produisent moins brusquement.

Ces hémorragies de la rétine, de cause veineuse ou artérielle, surviennent à tout âge. Comme elles apparaissent sans inflammation concomitante de la rétine, il y a lieu de les distinguer des rétinites hémorragiques.

Elles peuvent être observées dans les traumatismes, les contusions du globe par exemple. Plus fréquemment elles sont l'indice d'une altération d'ordre local ou général.

Ces hémorragies peuvent être constatées après une intervention dans le glaucome où brusquement la tension oculaire diminue après une intervention. Comme Naumoff (1) l'a démontré, elles se voient assez fréquemment (26 p. 100) chez le nouveau-né à la suite d'un accouchement laborieux qui détermine une stase veineuse et des ruptures vasculaires ; Truc récemment a étudié ces extravasations sanguines d'origine obstétricale (2).

Le plus souvent la cause de ces hémorragies réside dans une affection générale qui a modifié la circulation, les vaisseaux, ou la crase sanguine (3). On observera donc ces hémorragies chez les cardiaques, les artério-scléreux, les hystériques même, dans les maladies infectieuses ou dans les maladies de la nutrition. Si l'on songe à l'influence exercée par les microbes et les toxines sur le diapadèse des globules sanguins et les vaso-moteurs, on est conduit à rattacher certaines hémorragies intraoculaires à de véritables toxhémies (Panas) (4).

Chez le vicillard l'hémorragie rétinienne peut être un phénomène précurseur d'une hémorragie cérébrale et Valude (5) a montré qu'elle pouvait être un signe précoce d'une affection cardio-vasculaire.

Les troubles fonctionnels peuvent être nuls ou peu mar-

(1) Naumoff, *Arch. f. Ophl.*, 1890.
(2) Truc, *Ann. d'ocul.*, 1898.
(3) Abadie, *Soc. franç. d'ophl.*, 1898.
(4) Panas, *Soc. franç. d'ophtalm.*, 1897.
(5) Valude, *Médecine moderne*, 1895.

qués. Le malade se plaint d'un brouillard qui voile les objets, de mouches volantes, il y a des lacunes dans le champ visuel. L'hémorragie peut cependant s'annoncer par des épistaxis, de la céphalalgie, des vertiges et de l'éblouissement.

En tout cas ce n'est pas tant l'abondance de l'épanchement qui assombrit le pronostic, que son lieu de formation. Dans la région maculaire (*Phot.* 36), une hémorragie en piqueté amène de la métamorphopsie, rend les objets nuageux ou les colore en rouge, en vert, elle peut abolir la vision centrale. Dans les régions périphériques l'hémorragie donne lieu à des scotomes, vers l'ora serrata ce peut être à l'insu du malade, sans perturbation visuelle, qu'elle se produit et alors elle est constatée fortuitement à l'ophtalmoscope.

III. — RÉTINITES.

Les rétinites peuvent être divisées en quatre grandes classes :

1° La rétinite pigmentaire congénitale, ou cirrhose de la rétine, dont la nature est parfois obscure mais dont les signes sont caractéristiques.

2° Les rétinites symptomatiques de maladies générales. La rétine réagit diversement suivant la cause qui l'a irritée, aussi chacune de ces rétinites a son cachet spécial et se traduit par une image ophtalmoscopique différente. Ce sont les rétinites symptomatiques de l'albuminurie, du diabète, de la leucémie, de l'anémie pernicieuse, de la syphilis.

3° La rétinite proliférante, rétinite cicatricielle post-hémorragique que nous décrivons dans ce chapitre en raison de sa dénomination consacrée par l'usage, rétinite qui n'est en réalité que la terminaison habituelle des hémorragies rétiniennes, et la rétinite blanche circinée, qui par sa même origine probable, se rapproche de la rétinite proliférante.

4° La rétinite septique, ou suppurée, qui s'accompagne très rapidement d'autres signes du côté de l'œil tout entier. Nous n'avons pas à la décrire, l'ophtalmoscope n'étant d'aucun secours dans son diagnostic puisque les milieux sont très rapidement inéclairables.

1. — *Rétinite pigmentaire congénitale.*

Cette affection a été entrevue en 1836 par Langenbeck (mélanose de la rétine) et par von Ammon (rétinite tigrée); elle n'a réellement été décrite que depuis les observations ophtalmoscopiques de Van Tright, Donders, de Graefe. Un très grand nombre de travaux, citons ceux de Landolt, de Panas et Hocquard, se rapportent à l'étude de ce processus pathologique qui, ainsi que le démontrent les constatations microscopiques, est caractérisé par une cirrhose ou une dégénérescence pigmentaire de la rétine, dénominations devenues synonymes de rétinite pigmentaire.

A l'ophtalmoscope on reconnaît deux signes principaux : des taches pigmentaires et des troubles vasculaires.

Taches pigmentaires. — Elles apparaissent périphériquement du côté nasal, puis lentement s'étendent de manière à dessiner une couronne équatoriale. De cette couronne apparue dans l'enfance, vont partir, quelquefois à un âge assez avancé, des traînées irrégulières qui gagnent le pôle postérieur. Les amas s'avancent vers la région maculaire, l'envahissent et abolissent la vision centrale ; ils vont former un anneau péripapillaire et le disque optique à son tour peut être envahi par la pigmentation.

A l'image droite on constatera que les taches, de couleur noir de charbon, sont punctiformes ; plus souvent on peut reconnaître des corpuscules, affectant une forme étoilée, avec prolongements ramifiés et anastomosés qui rappellent les ostéoplastes avec les canalicules osseux. Ces cellules rameuses, éparses au début, augmentent de nombre et s'a=

moncèlent en masses compactes qui se réunissent par leurs fins ramuscules.

On voit que les amas pigmentaires ont une tendance à s'ordonner le long des vaisseaux.

En dehors des corps stellaires arborisés qui mouchetent le fond de l'œil, il y a donc des lignes pigmentaires bordant ou recouvrant les diverses branches vasculaires. Les vaisseaux sont entourés d'un double liséré sombre très visible aux bifurcations. Ces constatations ont une haute valeur et démontrent que le siège de l'accumulation du pigment est dans la couche antérieure de la rétine, puisque sa distribution est péri, pré et même intravasculaire (examen histologique de Burstenbinder).

Troubles vasculaires. — Les vaisseaux rétiniens subissent des modifications très importantes.

Dès leur émergence ils apparaissent sclérosés et filiformes. Leur trajet est plus droit et parmi ces minces filets rouges, il est très difficile de distinguer les artères des veines. Ce n'est qu'en recherchant le pouls artériel par la pression digitale du globe que l'on peut reconnaître l'artère qui apparaît avec le pouls artériel, pour disparaître aussitôt après.

. Quand on suit ces vaisseaux on les voit bientôt obstrués, car ils sont transformés en cordons grisâtres, entourés et recouverts d'amas pigmentaires. A la périphérie il devient impossible d'en constater la moindre trace.

La choroïde présente dans la plupart des cas avancés des altérations se traduisant, surtout à l'examen ophtalmoscopique, par une modification de sa coloration, d'autant plus visible que l'épithélium rétinien altéré ne masque plus son dessin.

On constatera que les îlots sombres de la choroïde ont changé de teinte, que leur bordure est formée par des vaisseaux de couleur rose et sclérosés avec double ligne blanchâtre. Elle prend un aspect tigré semblablé à la noix mus-

cade, parfois la décoloration est complète, le fond de l'œil
a une teinte pâle, feuille morte, argileuse même.

Ces altérations sont rétrorétiniennes et siègent au-dessous des taches pigmentaires.

La papille a des limites incertaines et nébuleuses, elle
présente elle-même une coloration gris jaunâtre assez caractéristique. Quand l'atrophie optique survient, il y a cécité
absolue.

Souvent il existe des lésions du cristallin. Les opacités se
rencontrent au pôle postérieur, quelquefois au pôle antérieur.

Le miroir ophtalmoscopique ne peut à lui seul dans certains cas déceler la maladie ou surtout l'affirmer. Il existe
deux symptômes de très grande importance qu'il faut
rechercher :

1° L'héméralopie, ou cécité nocturne, avec degrés variables. Le malade voit par un ciel clair, sa vue est suffisante
dans la journée, mais dès que le jour baisse, il est incapable
de se conduire. Le malade marche alors la tête renversée
en arrière.

2° Le rétrécissement concentrique du champ visuel ; le
champ visuel diminue insensiblement à mesure que l'altération périphérique de la rétine gagne les parties centrales,
d'où démarche hésitante du malade.

Ces troubles ophtalmoscopiques et fonctionnels trouvent
leur explication dans les constatations anatomo-pathologiques faites d'abord par Leber, Bousseau, Landolt.

Cette rétinite est caractérisée par un processus scléreux
localisé à la couche sensorielle et s'étendant de la périphérie
au centre. Les éléments nerveux des cônes et des bâtonnets ont disparu. A côté de cette atrophie il y a formation
de tissu cicatriciel, hyperplasie du stroma névroglique et
sclérose des parois vasculaires. La lumière des vaisseaux
est rétrécie ou a disparu, les vaisseaux deviennent imper-
méables, ils sont transformés en cordons de tissu conjonctif.

La plus grande partie du pigment épithélial de la couche pigmentaire de la rétine émigre en suivant le tissu conjonctif et les vaisseaux, il se localise dans la couche des fibres nerveuses du nerf optique.

Les troubles ne sont pas en rapport avec la localisation ou la quantité du pigment, mais avec la destruction de l'appareil sensoriel.

Rappelons que Wagenmann admet que la dégénérescence pigmentaire de la rétine serait une conséquence de la sclérose primitive des vaisseaux choroïdiens.

Cette rétinite pigmentaire est congénitale et presque toujours bilatérale. Elle peut évoluer pendant la vie intra-utérine et être assez prononcée à la naissance pour amener la cécité du nouveau-né.

D'autres fois elle débute dans l'enfance, son aggravation est lente et progressive et ce n'est que pendant l'adolescence que des troubles visuels inquiétants font procéder à un examen démontrant l'existence d'une maladie à pronostic grave.

Le diagnostic de la rétinite pigmentaire est simple lorsque son syndrome classique est constaté. Si l'un de ses signes vient à manquer, le diagnostic est rendu difficile ou incertain.

Il n'est pas très rare en effet de voir la maladie se présenter sous des *formes atypiques* qu'il est important de connaître.

Disons que la cirrhose de la rétine peut être unilatérale (Gunsburg); qu'au lieu d'avoir une marche lente et fatale vers la cécité, on peut noter un état stationnaire, puis un relèvement de l'acuité (Germaix). Des lésions semblables à la rétinite pigmentaire peuvent apparaître dans l'âge mûr, dans la syphilis (de Wecker), dans les cirrhoses rénale et hépatique (Landolt).

Fait très intéressant à noter dans la rétinite congénitale, un des quatre signes cardinaux que nous avons admis (héméralopie, rétrécissement du champ visuel, pigmentation de la rétine et sclérose vasculaire) peut manquer. On voit des rétinites pigmentaires sans héméralopie ou sans rétrécissement du champ visuel.

Bien plus les taches pigmentaires peuvent manquer à l'examen ophtalmoscopique comme l'ont signalé Leber, Galezowski, Landolt. Il s'agit alors de rétinite pigmentaire sans pigmentation. La présence du pigment n'est donc pas indispensable pour diagnostiquer une rétinite pigmentaire, terme consacré par l'usage.

Dans le cas de rétinite pigmentaire sans pigmentation, tel le cas de F. Poncet où à l'ophtalmoscope d'un côté on ne constatait qu'un seul point de pigment ovalaire le long d'une veine, de l'autre seulement deux ou trois petits grains isolés à forme stellaire, on reconnut à l'examen histologique des amas de pigment que l'ophtalmoscope n'avait pu déceler dans les couches externes de la rétine. Il y a donc des formes frustes où le pigment rétinien n'a pas franchi la couche granuleuse externe. Une fois arrivé aux capillaires, l'envahissement des couches internes de la rétine se fait rapidement.

Nous devons nous demander quelles sont les causes et la nature de la dégénérescence pigmentaire de la rétine.

Souvent elle est héréditaire, on la découvre chez les ascendants et les collatéraux. On peut constater parfois la coexistence de certains vices de conformation. Déjà autrefois Hutchinson, Bolling Pope (1863), Manhardt et Galezowski (1867) avaient invoqué une origine syphilitique, opinion qui a peu prévalu. Nous nous sommes déjà expliqué sur cette question (1). Il existe, croyons-nous, des cas relevant sûrement de la syphilis héréditaire. Ce fait est démontré par la coexistence d'autres accidents et, du côté de l'œil, parfois par une choroïdite concomitante. En outre la syphilis acquise

____

(1) Voy. la description de la Rétinite pigmentaire syphilitique.

produit une rétinite pigmentaire en tout point semblable à la rétinite congénitale.

Antonelli a décrit récemment une pigmentation grenue, altération en fin pointillé de l'épithélium pigmentaire et stigmate rudimentaire de la syphilis héréditaire, qui serait une cirrhose rétiniennne au début ou à l'état d'ébauche.

La rétinite pigmentaire peut, comme d'autres lésions de la syphilis héréditaire, être déterminée par une influence dystrophique d'essence syphilitique.

D'autres fois ses causes nous échappent et ne peuvent se rattacher à d'autres altérations héréditaires (paludisme héréditaire (1), alcoolisme). En tout cas c'est, croyons-nous, une lésion de dégénérescence, une maladie des tarés.

Bibliographie.

Ammon, *Klin. Darst. des menschl. Auges.*, XIX. — Antonelli, Thèse Paris, 1897. — Bolling-Pope, *Opht. Hosp. Rep.*, 1863. — Bousseau, Thèse Paris, 1869. — Burstenbinder, *Arch. f. Opht.*, 1895. — Donders, *Arch. f. Opht.*, 1856. — Galezowki, *Congrès intern. d'opht.* 1857. — Germaix, *Ann. d'ocul.*, 1893. — Graefe, *Arch. f. Opht.*, 1857. — Gunsburg, *Arch. f. Augen.*, 1890. — Hocquard, Thèse Paris, 1875. — Landolt, *Ann. d'ocul.*, 1873. — Leber, *Arch. f. Opht.*, XV. — Manhardt, *Graefe's Arch.*, 1868. — Poncet, *Ann. d'ocul.*, 1875. — Van Tright, Utrecht, 1853. — Wagenmann, *Arch. f. Opht.*, 1891.

II. — *Rétinite albuminurique.*

Les troubles visuels dus aux affections rénales ont été anciennement signalés par Bright (1836) et par Landouzy (2). Depuis que Türk a montré (3) que leur cause résidait dans les lésions rétiniennes, de nombreux travaux ont mis en relief l'importance et la fréquence de la rétinite brightique et albuminurique aujourd'hui bien connue.

Étudions son image ophtalmoscopique.

(1) Ferret, *Bull. de la clin. des Quinze-Vingts*, 1885.
(2) Landouzy, *Gaz. méd.*, 1849.
(3) Türk, *Zeitsch. der Gesellsch. der Aerzte*, Wien, 1850.

Au début il y a papillo-rétinite. La papille est légèrement saillante, ses limites ne sont plus distinctes. Elle est recouverte par un nuage gris rougeâtre ou bien formée par un jet radié de fines stries, alternativement rosées et grisâtres, qui s'épanouissent à une certaine distance sur le plan rétinien.

Les veines, gorgées de sang, boursouflées, disparaissent en certains points au milieu du trouble papillaire et péri-papillaire. Les artères sont normales et généralement enfouies dans l'infiltration ou bordées d'une double trainée blanchâtre.

Souvent on constatera çà et là quelques hémorragies papillaires ou rétiniennes. Ce sont de petits placards rougeâtres masquant les vaisseaux, ailleurs des flammèches sanguines à bords dentés. Tantôt c'est l'infiltration séro-albumineuse qui prédomine avec l'image d'un œdème papillo-rétinien, tantôt ce sont les troubles vasculaires avec de l'injection papillo-rétinienne et des apoplexies. Les hémorragies seraient d'origine artérielle au début et d'origine veineuse dans les phases tardives (Moglie) (1).

Peu à peu la papille œdématiée s'aplanit, l'hyperémie diminue et alors apparaissent les exsudats et la dégénérescence rétinienne. Cette période de dégénérescence fait suite ainsi à la première période de congestion.

La zone de la papillo-névrite œdémateuse est parsemée à ses limites de foyers pathologiques, taches et placards blanchâtres disposés en collerette ou en anneau brisé au niveau de la région maculaire. Ces plaques sont parfois disséminées dans le fond de l'œil; on remarque qu'elles sont groupées le long des vaisseaux et au niveau des éperons vasculaires. Au-dessus d'elles courent les vaisseaux rétiniens.

Ces taches arrondies, parfois irrégulières, sont de coloration blanche, à reflet argenté ou jaunâtre, dans la suite elles s'encadrent d'un liséré pigmentaire.

____

(1) Moglie, *Il Policlinico*, 1896.

Ces lésions blanchâtres sont primitives et non pas secondaires comme les transformations régressives des hémorragies en stries ou en placards qui peuvent, elles aussi, se produire dans le cours de la rétinite albuminurique.

Les taches blanches consécutives aux hémorragies sont surtout striées, superficielles et siègent au voisinage des vaisseaux. Les lésions rétiniennes primitives de l'albuminurie sont plus profondes, plus indépendantes du parcours des vaisseaux. A ces deux ordres de lésions, d'origine différente et qui peuvent coexister, correspondent un même aspect et une même coloration nacrée.

Du reste nous trouvons dans la région maculaire non pas des foyers pathologiques arrondis, mais des altérations à aspect radié qui ne s'accompagnent pas d'hémorragie en ce point. Là, partant de la fovea centralis, rayonnent une série de stries miroitantes qui constituent l'*étoile maculaire* de la rétinite albuminurique. Ce signe joint aux précédents assure le diagnostic.

A l'examen, à l'image droite, cette auréole rayonnante avec centre maculaire, montre une série de stries ou de bâtonnets, de corps punctiformes à reflet très marqué. Bien dessinée, cette figure étoilée peut donner l'image d'un invertébré radiaire (**Phot.** 23), là d'un plumasseau recourbé; ailleurs l'étoile est très incomplète et ce ne sont alors que deux ou trois bandelettes, de nuance jaune ou blanche, à insertion maculaire avec bordure brunâtre.

Même arrivée à ce degré avancé, la rétinite albuminurique peut guérir. C'est dire que peu à peu ces altérations vont rétrocéder; les placards blanchâtres disparaîtront complètement; l'étoile maculaire désagrégée se laissera encore reconnaître pendant longtemps par un semis de paillettes argentées ou jaunâtres. Çà et là se voient quelques dépôts pigmentaires noirâtres. La papille revient presque à son état normal : elle n'est plus saillante, ses limites se reconnaissent quoique encore un peu floues ou irrégulières. Les veines peuvent rester un peu tortueuses, les artères surtout présentent les reliquats de l'inflammation rétinienne. Leur calibre est réduit et latéralement on peut distinguer une fine bordure blanche qui les encadre.

La cause et la nature de ces altérations visibles à l'ophtalmoscope sont démontrées aujourd'hui. Les artères et artérioles sont atteintes de dégénérescence hyaline et d'endartérite oblitérante (duc Charles de Bavière) (1). Le vaisseau à parois friables peut se rompre et donner naissance aux taches hémorragiques ou seulement permettre une transsudation séro-albumineuse. Les fibres nerveuses rétiniennes sont ainsi hydrotomisées, séparées par un exsudat interstitiel, en outre elles subissent l'altération gangliforme, elles sont gonflées, moniliformes. Les couches granuleuses sont infiltrées de granulations graisseuses. Ces lésions nous expliquent bien l'aspect blanchâtre ou jaune miroitant de l'image ophtalmoscopique. Quant à la figure étoilée des lésions ayant pour centre la tache jaune, elle résulterait de la distribution particulière des fibres radiaires (Schweigger) (2) ou plutôt de la disposition stellaire des vaisseaux se rendant à la macula (Pulvermacher) (3).

Nous allons examiner maintenant la marche et les troubles fonctionnels de la rétinite albuminurique. Presque constamment l'affection frappe les deux yeux, inégalement et procédant par poussées successives. On constate une diminution de l'acuité visuelle lente, mais progressive, qui rarement aboutit à une cécité causée alors par la désorganisation de la macula ou l'atrophie du nerf optique.

Bien souvent les lésions albuminuriques doivent être dépistées par un examen ophtalmoscopique : Le malade n'accuse aucun trouble visuel et cependant les altérations rétiniennes sont déjà marquées. Nous en trouvons l'expli-

(1) Duc Charles, Wiesbaden, 1887.
(2) Schweigger, *Arch. f. Opht.*, t. VI.
(3) Pulvermacher, *Central. f. Augen.*, 1890.

cation dans l'intégrité de la couche des cônes et des bâtonnets.

On ne doit pas confondre la papillo-rétinite albuminurique avec une papillo-rétinite d'une autre nature où les désordres sont limités au pourtour de la papille ; l'examen général du malade et des urines lèvera les doutes.

Les rétinites albuminuriques des affections aiguës, de la scarlatine par exemple et des angines (Trousseau) (1) évoluent rapidement, mais 'elles guérissent. La rétinite albuminurique gravide comporte un pronostic simple si les vaisseaux sont normaux. D'après Silex (2) s'il y a hémorragies rétiniennes, le pronostic devient réservé ; il est admis que dans certains cas on est autorisé à pratiquer l'accouchement prématuré.

Bien plus graves sont les rétinites dans les néphrites chroniques. Dans ces derniers cas, malgré la guérison toujours possible, on doit porter un pronostic réservé, car la rétinite indique un état alarmant pour la vue et même pour l'existence du malade ; 9 p. 100 seulement des malades qui en sont atteints ont une survie de plus de deux ans (Oliver Belt) (3). Pour Miley (4) la mort survient généralement par d'autres complications de l'affection rénale, douze ou dix-huit mois après le début des troubles visuels ; pour la baronne Possaner (5) plus de la moitié des malades meurent dans l'année, mais cette gravité ne se rencontre que chez les malades des hôpitaux (*Obs.* 23). La rétinite albuminurique se rencontre 7 fois sur 100 (Fœrster), 21 sur 100 (Lecorché), 33 sur 100 (Galezowski) dans les cas de néphrite. Si ces rétinites sont principalement notées dans la néphrite interstitielle, Ostwalt l'a rencontrée dans la

(1) Trousseau, *Bulletin médical*, 1889.
(2) Silex, *Médecine mod.*, 1894.
(3) Oliver Belt, *Ass. med.*, Maryland, 1895.
(4) Miley, *Opht. Soc. of the United Kingdom*, 1888.
(5) Baronne Possaner, Th. Zurich, 1894.

maladie de Pavy. On l'observe également dans le brightisme sans albuminurie. On ne confondra pas la rétinite albuminurique avec l'amaurose urémique où le fond d'œil est normal ; cette cécité survient brusquement et passagèrement avec des symptômes cérébraux dans les affections rénales aiguës.

III. — *Rétinite diabétique.*

La rétinite diabétique a été signalée par Desmarres, de Jæger, Galezowski. Elle est surtout fréquente chez les glycosuriques dont l'urine renferme de l'albumine et dans les cas de diabète avancé.

Bien souvent on notera uniquement, chez le diabétique, des apoplexies rétiniennes. Les veines rétiniennes sont thrombosées et déterminent des foyers hémorragiques larges et abondants. On peut constater alors des hémorragies multiples dans les gaines du nerf optique, le vitré, la conjonctive. Ces hémorragies rétiniennes en flammèches ou en plaques sont semblables, comme aspect et évolution, à celles dont nous avons déjà parlé.

La rétinite diabétique n'est pas toujours hémorragique, elle peut être exsudative comme la rétinite albuminurique, mais les signes en sont différents.

Dans la rétinite diabétique il n'y a pas d'œdème papillaire, pas de papillo-rétinite, quelquefois on note une papillite simple qui peut se terminer par l'atrophie du disque optique. Dans la généralité des cas, la papille conserve son aspect normal. Nous observerons un semis de taches blanches, jaunâtres, miroitantes. Ce sont des taches multiples, petites et non pas des placards étendus. Ces taches s'ordonnent en lignes, en arcs de cercle ; elles sont disséminées dans le fond de l'œil, surtout confluentes vers les confins de la région papillo-temporale de la macula (*Phot.* 24), mais là elles ne se disposent jamais en étoile comme dans l'albuminurie. Il est rare de voir les taches blanchâtres cerclées de pigment (Berger) (1). Ces derniers caractères sont très importants à rechercher pour un diagnostic différentiel que l'examen des urines vient confirmer.

Ces lésions sont fréquemment unilatérales et tout diabétique se plaignant de brouillards, de diminution de la vision, devra être examiné attentivement à l'ophtalmoscope. Les hémorragies et les taches exsudatives de la rétine peuvent se résorber, mais leur présence indique un diabète grave, c'est parfois le signe avant-coureur ou concomitant de complications cérébrales.

IV. — *Rétinite de la leucémie et de l'anémie pernicieuse.*

Dans la leucémie qui a pour signe essentiel l'augmentation du nombre des leucocytes du sang et dans l'anémie pernicieuse progressive où les globules rouges, modifiés dans leur teneur en hémoglobine, sont plus pâles qu'à l'état physiologique, on observe précisément à l'ophtalmoscope des modifications dans la coloration rouge du fond de l'œil. Ces changements de coloration donnent un aspect assez caractéristique aux rétinites qui compliquent ces affections.

Liebreich a décrit en 1862 la rétinite leucémique ; depuis cette époque quelques nouvelles observations ont été publiées (2). Le fond de l'œil est d'une couleur rose pâle. Les artères sont bordées d'un liséré rose blanchâtre dû apparemment à une accumulation de leucocytes dans les gaines périvasculaires, ce double liséré limite une traînée centrale rouge pâle. Les veines sont d'une teinte violet clair, elles sont tortueuses, dilatées.

Les hémorragies sont en petits foyers au voisinage des

(1) Berger, *Les maladies des yeux dans leurs rapports avec la pathologie générale*, Paris, 1892.
(2) Steuber, Th. Berlin, 1889.

vaisseaux, elles forment des plaques de couleur jaunâtre au centre, plus rosées à la périphérie. Ces foyers apoplectiques sont provoqués par la réplétion et la distension des vaisseaux par des leucocytes, ce sont des infarctus leucocytiques.

C'est Biermer (1) qui a observé le premier des cas de rétinite dans l'anémie pernicieuse progressive. Elle est caractérisée par un œdème papillaire et papillo-rétinien, par des foyers apoplectiques de couleur rouge pâle avec un reflet central gris rougeâtre et par des plaques blanchâtres disséminées; toutefois la couleur de l'épanchement sanguin peut ne présenter rien de pathognomonique (*Phot.* 22).

Les examens micrographiques ont permis de reconnaître une dégénérescence graisseuse des vaisseaux capillaires.

(1) Biermer, *Correspond. f. Schweiz, Aerzt.* 1872.

Observation et Phot. 21.

EMBOLIE DE L'ARTÈRE CENTRALE DE LA RÉTINE.

OEil gauche.

R... Cette jeune fille de treize ans, s'est aperçue qu'elle avait brusquement perdu la vue de son œil gauche, il y a neuf jours. Aspect anémique et à l'examen, léger souffle systolique au cœur. Pas de tuberculose, pas de syphilis.

Papille à contours indistincts, ne se distinguant du reste du fond de l'œil que par une teinte légèrement blanchâtre et le lieu d'émergence des vaisseaux. Artères filiformes. Veines congestionnées. Dans la région de la macula vaste nappe blanche à bords indécis, d'apparence pyriforme à pointe dirigée en haut et en dedans. Macula rougeâtre et ronde, avec point central ecchymotique.

Observation et Phot. 22.

RÉTINITE HÉMORRAGIQUE DE L'ANÉMIE PERNICIEUSE.

OEil droit.

Eugénie C..., quarante ans. Atteinte d'anémie pernicieuse, suite de couches (Dr Vinay). Cette malade est décédée trois mois après notre examen.

O. G. Plaque blanche au-dessus et en dedans de la macula.

O. D. Rien extérieurement. A l'ophtalmoscope, papille normale ; léger dépôt pigmentaire à la périphérie du côté maculaire. Pas de variations dans le calibre des vaisseaux qui sont normaux. Flaque d'hémorragie rétinienne sur le trajet des vaisseaux temporaux supérieurs. L'hémorragie occupe les parties superficielles des fibres de la rétine, car l'artère sus-jacente est légèrement masquée à ce niveau. A un demi-diamètre papillaire du bord nasal de la papille, tache blanche à bords flous, reliquats d'une ancienne hémorragie. Une artère passe nettement dans cette tache et on l'aperçoit très imparfaitement comme si elle était vue au travers d'un verre dépoli. Un peu plus haut deux plaques hémorragiques l'une est rouge, l'autre est en partie blanche, c'est-à-dire en voie de régression. Rien à la macula, ni ailleurs.

Phot. 21. — Embolie de l'artère centrale de la rétine.

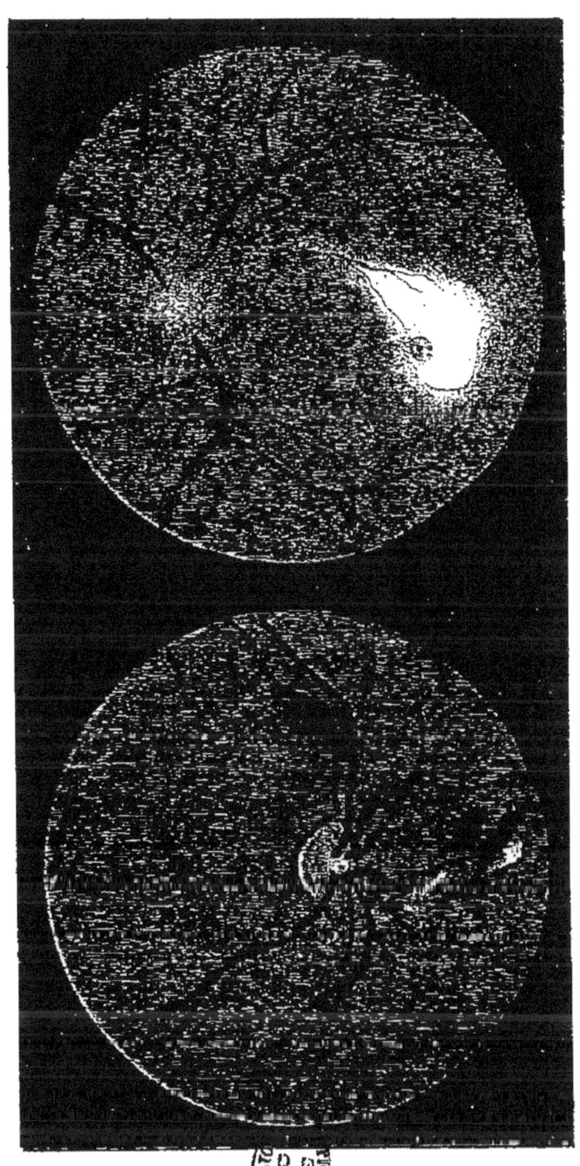

Phot. 22. — Rétinite hémorragique de l'anémie pernicieuse.

OBSERVATIONS ET PHOT. 23 ET 24.

Observation et Phot. 23.

RÉTINITE ALBUMINURIQUE.

OEil gauche.

Jeanne D..., quarante-trois ans. Un enfant bien portant, malade depuis six mois, son état s'est aggravé depuis quelque temps, elle est aujourd'hui atteinte de céphalée intense et d'asthme urémique. Fort disque d'albumine à l'examen des urines.

O. D. Papille à bords flous, légèrement blanche, lavée de rose, vaisseaux normaux dans la région de la macula, ébauche d'une étoile à laquelle on reconnaît les rayons du côté supérieur et externe. Trois hémorragies en flammèches ; plusieurs plaques de dégénérescence.

O. G. Papille à bords flous, rosée en dedans. Étoile maculaire très marquée et complète, à rayons nombreux s'inclinant un peu vers leur extrémité, aspect moniliforme. Une seule hémorragie en bas et en dedans, on compte trois plaques de dégénérescence à bords flous.

Quatre mois après cet examen, cette malade meurt. A l'autopsie on note : un très gros cœur rénal, le poumon gauche œdémateux et les reins petits et durs.

Observation et Phot. 24.

RÉTINITE DIABÉTIQUE.

OEil droit.

A. P..., soixante-deux ans. Rhumatisme articulaire aigu à l'âge de vingt-deux ans ; syphilis à l'âge de vingt-quatre ans ; diabète depuis six ans. Actuellement, quantité considérable de sucre dans les urines ; il y a six mois le malade s'est aperçu que sa vue diminuait. Le trouble visuel va toujours en augmentant.

O. D. V. $=\dfrac{1}{10}$; O. G. V. $=\dfrac{1}{15}$. Rien aux cornées ; les pupilles réagissent à la lumière et à l'accommodation.

O. D. Examen ophtalmoscopique : opacités périphériques du cristallin, fond d'œil légèrement indistinct à cause des troubles des milieux. Papille légèrement rose blanchâtre, bords un peu flous. Dans la région comprise entre les vaisseaux rétiniens temporaux, semis de taches blanchâtres réunies par groupes, en forme de constellations. Ces taches sont de volume variable et plusieurs présentent des dépôts pigmentaires à leur pourtour. Quelques vaisseaux rétiniens passent nettement au-dessus de ces taches. Quelques légères hémorragies en flammèches. Pas d'étoile maculaire.

PHOT. 23. — Rétinite albuminurique.

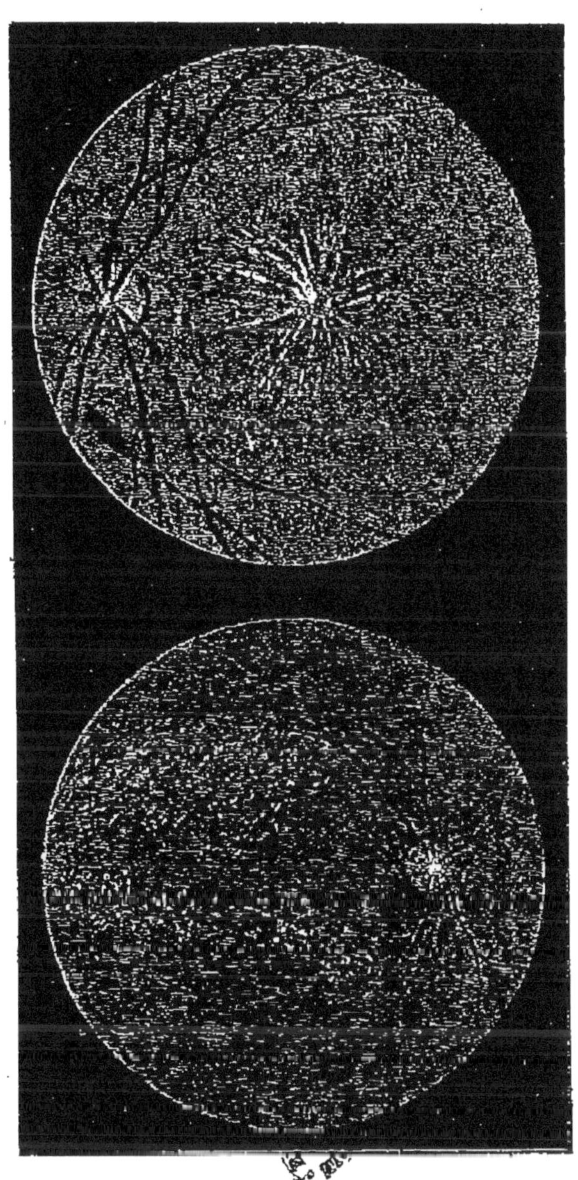

PHOT. 24. — Rétinite diabétique.

V. — *Rétinites syphilitiques*.

Quelques auteurs décrivent aujourd'hui les diverses formes de la syphilis du fond de l'œil sous le terme général de chorio-rétinite. Ici, comme dans des affections d'autre nature, une lésion choroïdienne peut retentir sur la rétine, principalement sur la couche rétinienne voisine, la portion pigmentaire, et réciproquement; ces faits sont bien établis par l'étude microscopique. Cependant, dans la syphilis, il est fréquent d'observer que diverses parties du fond de l'œil peuvent être frappées isolément (choroïdite, rétinite, névrite optique), et cela est surtout vrai au point de vue ophtalmoscopique.

A côté de la choroïdite et de la chorio-rétinite syphilitique que nous traitons dans un autre chapitre, il existe donc des rétinites syphilitiques dont les formes revêtent des images différentes et caractéristiques.

La syphilis se manifeste d'abord par une rétinite diffuse, puis ultérieurement, dans un stade plus avancé, elle frappe soit la choroïde (choroïdite syphilitique), soit la rétine; la rétine peut être attaquée dans sa couche interne ou vasculaire (rétinite diffuse, rétinite hémorragique, rétinite scléro-gommeuse) ou dans sa couche externe ou pigmentaire (rétinite pigmentaire).

1° **Rétinite diffuse**. — La syphilis s'annonce généralement dans le fond de l'œil par une rétinite diffuse. Il est d'une importance capitale d'en bien connaître les signes, car un traitement énergique institué au début peut prévenir des désordres qui tendent à devenir irrémédiables dans l'organe de la vision.

Cette rétinite diffuse décrite par Jacobsohn (1) en 1859 donne à l'examen ophtalmoscopique l'image d'un voile

____

(1) Jacobsohn, *Königsb. med. Jahrb.*, I, 1859.

grisâtre qui rayonne de la papille à la périphérie, là il s'atténue ou disparaît.

A un examen attentif on voit que la papille est grisâtre surtout à sa partie interne, elle est entourée d'un halo caractéristique, ses limites sont indistinctes. Ce voile à teinte opaline, tendu surtout au-devant de la papille (*Phot.* 25), atteint aussi le pôle postérieur de l'œil et s'irradie un peu le long des vaisseaux rétiniens en respectant les parties équatoriales.

On reconnaît que les artères n'ont subi aucune modification, mais que les veines sont légèrement hypérémiées.

Le malade attire à ce moment l'attention sur certains phénomènes qui démontrent l'état morbide de la rétine ; on note de la photopsie, de la micropsie, de l'héméralopie. Le malade se plaint donc de sensations lumineuses colorées; en outre les lignes droites lui paraissent recourbées pendant la lecture et il y a un affaiblissement très marqué de la vision dès que l'éclairage cesse d'être très intense.

A quoi attribuer cet aspect nuageux du fond de l'œil? On a tour à tour parlé de lésions portant sur l'hyaloïde, la choroïde, la rétine. Hirschberg (1) admet même d'après l'examen clinique de 300 cas que l'œil tout entier est frappé par le virus syphilitique et qu'il s'agit d'une panophtalmite syphilitique.

Les examens anatomo-pathologiques de Nettleship (2) ont bien montré que dans ces cas c'est la couche des fibres nerveuses de la rétine qui est frappée. Elle est surtout infiltrée dans le voisinage des vaisseaux rétiniens qui laissent émigrer dans le corps vitré des leucocytes, c'est-à-dire des cellules fixes que l'on ne constate pas normalement.

Nous sommes donc en présence d'un œdème rétinien par troubles circulatoires, symptomatique d'une artériopathie syphilitique précoce.

(1) Hirschberg, *Central. f. prakt. Augen.*, 1886.
(2) Nettleship, *Arch. f. Augen.*, XVII.

Comme accident contemporain on constate un autre signe ophtalmoscopique consistant dans le trouble poussiéreux du vitré. Ce sont de très fines opacités qui, mobiles et siégeant à la partie postérieure du vitré, sont facilement reconnaissables à un faible éclairage. Au début ces opacités ne gênent point l'exploration du fond de l'œil, plus tard il n'en est pas de même, ce sont alors des filaments, de grosses masses floconneuses qui s'accumulent dans les parties déclives mais qui sont mobiles et gagnent la partie antérieure du corps vitré.

Par l'interrogatoire on apprendra que le malade se plaint de voir des flocons de suie ou points noirs, des cils et des points lumineux ; les objets lui paraissent vus à travers un tamis ou un brouillard. L'acuité visuelle a diminué, il peut exister des lacunes dans le champ visuel.

Les opacités du vitré aussi bien que l'iritis constituent une manifestation très caractéristique de la syphilis qui a été étudiée jadis par Follin (1), J. Rollet (2). Tous les auteurs depuis s'accordent à en reconnaître l'importance et l'on peut dire, que tout trouble du vitré sans cause doit faire songer à la syphilis, que toute rétinite ou choroïdite syphilitique est, ou a été, accompagnée de troubles du vitré.

Cette rétinite diffuse et les opacités du vitré sont des signes de début de la syphilis du fond de l'œil qui doivent être bien connus afin d'intervenir rapidement dès leur constatation par une thérapeutique consistant en frictions à l'onguent napolitain ou en injections hypodermiques mercurielles. En outre, on doit les rechercher systématiquement chez le syphilitique, car souvent on les remarque par hasard à l'examen ophtalmoscopique chez des malades qui n'accusent aucune gêne.

Il faut se rappeler que ces lésions, souvent latentes et qu'il faut dépister, sont fréquentes ; elles accompagnent

(1) Follin, *Leç. sur l'application de l'ophtalm.*, Paris, 1859.
(2) J. Rollet, *Traité mal. vénér.*, Paris, 1865.

presque toujours l'iritis (Schnabel) (1) et se rencontrent chez la moitié des syphilitiques qui souffrent des yeux (Ole Bull) (2).

D'autre part c'est parfois un signe précoce d'infection syphilitique pouvant apparaître quatre ou cinq mois après l'infection, se montrant en général dès les premières années.

C'est donc un accident secondaire ou résolutif, qui selon la règle ordinaire dans toute manifestation de cette nature, va progressivement disparaître sous l'influence du temps et surtout du traitement : le trouble poussiéreux du vitré et l'opacité rétinienne tendent ainsi à guérir.

Tout n'est pas fini malheureusement, la syphilis qui a une première fois frappé le fond de l'œil souvent s'y cantonne à nouveau.

C'est une nouvelle poussée de rétinite diffuse, et, comme dans la syphilis, plus les accidents se reproduisent plus ils sont tenaces, la rétinite diffuse *de retour* est plus rebelle. En outre elle peut s'accompagner d'autres manifestations plus graves devant lesquelles elle finit par s'effacer : c'est la choroïdite, c'est la névrite optique (*Phot.* 26), c'est encore l'atrophie optique primitive (3) (*Phot.* 17), ou les autres formes de rétinites syphilitiques que nous allons décrire.

Nous reconnaissons encore là, dans cette marche de la syphilis du fond de l'œil, un caractère spécial de la syphilis qu'il ne faut pas oublier, c'est la tendance des lésions à se localiser, en raison de l'ancienneté de la maladie : la syphilis frappe alors une couche ou un système de la rétine et peut y laisser des traces indélébiles.

(1) Schnabel, *Wiener med. Blätt.*, 1882.
(2) Ole Bull, *Nord. med. Arkiv*, Bd III, et *Opht. and Lues*, Christiania, 1884.
(3) L'atrophie optique était la seule lésion syphilitique du fond de l'œil connue avant la découverte de l'ophtalmoscope : « Dans la vérole, il arrive assez souvent un aveuglement partiel ou total par la paralysie des nerfs optiques, ce qu'on nomme goutte sereine. » Astruc, *Tr. des mal. vénér.*, t. IV, 1755.

2° **Rétinite hémorragique.** — Il est rare de constater une rétinite syphilitique qui se révèle par l'existence d'exsudats blanchâtres et de petits foyers hémorragiques. Panas admet que dans ces cas il faut s'enquérir s'il n'y a pas coïncidence de néphrite syphilitique avec albuminurie, et Alexander (1) dans les six cas qu'il a rapportés, a toujours noté une néphrite syphilitique. Ces lésions n'ont donc rien de pathognomonique et ce sont d'autres manifestations syphilitiques qui en indiquent la nature.

Une forme plus fréquente de rétinite hémorragique syphilitique a été très bien étudiée par Masselon (2) : elle est caractérisée par de vastes hémorragies qui par leurs transformations donnent l'image de la rétinite proliférante de Manz.

C'est l'artérite syphilitique qui cause ces hémorragies de la rétine.

Les foyers apoplectiques semblables à ceux que nous avons déjà décrits peuvent être limités à la rétine, mais souvent aussi le vitré est envahi et lorsqu'il s'est éclairci on peut constater les vestiges des hémorragies rétiniennes.

Généralement l'hémorragie rétinienne est intense et laisse à sa suite des reliquats très marqués plus ou moins persistants. On remarquera alors à l'ophtalmoscope de vastes tractus de tissu cicatriciel, dernières traces de foyers hémorragiques.

Ces bandes fibreuses ont une coloration gris verdâtre, elles sont effilées et recouvrant le trajet des vaisseaux, représentant comme une gaine périvasculaire injectée et boursouflée. Ailleurs ces trainées sont irrégulières, arquées et forment des bandelettes enchevêtrées et superposées.

Au début ce sont de volumineux exsudats qui se transforment bientôt en vrai tissu cicatriciel.

· Ces cordons peuvent dans la suite s'étendre sous forme

(1) Alexander, *Zehender's Monat. f. Aug.*, Bd V.
(2) Masselon, Paris, 1883.

de traînées reliant différents points du fond de l'œil ; ici c'est une zone de la périphérie qui est réunie à la papille, là c'est une plaque fibreuse qui est appliquée au-devant des régions maculaire et papillaire.

Dans les cas où les placards fibreux ont une notable épaisseur, ce qui est démontré par le déplacement parallactique, le vitré a participé au processus.

Les vaisseaux choroïdiens peuvent également donner lieu à des hémorragies. Ce n'est qu'en se basant sur des altérations concomitantes de rétinite pigmentaire (petites taches noirâtres irrégulières bordant ou recouvrant les vaisseaux rétiniens) ou de choroïdite (placards blancs tachetés de noir sur lesquels passent les vaisseaux rétiniens) que l'origine syphilitique des nappes hémorragiques ou de leurs reliquats peut être parfois affirmée. Le diagnostic sera rendu plus aisé si l'on constate, en d'autres organes, des indices de syphilis. Les signes de cette rétinite hémorragique n'ont donc rien de caractéristique s'ils restent isolés.

Parfois les artérites syphilitiques donnent lieu à des épanchements sanguins moins abondants. Ce sont des hémorragies par thrombose ; elles sont disséminées et curables à moins qu'elles ne se compliquent d'atrophie optique. On peut noter des oblitérations partielles ou totales vraiment emboliques dues à une altération de la paroi interne de l'artère (Galezowski) (1).

3° **Rétinite pigmentaire.** — A l'ophtalmoscope on remarque deux images cliniques différentes de la rétinite pigmentaire syphilitique qui présente une disposition étoilée ou circinée ; ces deux variétés doivent être connues.

Rétinite pigmentaire étoilée. — Dans la rétinite étoilée, on observe des taches noirâtres avec des bords déchirés ou frangés. Ce sont des taches avec de petites expansions en

____

(1) Galezowski, *Soc. de derm. et de syphil.*, 1896.

ailes que l'on peut comparer aux corpuscules osseux ou à des vols d'hirondelles vus dans l'espace. Ce sont ces mêmes constellations noirâtres que l'on remarque dans la rétinite pigmentaire congénitale. Toutefois dans la rétinite syphilitique, les taches sont moins ordonnées le long des vaisseaux et moins groupées dans les parties équatoriales. Elles sont distribuées en amas et assez irrégulièrement, c'est une rétinite disséminée et généralisée.

Les vaisseaux rétiniens souvent sont normaux, d'autres fois ils sont sclérosés, c'est-à-dire bordés d'une double ligne blanchâtre. Il est rare de voir leur disparition complète comme dans la dégénérescence pigmentaire congénitale.

Par cette description on voit combien il est difficile dans certains cas de distinguer la rétinite pigmentaire congénitale de la rétinite pigmentaire syphilitique (*Phot.* 27, 28), d'autant plus que dans cette dernière on peut noter aussi l'héméralopie et le rétrécissement concentrique du champ visuel. C'est dire que le cortége symptomatique de l'affection congénitale peut se montrer au complet dans l'affection syphilitique, aussi comprend-on que certains auteurs tels qu'Hutchinson (1), aient voulu confondre ces deux maladies en les rapportant à une cause commune : la syphilis héréditaire.

Nous pensons que cette opinion est vraie dans certains cas, mais qu'il existe une rétinite pigmentaire congénitale qui n'est pas en rapport avec la syphilis, de même qu'il existe des malformations dentaires ou des kératites interstitielles qui ne témoignent pas d'une syphilis héréditaire. De ce que la rétinite pigmentaire syphilitique peut être constatée à la naissance et constitue alors un des symptômes d'une syphilis congénitale, il faut se garder d'en déduire que toute rétinite pigmentaire congénitale est de nature syphilitique.

(1) Hutchinson, *Opht. Hosp. Rep.*, 1867-69-72-73.

En ce qui concerne le diagnostic de la rétinite pigmentaire de la syphilis acquise, on devra rechercher les caractères que nous lui avons attribués, tout en se rappelant que c'est seulement parfois à l'aide des commémoratifs, syphilis antérieure, héméralopie récente et non du jeune âge, que l'on éliminera l'idée d'une affection congénitale et de dégénérescence.

Rétinite pigmentaire circinée. — A côté de cette variété étoilée de la rétinite syphilitique, nous décrirons une rétinite circinée, qui n'est pas étudiée dans les auteurs (1).

On voit alors des cercles ou demi-cercles noirâtres disposés irrégulièrement dans le fond de l'œil (*Phot.* 20). Ces petits amas pigmentaires sont rétiniens et non choroïdiens, car s'ils se trouvent au niveau d'un vaisseau, ils le masquent. Ces lésions nous semblent pathognomoniques de la syphilis ; on retrouve en les examinant le mode de groupement qu'affectionne l'élément éruptif de la syphilis, c'est-à-dire la tendance à la forme circinée ou à un dérivé de cette forme, caractère général très important et bien connu : ce sont des anneaux, des croissants, des arceaux, des huit de chiffre.

Quelle que soit la variété de la syphilis rétinienne pigmentaire, variété étoilée ou circinée, on peut noter une choroïdite syphilitique concomitante (Galezowski) (2). Ce sont alors des plaques blanchâtres ou pigmentaires comme celles que nous décrivons plus loin et qui constituent ainsi une choriorétinite (*Phot.* 30).

Toutes ces lésions sont graves, rebelles au traitement et semblent parasyphilitiques.

Progressivement l'épithélium pigmentaire rétinien disparaît, la choroïde dénudée devient visible. Elle a participé à

____

(1) On ne confondra pas cette rétinite pigmentaire circinée avec la rétinite blanche circinée que nous décrivons dans un autre chapitre. Cette affection, mal connue encore, se caractérise par des taches rondes festonnées encadrant la macula et ne relève jamais de la syphilis.

(2) Galezowski, *Soc. de derm. et de syph.*, 1895.

l'atrophie et l'on aperçoit à l'ophtalmoscope sa couleur jaunâtre ou chamois. Alors la papille se décolore, c'est l'atrophie blanc jaunâtre qu'a décrite Foerster.

4° **Rétinite scléro-gommeuse**. — Sous ce terme nous désignons une rétinite syphilitique qui présente les caractères suivants :

A l'ophtalmoscope on remarque de petits flocons ronds et laiteux, de petites masses de couleur gris blanchâtre ; ces corpuscules sont appendus aux petites branches terminales des artères de la rétine comme les grains de raisin à leur grappe. Aux alentours on peut noter de petites infiltrations rétiniennes ponctuées d'aspect jaunâtre ou grisâtre, ayant peu de tendance à se réunir ou à se pigmenter. Ces lésions se reconnaissent à la périphérie vers les branches les plus fines des artères ou au niveau des artérioles périmaculaires ; on fera cet examen à l'image droite ou à l'image renversée avec faible éclairage.

Comme on le voit ces altérations rétiniennes ont des rapports intimes avec les vaisseaux. En même temps parfois on peut observer çà et là quelques foyers de choroïdite.

C'est en réalité l'affection que de Graefe (1) a décrite sous le nom de rétinite centrale récidivante et qui, selon lui, était caractérisée par un trouble central grisâtre de la rétine au milieu duquel on observait de petits points blanchâtres, disséminés, et par les rechutes très nombreuses de la maladie. Récemment Ostwalt (2), Hirschberg (3) ont eu le mérite d'étudier cette rétinite, d'en montrer les signes et les conséquences.

Sans doute l'interrogatoire et l'examen des malades, l'efficacité du traitement mercuriel font songer à l'origine syphilitique de cette rétinite, mais c'est l'examen microscopique seul qui a permis de l'affirmer.

(1) Graefe, *Graefe's Arch.*, XII, 1866.
(2) Ostwalt, Congrès d'Heidelberg, 1888.
(3) Hirschberg, *Berlin. klin. Wochen.*, 1888.

En effet les recherches anatomo - pathologiques de Nettleship (1), Deyl (2), Schöbl (3) montrent que dans cette rétinite, les artères présentent un épaississement de leur tunique interne, une prolifération de l'endartère aboutissant à l'oblitération des vaisseaux. Dans la couche des fibres nerveuses de la rétine se trouvent des amas de cellules rondes.

C'est bien là l'allure du processus syphilitique. C'est une syphilis artérielle, une localisation de la syphilis tertiaire tardive ou précoce. La lésion primordiale est l'artériopathie : l'artère atteinte d'endopériartérite s'entourera d'un nodule scléro-gommeux, formé de tissu fibrillaire avec cellules embryonnaires.

Les lésions ressemblent à celles qu'Heubner (4) a décrites au cerveau où ces produits morbides ont une tendance incontestable à se grouper autour des vaisseaux artériels et les suivre dans leurs ramifications, sous formes de traînées ou de chapelets. On dirait qu'ils cherchent en eux un support, ce sont des liens très étroits qui unissent entre eux les vaisseaux et les syphilomes de l'encéphale (Mauriac) (5).

Cette rétinite syphilitique, fait très important, est parfois un signe avant-coureur d'artérite cérébrale, comme s'est efforcé de le prouver Ostwalt (6). La gravité de cette rétinite réside donc dans des troubles cérébraux concomitants ou à plus longue échéance. Hirschberg y voit un présage d'apoplexie cérébrale même chez des sujets encore jeunes et cite le cas d'un de ses malades âgé de vingt-sept ans qui succomba à pareille complication.

Ces lésions disparaissent par le traitement mixte, mais les récidives sont fréquentes et l'affection devient très tenace.

(1) Nettleship, *Opht. Hosp. Rep.*, XI, 1886.
(2) Deyl, *Casopsis lek. crsk.*, XXVI, 1887.
(3) Schöbl, *Centr. f. pr. Aug.*, 1888.
(4) Heubner, Leipzig, 1874.
(5) Mauriac, *Syphilis tert.*, Paris, 1890.
(6) Ostwalt, Th. de Paris, 1891.

Les petits foyers augmentent de nombre, pavant pour ainsi dire, sous forme de noyaux grisâtres, le voisinage des vaisseaux. Alors apparaissent des foyers de choroïdite syphilitique.

Par l'examen du malade on notera que l'acuité visuelle a beaucoup diminué, qu'il existe de la métamorphopsie et un petit scotome central.

Plus tard cette rétinite gommeuse (Lodato) (1) ou scléro-gommeuse (Rollet), s'accompagne de trouble papillaire. Sa gravité réside donc pour l'organe de la vision dans une menace d'atrophie optique, c'est-à-dire de cécité.

(1) Lodato, *Archiv. di Ottal.*, 1896.

Observation et Phot. 25.

RÉTINITE SYPHILITIQUE DIFFUSE — TROUBLES DU VITRÉ.

Œil gauche.

M. T..., trente-cinq ans. Il y a un an et demi, chancre syphilitique aux organes génitaux. Quelques semaines après plaques muqueuses buccales, gingivite, alopécie.

Puis deux poussées de syphilides cutanées ; la seconde a consisté en une éruption papulo-squameuse.

Il y a six mois, sensation de brouillard devant l'œil gauche coïncidant avec des céphalées.

Actuellement, rien d'anormal extérieurement. La pupille réagit à la lumière. A l'examen ophtalmoscopique (image renversée) troubles du vitré, nuage blanchâtre masquant la papille, d'où émergent excentriquement des vaisseaux à image confuse. Troubles plus marqués du côté gauche.

Observation et Phot. 26.

NÉVRITE OPTIQUE SYPHILITIQUE.

Œil gauche.

A. C. , trente-neuf ans. Il y a un an, chancre génital suivi de plaques muqueuses et de roséole cutanée.

Il y a une semaine, le malade s'aperçut qu'il existait un brouillard devant ses yeux ; il apprit, en fermant successivement chacun de ses yeux, que ce brouillard existait uniquement sur l'œil gauche. Quand le malade regarde le ciel ou un mur blanc, il constate une tache grisâtre au milieu de son champ visuel ; cette tache est large comme la paume de la main placée à 15 centimètres de l'œil. Jamais de douleurs oculaires. Ce scotome central persiste toujours.

O. D. Rien d'anormal à l'ophtalmoscope. V. = 1 ; réfraction statique + 1,50.

O. G. Rien d'anormal dans les parties antérieures du globe. L'iris réagit à la lumière et à l'accommodation. Pas de troubles des milieux. A l'ophtalmoscope, la papille présente des bords flous. Elle est rosée et cette couleur envahit tout le disque papil-

Phot. 25. — Rétinite syphilitique diffuse.

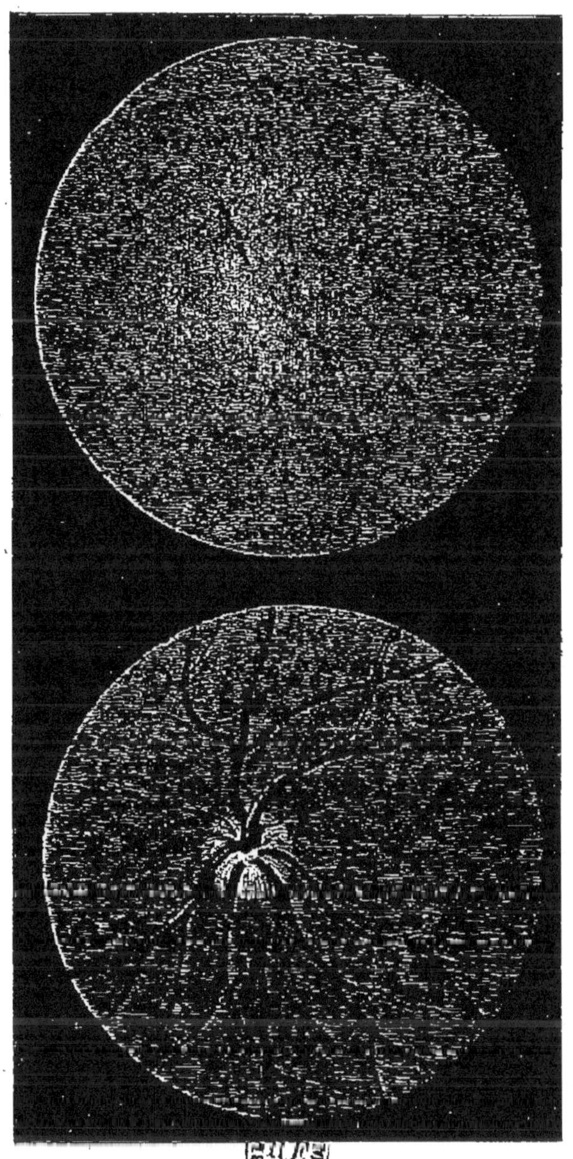

Phot. 26. — Névrite optique syphilitique.

laire. A peine remarque-t-on, au centre, un point excavé plus blanc. Aspect nettement strié de la papille. Le niveau de la papille est un peu surélevé. Avec + 4 on aperçoit encore le sommet de cette dernière, tandis que le niveau général de la rétine est à + 1,75, ce qui fait une saillie de 8 dixièmes de millimètre environ. Les vaisseaux sont miroitants, congestionnés ; le diamètre des artères égale et dépasse même celui des veines. La rétine soulevée présente en certains points un reflet au voisinage des vaisseaux. Les vaisseaux semblent s'incliner sur le bord papillaire et leur coloration augmente. Le déplacement parallactique donne une légère ondulation.

$$V. = \frac{1}{50}.$$ Réfraction statique = hyperopie 1 D. 75 (image droite).

Le malade porte des verres depuis cinq ans.

Champ visuel : scotome central présentant une zone de cécité

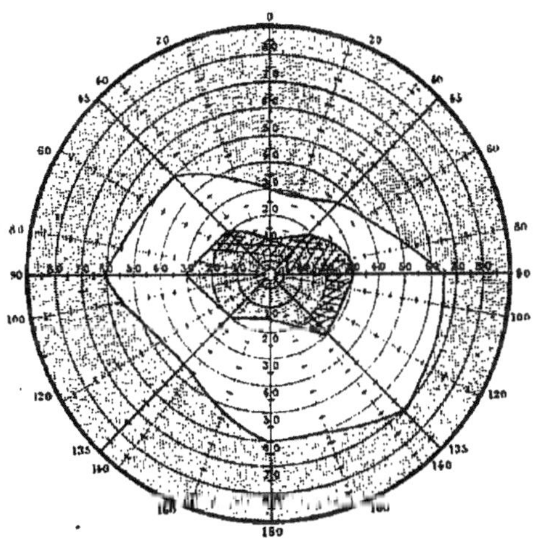

Fig. 70.

absolue et une zone où l'acuité est très faible, mais persiste encore (fig. 70).

Observation et Phot. 27.

RÉTINITE PIGMENTAIRE SYPHILITIQUE.

OEil gauche.

A..., quarante-huit ans. Cette malade a eu sept enfants bien portants. Après ces diverses couches, il y a seize ans, la malade est
atteinte de syphilis, accidents muqueux et cutanés. Quatre ans
après, gomme palatine. Il y a deux ans, nouvelles poussées : syphilides nasales, perforation de la voûte palatine pour laquelle elle
est traitée à l'Antiquaille.

Depuis deux mois, la malade, qui avait toujours eu excellente
vue, est prise d'amblyopie. Elle accuse des vertiges; on constate
alors les signes suivants : Paralysie totale du nerf moteur oculaire
commun droit. A gauche, rien d'anormal extérieurement.

Examen ophtalmoscopique : O. G. Cataracte polaire postérieure
punctiforme, pas de troubles du vitré. Papille à bords un peu
flous, d'une blancheur atrophique. Les vaisseaux sont filiformes,
pas de double contour. On reconnaît les veines à leur coloration
plus sombre. Les artères se perdent à quelques diamètres papil-

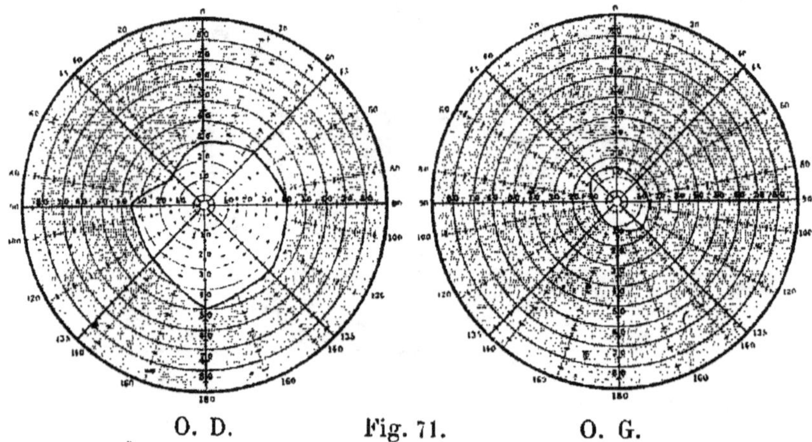

O. D.   Fig. 71.   O. G.

laires du pourtour de la papille, les veines persistent un peu plus
loin. Il n'existe plus de petits vaisseaux. Choroïde d'un rouge
assez uniforme, sauf en bas où elle présente de la dépigmentation;
on voit alors les vaisseaux choroïdiens d'un rouge sombre sur un
fond clair. Dépôts pigmentaires nombreux à la périphérie dont le
volume augmente en allant à l'équateur où ils deviennent étoilés,
lambdoïdes. Leurs branches se ramifient en tous sens comme les

Phot. 27. — Rétinite pigmentaire syphilitique.

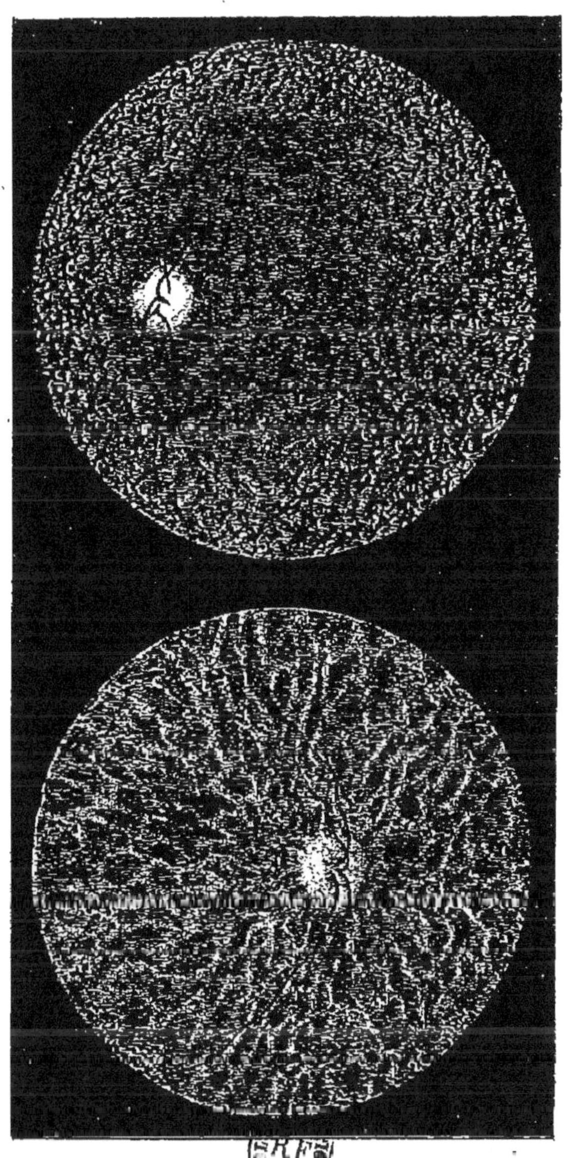

Phot. 28. — Rétinite pigmentaire syphilitique.

corpuscules osseux. $V. = \frac{1}{6}$. Le champ visuel est très rétréci, (fig. 71) l'acuité centrale est seule conservée. Emmétropie.

O. D. Rien d'anormal extérieurement. La pupille ne réagit pas. Pas de troubles des milieux. Papille un peu blanche, mais encore un peu rosée en dedans. Excavation physiologique centrale. On distingue le double contour des artères, les vaisseaux se poursuivent à la périphérie.

Dépôts pigmentaires moins nombreux que de l'autre côté, ils sont disposés en trois groupes. On peut les voir s'organiser le long des vaisseaux, les border et les recouvrir. A la partie inférieure, dépigmentation rétinienne et choroïdienne. $V. = \frac{1}{8}$. Champ visuel plus étendu que du côté opposé (fig. 71).

Observation et Phot. 28.

RÉTINITE PIGMENTAIRE SYPHILITIQUE.

Œil droit.

B..., soixante-cinq ans. A l'âge de quinze ans, fièvre palustre. A vingt-trois, variole. Excès alcooliques en Algérie à l'âge de trente ans. En 1880, syphilides tégumentaires, peu après la vue a baissé. En 1885, ce malade reconnaît difficilement les objets, il peut se conduire par un temps clair, mais s'égare quand il y a du brouillard ou que le temps est sombre. Il reconnaît le rouge, il voit en blanc les autres couleurs.

En 1897, O. G. cataracte. $V = 0$.

O. D. Rien extérieurement, la pupille dilatée moyennement ne réagit ni à la lumière, ni à l'accommodation. Cataracte polaire antérieure. La périphérie du cristallin est transparente et permet d'apercevoir le fond de l'œil. Corps flottants du vitré punctiformes et se déplaçant lentement. A l'image renversée, on voit les détails suivants : la papille est ronde, atrophique, d'un blanc grisâtre, perte complète de la transparence du tissu papillaire. Vaisseaux filiformes, pas de double contour. Les veines se distinguent des artères par leur coloration plus sombre, les artères se dessinent sous forme de filets roses et ténus. Elles se voient peu au delà des limites papillaires ; les veines peuvent se remarquer un peu plus loin vers la périphérie. Dépigmentation épithéliale. Choroïde à colonnes et à nervures blanches. Dépôts pigmentaires punctiformes ou étoilés, disséminés dans tout le fond de l'œil et surtout à la périphérie. Ce malade peut distinguer le jour de la nuit et aperçoit le soir la lumière de la lampe. Champ visuel impossible à examiner. Emmétropie.

Observation et Phot. 29.

RÉTINITE SYPHILITIQUE PIGMENTAIRE ET CIRCINÉE. (*OEil gauche.*)

E. C..., quarante-neuf ans. A l'âge de vingt-sept ans, chancre génital suivi d'accidents secondaires. Quelques mois après, troubles dans la vue pour lesquels il est traité par une médication interne indéterminée. Aujourd'hui, rien d'anormal extérieurement; les pupilles réagissent bien.

O. D. Emmétropie. Papille un peu blanche, quelques dépôts pigmentaires. $V.=\dfrac{1}{40}$.

O. G. Emmétropie. $V.=\dfrac{1}{25}$, pas de troubles des milieux. Papille rosée, vaisseaux un peu anémiés; la dépigmentation épithéliale laisse voir le stroma choroïdien. Dépôts pigmentaires surtout à la périphérie. On constate quelques cercles noirâtres complets, d'autres en plus grand nombre affectent la forme d'un fer à cheval ou d'un X. Quelques vaisseaux rétiniens passent au-dessus des formations pigmentaires; elles ont peu de tendance à être groupées près des vaisseaux. Les anneaux ou segments d'anneaux pigmentaires sont en petite quantité dans l'aire vasculaire temporale.

Observation et Phot. 30.

CHORIO-RÉTINITE (HÉRÉDO-SYPHILITIQUE?). (*OEil droit.*)

G. L..., dix ans. Peu de renseignements précis sur les parents. On peut savoir que la mère n'a pas eu de fausse couche; cet enfant a été nourri au sein pendant trois ans, il est venu au septième mois. Il a parlé à l'âge de quatre ans, sa vue a toujours été faible. Aujourd'hui cet enfant est atteint d'infantilisme et de microcéphalie pour laquelle M. Rollet se propose de faire une craniectomie. Rien aux téguments.

O. D. Ramollissement du vitré avec corps flottants nombreux, se déplaçant avec assez de rapidité dans le champ ophtalmoscopique. Ils affectent la forme de membranules. A l'image renversée, papille ronde à bords flous. Ces limites indécises s'estompent progressivement pour s'unir au rouge choroïdien. Couleur blanche tirant un peu sur le jaune et le gris. Au centre légère dépression, indice d'une excavation physiologique d'où sortent en haut et en bas une veine et une artère. Ces vaisseaux sont filiformes, surtout les artères de couleur plus pâle que les veines. A une faible distance de la papille, il est impossible de reconnaître les vaisseaux. C'est l'image d'une atrophie post-inflammatoire.

La choroïde est parsemée de plaques d'atrophie. Ces plaques, dont quelques-unes ont plus d'un diamètre papillaire, sont disséminées surtout à la périphérie. Quelques-unes s'avancent à un diamètre papillaire du disque optique. Ces plaques ont une couleur blanche éclatante avec dépôts pigmentaires d'un noir charbonneux. Sur quelques-unes de ces plaques on rencontre quelques bandes rouges, vestiges des gros vaisseaux choroïdiens.

Tout à fait à la périphérie, et surtout en bas, la teinte du fond de l'œil est plombée et on aperçoit de petits corpuscules noirâtres semblables à ceux de la rétinite pigmentaire.

O. G. Même aspect général.

Phot. 29. — Rétinite syphilitique pigmentaire et circinée.

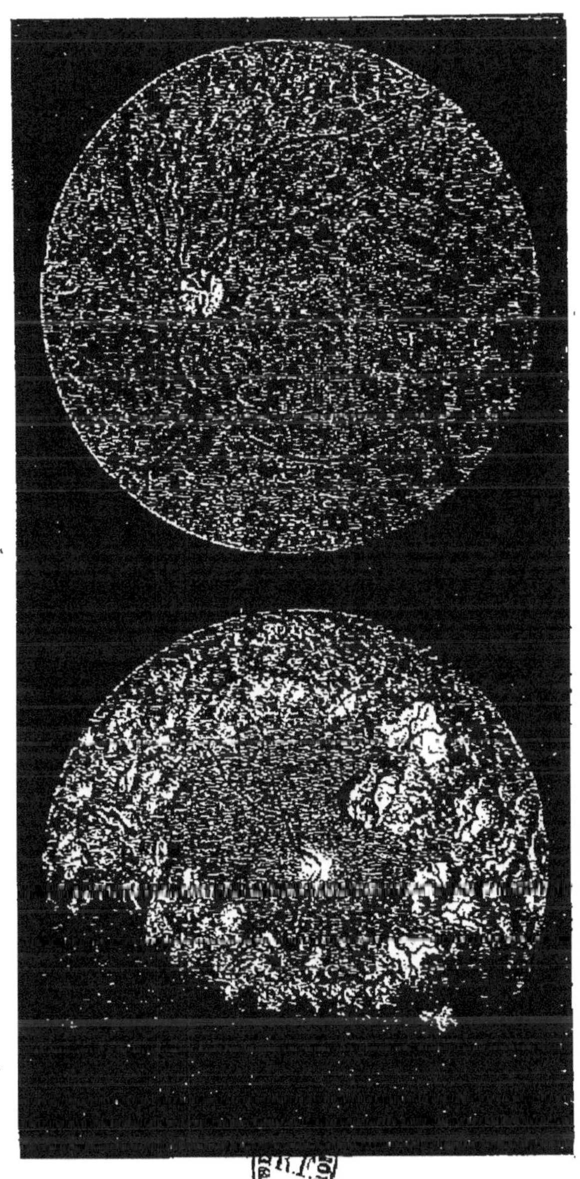

Phot. 30. — Chorio-rétinite hérédo-syphilitique.

VI. — *Rétinite proliférante*.

Pour Manz (1) la rétinite proliférante est une entité
morbide indépendante de troubles circulatoires et de nature
encore indéterminée ; pour Leber, il s'agit d'un syndrome
faisant suite aux hémorragies rétiniennes et vitréennes
abondantes.

Prœbsting (2) a reproduit expéritalement cette rétinite
sur le lapin par l'injection de sang dans le vitré, qui détermine ainsi une prolifération des fibres de soutien de la rétine.

Il semble que dans la grande majorité des cas les lésions
que l'on observe répondent à une organisation de la fibrine
du sang épanché (Parent) (3), à une rétino-hyalite résultant
d'une irritation aseptique de la rétine et du vitré causée par
des hémorragies profuses, comme s'est efforcé de le prouver
Guilbaud (4) dans un excellent mémoire.

Goldzieher (5) a récemment soutenu une opinion éclecti-
que : la rétinite proliférante serait tantôt post-hémorragique,
tantôt elle évoluerait spontanément et se caractériserait
alors par une hyperplasie et une dégénérescence hyaline de
la limitante interne de la rétine.

La rétinite proliférante étant en général le dernier stade
d'hémorragies rétiniennes ou plus rarement choroïdiennes,
nous avons déjà dû étudier rapidement son image ophtalmoscopique à propos des hemorragies de la rétine ou de la
rétinite hémorragique syphilitique.

Dans ce cas il existe une période de début où l'on reconnaît le tableau symptomatique des hémorragies rétiniennes
profuses : ce sont la photopsie, les mouches volantes, la

(1) Manz, *Arch. f. Opht.*, 1876 et 1880.
(2) Prœbsting, *Arch. von Graefe*, XXXVIII.
(3) Parent, *Rec. d'opht.*, 1879.
(4) Guilbaud, Thèse de Paris, 1897.
(5) Goldzieher, *Congrès de Rome*, 1893, et *Opht. Gesell. Heidelberg*,
1896.

céphalalgie ; à l'ophtalmoscope on n'aperçoit rien, il y a épanchement sanguin et trouble du vitré.

Au bout de quelques mois, après éclaircissement des milieux, on peut remarquer des altérations vasculaires, des amas pigmentaires, des tractus rougeâtres, surtout à la partie déclive, qui se décolorent. C'est le caillot sanguin qui s'organise, blanchit et va donner lieu à l'aspect ophtalmoscopique de la rétinite proliférante.

Quelle que soit l'origine de la rétinite proliférante, qu'elle soit secondaire à des hémorragies ou primitive, dans la période d'état on constatera à l'ophtalmoscope des lésions bilatérales qui ont l'aspect suivant : une large plaque blanchâtre miroitante, parfois avec quelques taches pigmentaires et filets vasculaires ; cette plaque encadre irrégulièrement la papille ou est appliquée au-devant d'elle et la masque en totalité ou en partie (*Phot.* 32). De cette plaque partent des bandelettes se dirigeant suivant le trajet des vaisseaux rétiniens en les recouvrant ou à parcours irrégulier. Ces expansions, avec aspect tendineux et resplendissant, dessinent un croissant ouvert en haut, ou s'échappent de la portion principale sous la forme de tentacules à direction variée (*Phot.* 31).

Entre les anastomoses de ces bandelettes, on peut apercevoir le fond de l'œil orangé et sain et mesurer à l'image droite les reliefs formés par les membranes néoformées.

En général on ne peut voir les connexions qui unissent ces placards avec les vaisseaux sous-jacents, mais à un faible éclairage et au miroir plan, on peut constater de petits prolongements qui s'enfoncent dans le corps vitré.

Dans la rétinite proliférante, la période d'état que nous venons de décrire se prolonge indéfiniment ; les lésions n'ont pas de tendance à rétrocéder. Les scotomes qu'elles déterminent sont donc appelés à demeurer à peu près fixes ; c'est à la situation des lésions dans le fond de l'œil, qu'est subordonné le pronostic de l'affection qui tend à s'aggraver

par le retour de nouvelles hémorragies et par une atrophie
optique.

On ne confondra pas la rétinite proliférante avec les
fibres opaques rétiniennes à bords frangés finement striés,
sans saillie et qui n'envahissent pas la région maculaire.

Le décollement de la rétine est de couleur grise, il présente des plis sur lesquels rampent les vaisseaux et un tremblotement caractéristique; ce décollement occupe un espace
restreint : c'est par un examen attentif qu'on le distinguera
de la rétinite proliférante.

VII. — *Rétinite blanche circinée.*

Sous le terme de dégénérescence blanche de la rétine (de
Wecker et Masselon) (1) et de rétinite circinée (Fuchs) (2),
on a désigné une lésion dont les signes ophtalmoscopiques
sont assez précis, mais dont la nature est encore obscure.

C'est spécialement chez la femme adulte, mais aussi dans
le jeune âge (3), qu'apparaît l'affection qui semble pouvoir
être rapportée, au moins dans certains cas, à une dégénérescence graisseuse consécutive à de fines hémorragies
ou à des troubles dus à l'artério-sclérose.

A l'ophtalmoscope on remarque une tache maculaire
grisâtre, un œdème maculaire (Nuel) (4), et tout autour,
un cercle ou une ellipse de taches blanches rétiniennes.
A la périphérie de l'aire nuageuse périfovéale, on aperçoit
une série de petits éléments blanchâtres, dépourvus de
liséré noir, à disposition circinée ou en amas et formant
par leur réunion deux arcs dont la concavité embrasse la
région maculaire. Ces éléments ponctués sont des exsudats
albuminoïdes qui siègent dans les couches rétiniennes

(1) De Wecker et Masselon, *Arch. d'opht.*, 1891, et *Ophtalm. clin.*, 1891.
(2) Fuchs, *Arch. f. Opht.*, 1893.
(3) Weltert, *Arch. f. Aug.*, 1896.
(4) Nuel, *Arch. d'opht.*, 1896.

externes (Nuel) et au-devant desquels passent les vaisseaux.

La papille peut être légèrement congestionnée; çà et là on notera quelques taches pigmentaires, mais le système vasculaire est normal. On ne constate pas d'hémorragies rétiniennes notables (en stries ou en nappes). La vision centrale peut être abolie à la suite d'une altération maculaire pigmentaire.

OBSERVATIONS ET PHOT. 31 ET 32.

Observation et Phot. 31.

RÉTINITE PROLIFÉRANTE POST-HÉMORRAGIQUE. — HÉMORRAGIES
DE LA RÉTINE.

Œil droit.

P..., âgé de cinquante-neuf ans, tailleur de pierres.

Antécédents personnels nuls. Pas d'alcoolisme, pas de syphilis, Le malade s'est toujours bien porté. Il y a deux ans, cet homme a eu la grippe et depuis, peu à peu, sa vue a faibli. Il y a trois mois le malade ne pouvait lire dans la rue les enseignes qu'il déchiffre aujourd'hui. Il y a donc amélioration progressive et spontanée de la vision.

O. D. On constate des hémorragies de la rétine et d'anciennes hémorragies rétino-vitréennes qui donnent l'image de la rétinite proliférante.

Pas de troubles des milieux. L'iris réagit à la lumière et à l'accommodation. Réfraction statique : Emmétropie.

Papille un peu ovale à grand axe vertical ; contours nettement accusés par des dépôts pigmentaires surtout marqués en dedans et en bas.

Excavation physiologique en forme de puits à bord perpendiculaire ; au fond de l'excavation le tissu papillaire présente une coloration d'un blanc nacré. Des petits traits pigmentaires concentriques donnent le dessin en moelle de jonc de la lame criblée. Au fond de l'excavation émergent deux artères qui se dirigent horizontalement du côté nasal. Leurs contours sont vus flous, car ils ne sont pas au point, étant situés en arrière du plan général de la rétine. La profondeur de l'excavation physiologique est de 1 millimètre environ, le verre — 3 étant le verre le plus faible qui permette l'examen net. La seconde zone de la papille, concentrique à l'excavation dont elle forme le bord, se présente sous l'aspect d'une couronne rose. Pas de cercle sclérotical.

La zone du tissu papillaire rose est interrompue dans son secteur nasal par une production pathologique spéciale. Cette production, grossièrement quadrilatère, semble plaquée sur la portion nasale de la papille ; elle est légèrement en saillie sur le niveau des bords de l'excavation.

De ces bords partent deux prolongements. Leur couleur est d'un

Phot. 31. — Rétinite proliférante post-hémorragique.
Hémorragies de la rétine.

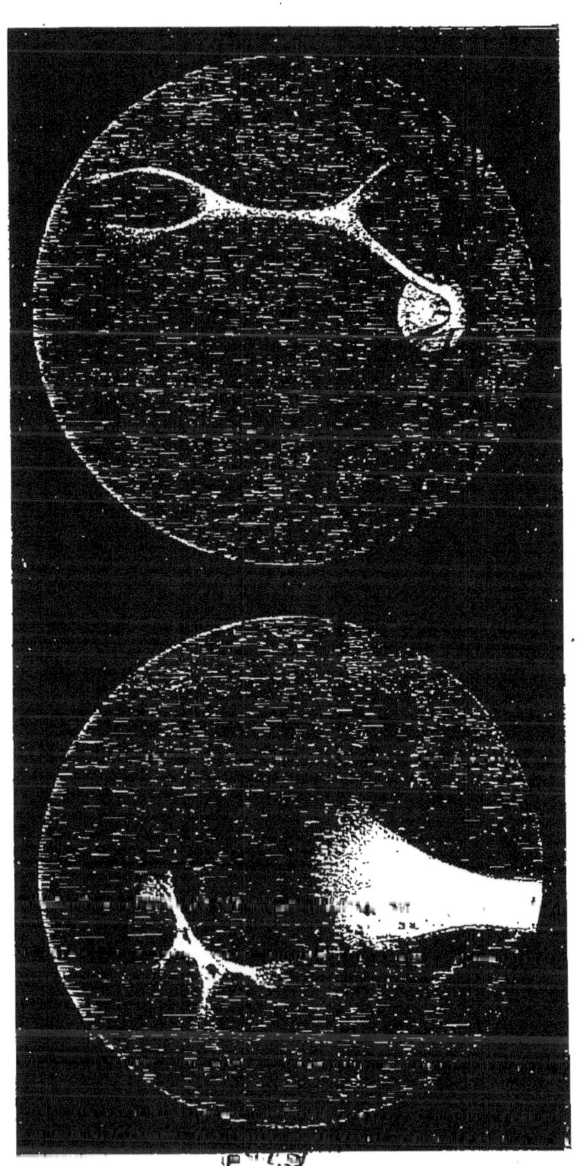

Phot. 32. — Rétinite proliférante.

blanc éclatant. Parmi ces prolongements, l'un ne dépasse pas le bord papillaire, il cache sur une faible partie de leur parcours les deux artères qui émergent de la papille. L'autre est très long, filiforme, ondulé, il semble flotter dans le vitré. Les vaisseaux rétiniens passent au-dessous de ce tractus fibreux. C'est l'artère temporale supérieure qui est interrompue, puis réapparaît. La saillie du tractus fibreux prérétinien est peu marquée, sa plus grande proéminence se voit avec le verre + 3.

Ce tractus peut être considéré comme le reliquat d'une hémorragie qui a eu pour siège la portion nasale de la papille, le sang provenant soit des vaisseaux rétiniens, soit des gaines du nerf optique.

Les veines sont congestionnées, mais non tortueuses. A l'examen du fond de l'œil, hémorragies en flaques ou en flammèches occupant surtout les régions péripapillaires et périmaculaires.

$$V. = \frac{1}{30}.$$

Observation et Phot. 32.

RÉTINITE PROLIFÉRANTE.

Œil droit.

Sophie M..., vingt-neuf ans. A l'âge de dix ans, perte subite de la vue de l'œil droit. La malade enfermée dans une cave avait eu une très grande frayeur. A l'œil gauche, décollement myopique de la rétine, latéro-inférieur. A l'œil droit, rétinite proliférante. A l'ophtalmoscope on constate que la papille a complètement disparu. A sa place, dans le fond de l'œil, se trouve une plaque blanchâtre, saillante dans le vitré. Sa disposition proéminente est nettement indiquée à l'image droite et par le déplacement parallactique.

A en juger par la direction des vaisseaux rétiniens, la papille se trouve derrière cette bande blanchâtre sur laquelle se trouve quelques productions pigmentaires bien visibles avec le verre + 10. A la partie inféro-externe du fond de l'œil, petite production blanchâtre irrégulière, avec quatre tentacules. Cette masse proémine sous le vitré et recouvre des vaisseaux rétiniens normaux. Amas pigmentaires disséminés autour de ces plaques.

IV. — DÉCOLLEMENT DE LA RÉTINE.

Le décollement de la rétine est caractérisé par la séparation de la rétine et de la choroïde, membranes normalement en contact en raison de la pression du corps vitré.

Cette disjonction est due à l'interposition d'un liquide ou d'une masse solide ; le liquide est séreux, purulent ou hématique, la masse solide est un néoplasme.

Le décollement de la rétine par un liquide purulent ne nous arrêtera pas ici, car ce décollement n'est qu'un des symptômes d'un processus infectieux qui s'étend rapidement à tout l'œil et provoque des troubles des milieux. Le décollement provoqué par un néoplasme rentre dans le groupe des tumeurs de l'hémisphère postérieur de l'œil, dont nous donnons ailleurs une description.

On observera exceptionnellement un épanchement formé de sérosité hématique ou de sang (traumatisme); le décollement traumatique avec épanchement sanguin fait partie de l'étude des blessures oculaires.

Le décollement de la rétine proprement dit, qui fait l'objet de notre description, est presque toujours une complication de la myopie; il est dû à un épanchement de sérosité citrine qui a détaché la rétine de la choroïde.

Le décollement de la rétine n'est bien connu que depuis la découverte de l'ophtalmoscope. Sans doute, dans certains cas très avancés, le simple éclairage latéral fait reconnaître la lésion, mais dans la généralité des cas l'ophtalmoscope seul permet d'être renseigné exactement.

Le décollement de la rétine est partiel au début, et peut se rencontrer en un point quelconque du fond de l'œil ; toutefois, c'est spécialement en bas, ou bien en bas et en dehors qu'il apparaît. Il est à remarquer qu'un décollement inférieur ou inféro-externe peut préalablement avoir siégé en haut, ou en haut et en dehors, mais en raison de la pesanteur, le liquide s'est amassé progressivement à la partie déclive, alors que la rétine s'est réappliquée dans sa portion supérieure.

A un décollement passager, situé en haut (*Phot.* 33), fait suite un décollement inférieur, lésion persistante et qui peut s'étendre latéralement.

A l'état normal, nous apercevons dans le fond de l'œil, à travers la rétine transparente, la teinte rouge orangé de la choroïde, mais s'il y a décollement de la rétine, on constate que la portion de rétine décollée est soulevée ; elle perd rapidement sa transparence, prend l'aspect d'un voile opalin, ondulé, chiffonné et qui flotte dès que l'on imprime des mouvements à l'œil. Sur la membrane grisâtre serpentent les vaisseaux qu'elle a entraînés dans son déplacement et qui tremblotent aussi quand l'œil se meut.

Ces caractères généraux sont reconnus à un éclairage peu intense. En projetant parfois simplement la lumière dans l'œil, on peut voir le décollement, car la rétine s'est rapprochée du cristallin. On fera l'examen à l'image renversée, qui laisse embrasser une large portion du fond de l'œil et à l'image droite qui permettra de noter les diverses altérations. Alors les caractères du décollement de la rétine étudiés en détail sont les suivants :

On remarque d'abord une modification dans la coloration du fond de l'œil au point précis où la rétine est décollée. C'est un voile de nuance opaline, cendrée, grisâtre, à reflets satinés ; ailleurs le voile est blanchâtre, verdâtre ou bleuâtre.

Il convient de rapporter ces différentes couleurs à des causes multiples : au liquide citrin épanché, à la rétine qui réfléchit fortement la lumière et qui est généralement dépourvue de sa couche pigmentaire restée adhérente à la choroïde, enfin à la disparition de la teinte rougeâtre de la choroïde qui est masquée et ne se voit plus par transparence.

Ailleurs, une rétine devenue scléreuse donnera lieu à un décollement de nuance blanchâtre ; exceptionnellement, un décollement rouge verdâtre sera dû à un liquide hématique (traumatisme), un décollement jaunâtre à un liquide renfermant des globules de pus.

La coloration du voile rétinien n'est jamais bien uniforme, car ce voile est froncé, sillonné de plis et de replis ; sa couleur est plus sombre dans le fond des ondulations, on peut même apercevoir là en certains points le rouge choroïdien.

La moindre secousse imprime à la membrane, flottante et tremblotante, un mouvement de drapeau ou des soulèvements comparables aux vagues d'un décor de théâtre. Ce signe ne manque que dans les décollements peu accentués.

En somme, c'est au-devant du fond d'œil normal, surface à ton rougeâtre, que s'élève assez brusquement le décollement simulant le massif de montagnes d'une carte en relief. Ces montagnes présentent des vallées profondes, des faîtes élevés à sommets arrondis, sillonnés çà et là par les vaisseaux rétiniens, filets de nuance rouge sombre, presque noire, dont le calibre paraît augmenter sur la membrane décollée.

On sait que des différences de niveau du fond de l'œil se reconnaissent très bien à l'image renversée par le déplacement parallactique. Cette méthode rendra de grands services dans un décollement peu marqué.

Si l'on imprime à la lentille convexe qui produit l'image renversée un léger mouvement vertical de va-et-vient, on constatera que divers points du fond de l'œil ne conservent pas leur position respective.

L'image d'un vaisseau à cheval sur la bosselure rétinienne est animée d'un mouvement plus grand que celle d'un vaisseau de la rétine normale. Il y a ainsi déplacement inégal des deux images.

L'examen à l'image droite est très précieux dans le cas de décollement. On notera que l'œil observé étant généralement myope, l'observateur met en jeu son accommodation et voit avec netteté seulement les détails du décollement saillant, et par conséquent à réfraction hyperopique. Ainsi, pour avoir une image nette des ondulations de la rétine et du plan du fond d'œil normal, il faut une adaptation différente.

Si l'observateur relâche son accommodation, la partie décollée, douée d'une réfraction hyperopique, n'est vue distinctement qu'à l'aide des verres correcteurs convexes de l'ophtalmoscope à réfraction. Si l'œil observé est emmétrope, le fond normal se voit convenablement sans verres ; s'il est myope, un verre concave est nécessaire. On comprend que suivant que l'œil observé soit myope, emmétrope ou hyperope, l'hyperopie due au décollement soit de plus en plus marquée

La rétine décollée étant surélevée au-dessus des parties voisines, l'axe de l'œil y est d'autant plus court en ce point et il existe de l'hyperopie ; aussi, en calculant le degré de cette hyperopie, on trouve le degré exact de la proéminence rétinienne.

On sait qu'une différence de réfraction de 3 dioptries correspond à une différence de niveau de 1 millimètre. Si, relâchant son accommodation, on doit, pour voir nettement les ondulations de la rétine décollée d'un œil emmétrope, faire usage du verre correcteur $+6$, on affirmera que le décollement offre une saillie de 2 millimètres.

C'est en explorant les recoins du fond de l'œil, après atropinisation, à l'image renversée et à l'image droite, c'est avec l'aide des mouvements parallactiques de la lentille et la constatation de certains signes fonctionnels, que l'on dépistera le décollement de la rétine au début. La rétine alors est légèrement ondulée, masquant peu la coloration rougeâtre de la choroïde, les vaisseaux sont de couleur sombre, sans raie lumineuse centrale et en zigzags.

Au début, le décollement est seulement caractérisé par un léger soulèvement latéral, mais l'affection augmente progressivement. Il devient dans la suite une sorte de voile arqué regardant la papille, un baldaquin, tendu dans le segment supérieur ou plus souvent dans le segment inférieur de l'œil, qui descend au-devant de la papille et la masque à l'observation.

La rétine décollée peut finir par se rompre soit à la suite de tractions exercées par le corps vitré, soit en raison de l'excès ou des secousses du liquide sous-rétinien. On reconnaîtra à l'aide de l'ophtalmoscope la déchirure rétinienne qui peut se produire en divers points et être d'un pronostic favorable.

On voit alors une fente dans le voile rétinien, ses bords sont tranchants et recroquevillés et son ouverture laisse voir la choroïde avec ses vaisseaux et sa pigmentation normale. On ne confondra donc pas cette rupture avec la choroïde saine, vue dans le fond d'un repli rétinien (*Phot.* 34).

Quand le décollement a guéri spontanément ou sous l'influence du traitement, il peut n'en rester aucune trace, mais dans d'autres cas on fera ce diagnostic rétrospectif par la constatation de stries étroites et blanches dirigées horizontalement et souvent pigmentées par places, c'est la chorio-rétinite cicatricielle d'un décollement rétinien tardivement guéri (Masselon) (1).

Mais le décollement de la rétine, partiel au début, a une tendance naturelle à devenir total s'il n'est pas traité. Dans les cas extrêmes, la rétine décollée reste adhérente seulement au niveau de la papille et de l'ora serrata ; on voit alors un entonnoir mobile, comme une fleur plissée de convolvulus (Arlt) ; à ce moment existent presque toujours des troubles du côté de l'iris, des opacités du corps vitré et du cristallin.

L'examen ophtalmoscopique peut suffire pour porter le diagnostic de décollement de la rétine ; toutefois on tiendra compte des signes fonctionnels. Dans tous les cas l'acuité

(1) Masselon, *Soc. franç. d'opht.*, 1897.

visuelle est affaiblie. Si le décollement s'étendait à la région maculaire, il y aurait abolition de la vision centrale.

L'affection se déclare brusquement sans douleur, sans réaction inflammatoire et tout spécialement chez les myopes (98 p. 100 d'après Galezowski). Le malade se plaint de dyschromatopsie et de métamorphopsie : on notera souvent chez lui une diminution de la tension intraoculaire.

Le signe important et qui doit contrôler tout diagnostic de décollement fait à l'aide de l'ophtalmoscope, c'est l'examen du champ visuel. On constate en effet un rétrécissement du champ visuel qui se manifeste du côté opposé à la lésion. Si le champ visuel est réduit au quart inféro-externe, on a la démonstration que la rétine ne se trouve située normalement que dans son quart supéro-interne. Le malade raconte qu'une partie de sa vision périphérique a diminué ou est annihilée. C'est ainsi qu'un objet de certaine dimension placé devant lui lui paraît coupé en deux : sa partie inférieure est vue nettement, mais sa partie supérieure semble floue ou ondulée; d'autres fois elle n'est pas perçue.

De là l'importance de l'examen du champ visuel qui indiquera, d'une façon plus précise que l'ophtalmoscope, les variations dans la situation du décollement qui s'est déplacé de haut en bas et les résultats donnés par le traitement institué.

On ne confondra pas le décollement de la rétine avec la rétinite proliférante ; dans ce dernier cas les membranes sont immobiles, dans le décollement on constate que le voile où serpentent les vaisseaux rétiniens noirâtres flotte sur le liquide qui le soulève.

Le gliome de la rétine est d'aspect cotonneux, produit de l'hypertonie ; c'est une tumeur qui se développe chez l'enfant tout jeune, atteint très exceptionnellement de décollement de la rétine.

Plus difficile est le diagnostic différentiel du décollement myopique et du décollement symptomatique d'un sarcome choroïdien. Alors le décollement se produit lentement et a une localisation fixe : il n'est pas mobile. Nous insistons du reste sur ces signes différentiels dans l'étude du cancer de la choroïde.

OBSERVATIONS ET PHOT. 33 ET 34.

Observation et Phot. 33.

DÉCOLLEMENT DE LA RÉTINE.

Œil gauche.

Sylvestre R..., quarante-six ans. Myope depuis sa jeunesse, hérédité myopique. Strabisme externe de l'œil gauche. Le malade a remarqué que depuis quelque temps il y voyait moins de l'œil gauche que du droit. Mouches volantes. Bonne santé générale. Il y a cinq jours, le malade s'est aperçu d'un voile qui recouvre les objets. Ce voile est fixe. Pas de déformation des objets, pas de douleurs, pas de rougeur de l'œil. Actuellement, à l'œil droit, myopie de 10 D. Staphylome annulaire. A gauche, décollement de la rétine d'origine myopique dans le secteur supérieur.

Observation et Phot. 34.

DÉCOLLEMENT DE LA RÉTINE.

Œil droit.

B..., cultivateur. Pas d'antécédents héréditaires. Il y a cinq mois, s'aperçoit de troubles dans la vue de l'œil droit; il y a quelques jours, la vue de l'autre œil a également commencé à baisser. Pas de douleurs, ni de rougeurs oculaires. Actuellement il se plaint qu'une partie de son champ visuel en bas est recouverte par un voile qui va en grandissant.

O. D. Rien extérieurement, pas de déformation pupillaire. Début de cataracte se manifestant par une étoile à trois branches et quelques opacités périphériques.

Au vitré, corps flottants membraniformes se déplaçant avec facilité. Ramollissement.

Image ophtalmoscopique un peu floue à cause du trouble des milieux. Emmétropie à l'image droite. Quand on fait regarder le malade en haut, teinte blanche très marquée.

La papille est ovale. Rien à la macula. $V. = \dfrac{1}{50}$.

Décollement dans tout le secteur supérieur du fond de l'œil, en plusieurs étages. Flottement très marqué. Les vaisseaux sur le

Phot. 33. — Décollement de la rétine.

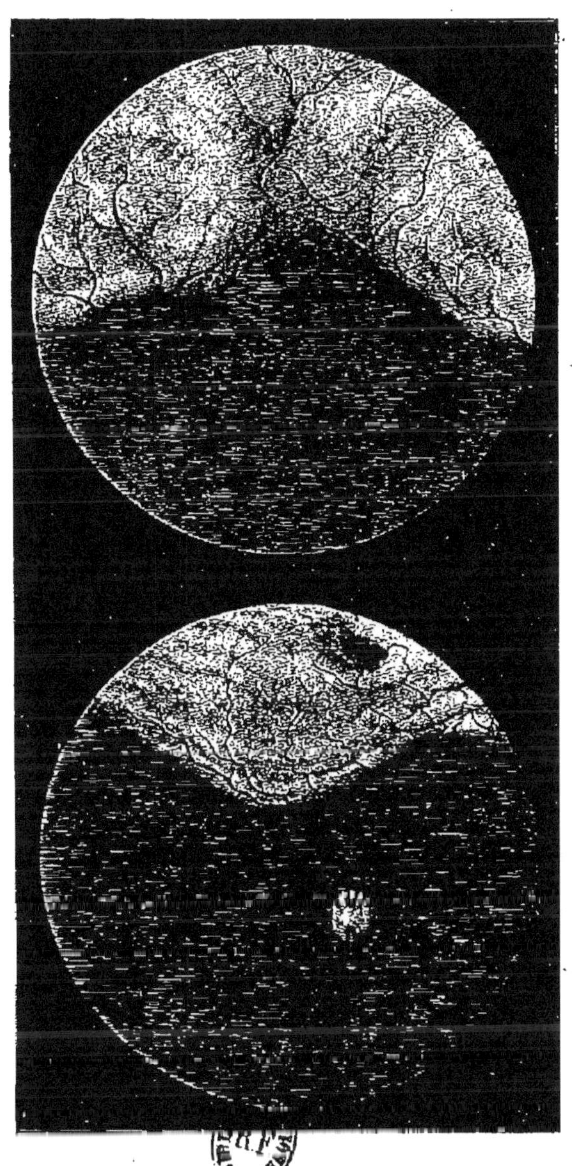

Phot. 34. — Décollement de la rétine.

décollement perdent leur double contour. Vers la périphérie il existe une tache rouge très visible. Le déplacement parallactique indique nettement qu'il existe une sorte de puits à margelle on-

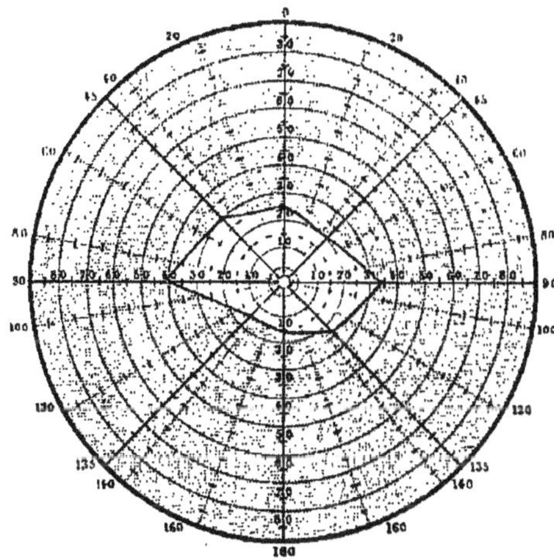

Fig. 72.

dulée et dont le fond est formé par une portion de rétine non décollée. Ce fond se voit nettement sans verres, tandis que les bords se distinguent avec + 20, ce qui ferait penser à une profondeur de plus de 6 millimètres. Champ visuel rétréci (fig. 72).

O. G. Corps flottants. Emmétropie.

V. — CANCER DE LA RÉTINE.

Le cancer de la rétine est un gliome, c'est-à-dire un néoplasme d'une consistance analogue à celle de la glu et de coloration jaune ou verdâtre. C'est une tumeur maligne d'origine nerveuse dont les formes sont embryonnaires ou adultes (Bard) (1).

L'ophtalmoscope peut seul au début nous révéler la présence d'un gliome d'une façon certaine. Le néoplasme se présente sous l'aspect d'un mamelon blanc, vert ou jaune doré ; telle est du reste la coloration du gliome sur une coupe macroscopique. Très rapidement et presque simultanément, la tumeur principale s'entoure de noyaux secondaires semblables qui bientôt deviennent coalescents et se réunissent en une masse unique qui réflète fortement la lumière et sur laquelle passent intacts les vaisseaux rétiniens. Progressivement la tumeur s'infiltre dans le vitré ; elle devient inégale, bourgeonnante. C'est une masse cotonneuse, jaunâtre et l'éclairage latéral rend alors plus de services, dans son examen, que l'ophtalmoscope.

On a rarement l'occasion de voir le gliome tout à fait au début de son évolution, car cette tumeur apparaît dès la première enfance, rarement après l'âge de six ans, quelquefois même à la fin de la vie intra-utérine. On comprend que dans le tout jeune âge les troubles de la vision localisés à un œil puissent facilement passer inaperçus.

La deuxième période est caractérisée par des phénomènes réactionnels tels que cornée mate, humeur aqueuse trouble, iris décoloré, vascularisation du globe, dilatation de la pupille ; les douleurs se montrent peu ou ne se montrent même pas du tout en raison de l'extensibilité de la sclérotique infantile. Mais auparavant un signe de haute valeur a frappé

______

(1) Bard, *Arch. de physiol.*, 1885.

l'entourage du petit malade, c'est l'œil de chat amaurotique (Beer, 1819).

OEil amaurotique, parce que l'œil ne perçoit plus la lumière et, œil de chat, parce qu'il présente le chatoiement de l'œil de cet animal dont le tapis donne dans l'obscurité une pupille à reflets dorés. Chez l'enfant atteint de gliome, on voit en effet une pupille qui donne l'impression de la réflexion de la lumière renvoyée par une plaque de cuivre.

Le diagnostic de gliome fait indiquer de suite l'énucléation. Comme tout cancer, c'est un néoplasme qui doit être reconnu dès son apparition; l'intervention ne met à l'abri des récidives que si elle a pu être faite hâtivement. Le succès opératoire dépend d'un diagnostic précoce (Hirschberg aurait obtenu ainsi 10 guérisons définitives) (1), mais il faut être bien certain d'être en présence d'une pareille tumeur.

On ne confondra pas les plaques gliomateuses avec les exsudats blanchâtres de la rétinite albuminurique, lésions bilatérales qui compliquent une maladie générale et s'accompagnent souvent d'hémorragies. On évitera facilement toute confusion avec les fibres congénitales opaques ou les tubercules disséminés.

De Wecker cite un cas de colobome, postérieur et central, pour lequel on avait proposé une énucléation, cette lésion congénitale ayant été prise pour un gliome rétinien.

On fera le diagnostic avec le cysticerque rétinien, affection rare en France. Mais la vésicule est sphéroïde, de couleur blanc bleuâtre. Les contours sont très précis; en outre, souvent on voit se détacher le cou et la tête de l'animal sous la forme d'un pédicule terminé par une extrémité en feuille de trèfle. Le diagnostic est affirmé quand on constate des mouvements ondulatoires du cysticerque.

Le chatoiement ou l'éclat métallique du fond de l'œil est,

(1) Hirschberg, in *Médec. mod.*, p. 372, 1897.

avons nous dit, un excellent signe, mais que l'on peut rencontrer dans une série d'autres lésions oculaires. On le trouve surtout dans les lésions du vitré, suppurations ou formations fibreuses (pseudo-gliomes) qui s'accompagnent d'hypotonie. Il faut donc éliminer ces lésions par un examen à l'ophtalmoscope, ou plutôt par l'éclairage latéral, car à ce moment les masses, en cas de gliome, ont déjà pénétré dans le vitré.

Lagrange (1) a prouvé que chez l'enfant le gliome de la rétine avait une malignité moins grande que le sarcome blanc choroïdien. Il y a donc un véritable intérêt, puisque le pronostic des deux tumeurs est différent, à les distinguer l'une de l'autre. Ce diagnostic est difficile.

Le décollement, qui souvent accompagne le sarcome choroïdien et le masque, manque dans le gliome. Si par exception il y a décollement, alors la tumeur gliomateuse, faisant corps avec la rétine, est elle-même décollée en masse et facilement reconnaissable. Le décollement simple de la rétine est du reste exceptionnel chez l'enfant.

Le gliome est de couleur blanchâtre ; il est généralement privé de vaisseaux. Il existe cependant des cas de gliomes vasculaires où les deux plans de vaisseaux, vaisseaux rétiniens normaux et vaisseaux néoplasiques, ont pu être observés, mais très passagèrement.

On n'oubliera pas que le sarcome choroïdien bombe dans le vitré, qui reste longtemps normal, alors que le gliome rétinien l'infiltre très rapidement et donne l'image de l'œil de chat amaurotique.

(1) Lagrange, *Étude sur les tumeurs de l'œil.* Paris, 1893.

CHAPITRE III

AFFECTIONS DE LA CHOROIDE

I. — TRAUMATISMES ET HÉMORRAGIES DE LA CHOROIDE.

I. — *Ruptures de la choroïde.*

Les ruptures de la choroïde sont intéressantes à étudier ;
elles présentent des signes ophtalmoscopiques bien connus
et ces lésions ne sont pas très rares. Elles surviennent à la
suite de traumatismes du globe oculaire ou de son pourtour :
la sclérotique résiste au choc et la choroïde seule se rompt, le
plus souvent dans le voisinage de la papille ou de la macula.

Ces ruptures choroïdiennes du pôle postérieur seraient le
résultat du mécanisme suivant invoqué par Fage (1) : Au
moment de la contusion, le globe oculaire se trouve pris
entre deux résistances, la paroi orbitaire d'un côté, l'insertion du nerf optique de l'autre ; entre les deux, la choroïde
distendue et peu extensible, en raison des vaisseaux qui la
relient à la sclérotique, se déchire dans un sens perpendiculaire à celui de la traction.

Aussitôt après le traumatisme, à l'examen ophtalmoscopique on peut ne constater qu'une hémorragie; et même, si
elle est diffuse, elle ne permettra pas de voir, pendant quelque temps, la déchirure choroïdienne.

D'autres fois, dès le début l'épanchement sanguin est

(1) Fage, *Soc. franç. d'opht.*, 1897.

très localisé et apparaît sous la forme d'une ou plusieurs raies de couleur rouge sombre dont la concavité regarde la papille.

Peu à peu cette coloration passe au jaune, la raie présente des parties blanchâtres et la lésion apparaît avec les caractères pathognomoniques qu'elle peut avoir du reste aussitôt après l'accident, s'il n'y a pas eu épanchement entre les lèvres de la déchirure.

La rupture de la choroïde a les signes ophtalmoscopiques suivants :

On aperçoit le trait de la déchirure sous l'aspect d'une bandelette blanche fusiforme ; c'est une sorte de cylindre allongé, atténué en cône à ses extrémités à pointes effilées. Quand le trait est horizontal, il s'étend de la papille à la macula : cette localisation est plus rare que la suivante. Alors la bandelette est fusiforme ; elle figure un arc de cercle ayant pour centre la papille ou la macula ; elle siège en dedans de la papille, plus fréquemment en dehors de la papille ou de la macula (*Phot.* 35). Cette fissure blanche peut être unique ; d'autres fois on en voit une, deux ou trois autres rangées en lignes concentriques. De la fissure principale peuvent partir des fissures secondaires ; le trait de la déchirure, au lieu d'être régulièrement fusiforme, peut présenter des bords déchirés ou frangés plus ou moins écartés.

On a vu la fissure figurant un angle droit (Perrin) ou une croix (Ammon) (1).

Ces déchirures sont blanches ou grises, parce qu'elles nous permettent de voir la sclérotique plus ou moins dénudée. Leurs bords forment nettement contraste avec le fond sclérotical, car ils sont formés de tissu choroïdien sain et rougeâtre ; dans la suite ils sont pigmentés et encadrent la rainure blanche d'un fin liséré noirâtre.

Si l'on étudie le parcours des vaisseaux rétiniens, on voit

(1) Ammon, *Arch. f. Ophth.*, 1855.

que la rétine est normale, qu'elle passe comme un pont au-dessus de la déchirure. Mauthner a même signalé la projection, sur le fond de la rupture, de l'ombre des vaisseaux qui la traversent.

On peut noter des signes concomitants d'une inflammation papillo-rétinienne, des reliquats d'hémorragies en divers points, mais souvent la déchirure seule se voit avec les caractères que nous lui avons assignés et qui sont très précis.

La vision est généralement troublée dans la période de début. L'acuité peut redevenir normale ; cependant, si la déchirure est maculaire, il persistera un scotome central ou une vision très défectueuse.

II. — *Hémorragies de la choroïde.*

Nous avons étudié longuement les hémorragies de la rétine et nous leur avons assigné des caractères ophtalmoscopiques très nets ; on ne peut faire de même pour les hémorragies de la choroïde. Là il est souvent difficile d'affirmer, au moins au début, que l'hémorragie est choroïdienne et non pas rétinienne, en l'absence d'altérations inflammatoires typiques d'une de ces membranes. Ces hémorragies seront rétro, intra ou préchoroïdiennes, suivant que l'épanchement sera situé entre la sclérotique et la choroïde, dans le parenchyme choroïdien ou entre la choroïde et la rétine ; on comprend que ces épanchements puissent occuper aussi les tuniques du voisinage ou même le vitré.

L'hémorragie choroïdienne qui s'observe le plus souvent est surtout interstitielle ; elle se présente à l'ophtalmoscope sous l'aspect d'une tache rouge sombre, à bords irréguliers. Elle se distingue facilement des hémorragies rétiniennes striées ou piquetées, mais difficilement des hémorragies rétiniennes en nappe. Pour les distinguer, on se guidera sur l'état d'un vaisseau rétinien qui, s'il passe au-devant de la tache hémorragique, démontre ainsi le point de départ du sang épanché. Au début le vaisseau rétinien disparaît dans la teinte rouge sombre, mais dans la suite, quand l'hématome a subi des régressions et devient de teinte jaunâtre, si l'on remarque son intégrité absolue, on doit songer à la présence d'une hémorragie choroïdienne. Plus tard, le foyer hémorragique devient une plaque d'atrophie choroïdienne blanchâtre, parsemée de points pigmentaires.

Nous ne faisons que signaler l'épanchement sanguin rétrochoroïdien, qui donne lieu à un décollement choroïdien. Dans ces cas exceptionnels, on reconnaît la choroïde soulevée en forme d'une masse rouge jaunâtre avec les traces de son lacis vasculaire ; recouverte des vaisseaux rétiniens, cette masse ne présente ni plis, ni mouvements de fluctuation.

L'épanchement préchoroïdien, rare également, peut décoller la rétine ; alors c'est un décollement de la rétine par un hématome, de couleur sombre, sans replis flottants.

Ces hémorragies, comme celles de la rétine, peuvent se produire sous l'influence de maladies générales, mais, bien plus souvent que ces dernières, elles sont d'origine traumatique (plaies et contusions) et peuvent se compliquer de la présence d'un corps étranger (1). L'hémorragie sous-choroïdienne partielle a été notée après les extractions de cataracte et peut devenir une complication post-opératoire (2).

II. — CHOROIDITES.

Nous admettons trois grandes classes de choroïdites :
1° Une choroïdite simple, appelée aussi choroïdite éruptive, plastique, exsudative.
L'ophtalmoscope permet seul de constater ces lésions et d'assurer le diagnostic de la localisation morbide.

(1) Voy. *Plaies de la rétine.*
(2) Terson, *Soc. franç. d'opht.,* 1897.

2° Une choroïdite atrophique. C'est la terminaison habituelle de la variété précédente. Elle peut être cependant primitive; elle est alors le résultat d'une dystrophie sénile ou d'une myopie.

3° Des choroïdites spécifiques (1) ou infectieuses, produites par l'action directe de microorganismes pathogènes :

a. La choroïdite tuberculeuse, caractérisée par l'apparition de nodules ou d'infiltrations choroïdiennes caractéristiques.

b. La choroïde syphilitique qui, comme tant d'autres manifestations de même nature, ne se distingue des différentes choroïdites que par un ensemble de caractères ou seulement par d'autres traces concomitantes ou antérieures de syphilis.

c. La choroïdite suppurative, c'est une choroïdite aiguë ou mieux une lymphangite infectieuse de l'œil. Des signes inflammatoires sont notés à l'iris, dans la chambre antérieure, dans le vitré. En raison du trouble de la cornée, de l'humeur aqueuse, des exsudats du vitré, etc., les lésions du fond de l'œil ne peuvent être décelées à l'ophtalmoscope ou passent au second plan.

Nous n'avons donc pas à étudier ici cette choroïdite septique, véritable irido-choroïdite.

I. — *Choroïdite simple*.

La choroïdite simple, appelée aussi exsudative, plastique ou éruptive, se développe très fréquemment en tant qu'affection locale, ou tout au moins ses causes nous échappent très souvent et elle ne semble pas symptomatique de maladies générales, comme la rétinite.

(1) On remplace à tort en Ophtalmologie le terme de syphilitique par celui de spécifique, puisque la syphilis n'est pas la seule maladie spécifique. « Les lésions spécifiques sont fonctions de la biologie particulière des parasites et chacune d'elles est spécifique comme le parasite qui l'a produite » (Bard, *Arch. de phys.*, 1887).

L'étude ophtalmoscopique de la choroïdite est très importante et permet de distinguer dans son évolution trois phases principales : périodes de début, d'état, de régression.

Au début les foyers morbides apparaissent isolément. On assiste à l'érûption d'une série de taches à nuances diverses suivant les cas. Ces taches sont jaunâtres, fauves, rosées, d'une couleur qui tranche nettement sur celle plus éclatante du fond d'œil normal.

Ces taches sont arrondies ou ovalaires, d'autres fois, elles ont des contours peu précis, ce sont des plaques à bords irréguliers. Elles sont recouvertes par les vaisseaux rétiniens qui restent normaux.

Rapidement ces taches s'exhaussent : aux macules ou taches succèdent des papules ou boutons qui, soulevant la rétine, semblent surgir du tissu choroïdien. La tache exsudative se continuait insensiblement avec les parties avoisinantes saines, la papule au contraire tend à se délimiter et à s'élever brusquement avec un pourtour nettement découpé.

Comme l'anatomie pathologique nous l'enseigne, il s'agit d'une papule congestive qui, formée de cellules et de fibrilles, se développe en plein stroma choroïdien.

Sa couleur est déterminée par l'exsudation séreuse, qui renferme des globules sanguins ; elle varie suivant les transformations de globules sanguins et leur présence en plus ou moins grande quantité au niveau de cette congestion œdémateuse localisée. Les granulations noirâtres mises en liberté par la destruction des cellules pigmentaires pourront entourer la base de la petite éminence d'une collerette noirâtre qui, par contraste, fera ressortir le centre exsudatif jaunâtre.

Quand on étudie à l'ophtalmoscope cette éruption, on remarque qu'au niveau de ces éléments, de forme pastillaire, les vaisseaux rétiniens sont arqués ; la voussure existe réellement, ainsi que le démontre la recherche du déplacement parallactique.

Les vaisseaux choroïdiens manquent et ne sont pas visibles au niveau du foyer plastique.

Dans la dernière période, la papule s'affaisse progressivement pour disparaître. La place de l'ancienne papule sera occupée par une plaque où la rétine et la choroïde adhèrent.

C'est une cicatrice rétractée comme toute cicatrice, elle peut même quelquefois s'excaver. La rétine est entraînée, elle suit la cicatrice déprimée, ainsi que le montre la courbure des vaisseaux rétiniens sur les bords de l'excavation ou leurs ondulations sur le fond irrégulier.

La plaque cicatricielle est blanchâtre, à reflet un peu bleuâtre parfois. C'est ainsi la teinte nacrée scléroticale devenue appréciable à travers la lamelle choroïdienne amincie et atrophiée.

Çà et là dans la plaque, ou à son pourtour, on remarque des granulations ou des amas pigmentaires. C'est tantôt l'épithélium pigmentaire qui a proliféré, tantôt ce sont des vestiges du pigment choroïdien mis en liberté.

La cicatrice peut être parcourue par quelques vaisseaux choroïdiens qui sont demeurés indemnes, ce sont des bandelettes rougeâtres. Si les vaisseaux sont atrophiés, ils apparaissent comme de minces filets roses bordés de blanc ou ce sont de véritables cordonnets fibreux ou blanchâtres. Au-devant de ces plaques blanchâtres d'atrophie choroïdienne passent intacts et normaux les vaisseaux rétiniens, de couleur carminée, car les couches superficielles de la rétine sont toujours respectées.

On reconnaît à la choroïdite simple diverses variétés suivant le siège topographique et la disposition des éléments éruptifs.

On dira que la choroïdite est *centrale* si elle débute par la région maculaire et s'y localise. Tout d'abord on remarque une tache jaune rougeâtre qui s'agrandit progressivement par ses bords irréguliers et dentelés (*Phot.* 36).

L'exsudat peut avoir une teinte ecchymotique, dans la

suite il se pigmentera sur ses bords et à la phase cicatricielle on observera un placard blanchâtre de couleur scléroticale, avec amas pigmentaires et vaisseaux choroïdiens.

Cette choroïdite centrale s'annonce par un obscurcissement subit de la vision centrale, auquel fera suite une diminution, plus ou moins prononcée et durable, de l'acuité visuelle centrale. Elle serait le résultat de l'embolie d'une artériole choroïdienne (Graddle) (1).

La choroïdite est dite *disséminée*, quand elle est constituée par l'éruption de taches et de papules à contours arrondis ou irréguliers, réparties dans tout le fond de l'œil.

Généralement le début se fait dans la région équatoriale, mais comme l'évolution s'opère par plusieurs poussées, progressivement les parties centrales sont atteintes, la choroïdite s'est alors généralisée. La choroïdite prend un aspect bigarré, elle est infiltrée de foyers plus ou moins coalescents et à des phases diverses : au pôle postérieur on constatera des boutons jaunâtres ou des grands placards arciformes, formés par la réunion de boutons qui sont arrivés à se confondre ; à l'équateur on reconnaîtra des cicatrices blanches, anciennes, mouchetées d'amas pigmentaires, avec limites assez précises.

La choroïdite disséminée, affection qui évolue avec lenteur et par poussées successives, peut revêtir des images ophtalmoscopiques diverses. Suivant la configuration de l'éruption, on notera des plaques de formes arrondies ou irrégulières, disposées en groupes ou isolées (*Phot.* 37, 38).

Citons par exemple la choroïdite en bandelette dans laquelle la lésion choroïdienne figure une bandelette d'aspect rosé ou jaune, puis blanchâtre. Telle est la forme de certaines cicatrices cornéennes à la suite de kératites phlycténulaires.

Il est évident que l'image des éléments éruptifs ou de leurs cicatrices sur la choroïde variera à l'infini suivant

(1) Graddle, *Annals of Opht.*, 1893.

leur forme, leur couleur, leur volume et leur nombre.
C'est ce que l'on voit sur le tégument externe, dans le cours
des exanthèmes ou à la suite de lésions dermiques ulcé-
reuses dont les cicatrices sont irrégulièrement blanches et
pigmentées.

Signalons une autre variété de choroïdite simple, la choroïdite *aréolaire* (Fœrster). L'affection, au lieu de débuter
par l'équateur pour s'irradier au pôle postérieur, comme
dans la variété précédente, commence autour de la macula
pour s'irradier à la périphérie. Les foyers périmaculaires
sont les plus anciens, les foyers périphériques lents à apparaître sont les plus récents. Nous avons vu que dans le
choroïdite disséminée, la plaque jaunâtre deviendra blanche,
puis noirâtre à sa période cicatricielle; dans la choroïdite
aréolaire le phénomène est inverse. L'affection débute par
l'apparition de taches ou de papules pigmentaires, arrondies
ou ovalaires, ayant peu de tendance à se réunir.

Le cadre pigmentaire s'agrandit à la périphérie et le
centre se décolore. Parfois la décoloration s'étend au point
que le cercle pigmentaire peut disparaître totalement et
qu'il en résulte des placards blanchâtres. Les lésions sont
périmaculaires et non pas maculaires (la vision centrale est
donc conservée), elles s'étendent très lentement et sur une
surface limitée.

Ces variétés de la choroïdite simple : choroïdite centrale,
disséminée ou aréolaire, présentent chacune des images
diverses suivant leur aspect (éruption en taches, papules ou
plaques), leur intensité (éruption discrète ou confluente) et
leur évolution (éruption continue ou par poussées). Ces
constatations ont assez d'importance, car elles serviront de
base au diagnostic et au pronostic de l'affection.

Ces inflammations restent généralement limitées à la
choroïde et il est assez rare de les voir se compliquer de
rétinite.

Toutefois si cette complication se produit, des symptômes

de rétinite s'ajoutent à ceux de choroïdite et la chorio-
rétinite se traduit par des opacités du vitré, l'apparition
d'un voile rétinien et papillaire aboutissant, dans les formes
récidivantes, à la sclérose des vaisseaux rétiniens, aux
hémorragies (Amann) (1) et à l'atrophie du nerf optique.

Les signes ophtalmoscopiques de la choroïdite simple
sont assez caractéristiques pour qu'on puisse aisément la
différencier de la rétinite.

On ne confondra pas la choroïdite éruptive avec la rétinite
exsudative. Dans la rétinite, les exsudats plus superficiels
sont blanchâtres, à bords striés et irréguliers, sans pigmentation centrale, les vaisseaux rétiniens sont altérés ou
interrompus dans leur trajet et les hémorragies sont fréquentes.

Les symptômes fonctionnels de la choroïdite sont d'importance médiocre.

L'intégrité absolue de la choroïde n'est pas indispensable
à la vision, aussi peut-on n'observer, avec des modifications
ophtalmoscopiques très marquées, que des troubles fonctionnels très minimes, parce qu'ils sont surtout subordonnés
à l'altération de voisinage de la rétine, altération qui n'existe
pas toujours. On peut donc voir de nombreux foyers
choroïdiens s'accompagnant de troubles fonctionnels presque
nuls ; il y a un contraste, surprenant au premier abord, entre
l'examen ophtalmoscopique et les signes fonctionnels.

Au début le malade se plaint de mouches volantes, d'un
brouillard masquant la netteté des objets. Si la rétine est
hypérémiée ou soulevée, on note de la photopsie ou de la
métamorphopsie. A la période d'atrophie choroïdienne, les
troubles visuels dépendront de la localisation du foyer
morbide. Si leur siège est périphérique, ils sont de peu d'importance. Quand le scotome est central, l'état est nécessairement alarmant. De là la gravité de la choroïdite centrale et

(1) Amann, Thèse de Zurich, 1896.

la bénignité relative de la choroïdite localisée à la région équatoriale et qui peut évoluer à l'insu du malade. Abadie a montré que c'était l'atrophie optique d'origine choroïdienne qui assombrissait le pronostic de la choroïdite (1).

II. — *Choroïdite atrophique*.

La choroïdite atrophique est en général secondaire, elle est, par exemple, le dernier terme de la choroïdite simple et de la chorio-rétinite myopique : l'atrophie choroïdienne succède alors soit à l'hyperplasie inflammatoire, soit, dans le second cas, à la distension de l'œil myopique.

D'autres fois elle est primitive ; elle évolue en silence et c'est vraiment une atrophie choroïdienne d'emblée. C'est ainsi qu'on la rencontre chez le vieillard. A cette période d'involution les modifications dystrophiques, caractérisées par une atrophie choroïdienne, se voient dans la région maculaire où elles peuvent coexister avec des lésions rétiniennes de même ordre ou encore au pourtour de la papille (cercle sénile).

Les choroïdites atrophiques apparaissent souvent sous l'influence de causes très obscures (*Phot.* 36, 39).

Disons de suite que les signes subjectifs peuvent être insignifiants, car ils sont en relation directe avec l'état de la rétine dont souvent l'épithélium pigmentaire est seul altéré, laissant ainsi subsister une vision presque normale.

L'atrophie choroïdienne est circonscrite ou diffuse.

Nous décrivons ailleurs en détail les plaques d'atrophies choroïdiennes post-inflammatoires et myopiques. Elles sont caractérisées par la désagrégation de cellules pigmentaires choroïdiennes et quelquefois rétiniennes et par la sclérose des vaisseaux choroïdiens aboutissant à la dénudation de la sclérotique. On voit alors une plaque d'un blanc bleuâtre

---

(1) Abadie, Congrès d'Édimbourg, 1894.

ROLLET. — *Traité d'ophtal.* 20

ou plus souvent blanc jaunâtre, avec aspect d'ivoire vieilli. On y remarque quelques amas pigmentaires et quelques tractus, les uns opaques et de couleur grise, miroitante, vestiges de vaisseaux choroïdiens sclérosés reflétant la lumière, les autres à peine perméables avec mince filet rougeâtre.

Dans d'autres cas, à côté de ces plaques d'atrophie choroïdienne circonscrite, on aperçoit des territoires mal délimités, frappés d'atrophie diffuse.

Parfois c'est tout le fond d'œil qui a subi une altération diffuse. Alors l'épithélium rétinien est atteint, il est dissocié et disparaît, laissant voir la couche sous-jacente formée par la choroïde.

On peut apercevoir le fond d'œil à aspect tigré, c'est-à-dire la choroïde parfaitement visible avec ses îlots pigmentaires bordés de vaisseaux irréguliers. Mais comme les altérations frappent en même temps la couche épithéliale rétinienne et la choroïde, c'est une choroïde pâle, dépigmentée et peu vasculaire que l'on aperçoit: le fond d'œil devient de couleur gris jaunâtre.

On sait que dans la syphilis héréditaire, outre les lésions présentant un caractère identique à celles de la syphilis acquise, il existe des stigmates, bien connus des cliniciens, tels qu'un facies terreux, de l'infantilisme, une sénilité précoce. Or, si ces petits malades ont l'aspect général d'un vieillard en miniature, leur fond d'œil rappelle aussi celui de l'homme âgé, comme Antonelli (1) a eu le mérite de le rechercher et de le démontrer. On note alors une décoloration de la papille qui devient gris rosâtre et une dépigmentation diffuse frappant l'épithélium rétinien et la choroïde. Cette dépigmentation localisée à la région centrale rappelle l'arc sénile péripapillaire (de Wecker et Masselon) et donne un aspect tigré à la région équatoriale.

(1) Antonelli, Thèse de Paris, 1897, et *Soc. franç. d'opht.*, 1897.

A côté de ces signes on trouvera probablement d'autres troubles de la pigmentation : aux limites de la papille, c'est un cadre noirâtre, parfois réduit à un ou plusieurs secteurs, qui empiète sur l'anneau scléral ; à la rétine c'est une pigmentation grenue du fond de l'œil, siégeant surtout à la périphérie et représentant une forme de transition à la rétinite pigmentaire.

Ces stigmates ophtalmoscopiques rudimentaires de la syphilis héréditaire (Antonelli) ajoutés à d'autres symptômes seront en clinique d'un précieux secours.

Nous pensons que les uns, rappelant les troubles régressifs de la sénilité, sont d'ordre dystrophique et que les autres, consistant en distribution anormale de pigment, font songer à un reliquat ou à une ébauche d'une localisation au fond de l'œil d'une infection syphilitique intra-utérine. Il existe ainsi une série ininterrompue de variétés, qui amènent aux choroïdites, rétinites, névrites optiques syphilitiques acquises ou héréditaires avec cachet caractéristique.

III. — *Choroïdite tuberculeuse.*

De Jæger avait jadis reconnu à l'ophtalmoscope la présence de tubercules choroïdiens en tenant compte de manifestations de même nature portant sur d'autres organes.

Signalons les descriptions de Manz, Delorme, Perrin, qui ont trait à des examens ophtalmoscopiques appuyés de constatations microscopiques démontrant la présence de granulations grises.

A côté des tubercules circonscrits, solitaires ou multiples, à évolution torpide, apparaissant dans la chorio-capillaire, tuberculose de la choroïde bien décrite par Bouchut, Galezowski, il existe une forme de tuberculose infiltrée, une véritable choroïdite tuberculeuse (Poncet, Haab et Horner).

Nous passons sous silence les tuberculoses irido-choroïdiennes arrivées au stade de l'évolution caséeuse et qui appartiennent surtout aux affections de l'hémisphère antérieur de l'œil.

A l'ophtalmoscope le tubercule choroïdien apparaît sous l'aspect d'un petit corps punctiforme ou d'une masse atteignant la moitié des dimensions de la papille. Ce tubercule est arrondi, mais il n'a pas de bord, ses limites sont diffuses, et il se continue insensiblement avec le tissu sain. De teinte un peu rouge au début, il devient rapidement de couleur jaune ou jaune grisâtre; jamais il ne renferme de pigment dans son épaisseur, presque jamais de cercle pigmentaire à son pourtour. Ce tubercule est proéminent, nous constatons sa saillie par le déplacement parallactique ; le vaisseau rétinien ou la rétine qui le recouvrent sont seulement soulevés, mais nullement altérés.

Le fond de l'œil peut ne renfermer qu'un seul tubercule, d'autres fois il en contient un grand nombre, disséminés dans la choroïde ; leur siège de prédilection est le pourtour de la papille et de la macula.

Telle est la description de l'image du nodule tuberculeux choroïdien, évoluant sans aucun trouble dans la vision et sans qu'aucun signe propre permette d'en soupçonner l'existence. Sa ressemblance est grande avec la papule de la choroïdite disséminée simple; ce qui le fera reconnaître, c'est sa limitation périphérique moins nette et, en général, l'absence totale de pigment. Dans la choroïdite simple il y a mise en liberté du pigment des cellules, dans la tuberculose il y a destruction des cellules et de leur contenu. En outre, il ne faut pas oublier que c'est très exceptionnellement que la tuberculose frappe primitivement la choroïde. On constate habituellement soit d'autres lésions oculaires de même nature, soit une choroïdite, manifestation secondaire d'une tuberculose méningée (40 p. 100) ou généralisée et plus rarement d'une tuberculose pulmonaire.

Sur 20 malades atteints de tuberculose généralisée,

Stricker n'a reconnu les tubercules choroïdiens à l'ophtalmoscope que chez 3 malades, alors qu'à l'examen anatomo-
pathologique il en a trouvé chez 12 de ces mêmes malades
Cliniquement ces tubercules peuvent donc rester à l'état
latent sans être reconnus à l'ophtalmoscope.

Signalons la présence de tubercules agminés qui, spécialement à l'équateur, donneront lieu à une masse soulevant la rétine et ses vaisseaux. Cette tuberculose confluente
ou infiltrée est accompagnée de papillite et on notera dans
le fond de l'œil d'autres tubercules disséminés caractéristiques, comme chez un malade de Chevallereau qu'il nous a
été donné d'examiner à l'hospice des Quinze-Vingts.

Il sera très important de rechercher dans le fond de l'œil
le nodule tuberculeux dont la présence permettra d'affirmer
la nature exacte d'une méningite dont la cause semblait
indéterminée.

Bibliographie.

Bouchut, *Gaz. des hôpitaux*, 1868. — Chevallereau, *Soc. d'opht. de
Paris*, 1897. — Delorme, Thèse Paris, 1873. — Foerster, *Opht. Beitr.*,
1862. — Galezowski, *Arch. gén. de méd.*, 1867, et *Tr. d'opht.*, Paris,
1876. — Haab, *Atlas d'opht.* trad. par Terson et Cuénod, Paris, 1896, et
Graef's Arch., XXV. — Jæger, *Œsterr. Zeit. f. prakt. Heilk.*, 1855. —
Manz, *Arch. f. Opht.*, 1858. — Nettleship, *Opht. H. R.*, XI. — Perrin,
Dict. de Dechambre, 1875. — Poncet, *Progrès méd.*, 1882.

IV. — *Choroïdite syphilitique.*

A l'examen ophtalmoscopique on observe que l'image de
la choroïdite syphitique a beaucoup d'analogie avec les
différentes variétés de choroïdite simple. C'est une série de
macules ou de papules grisâtres, ou rouge jaunâtre, qui
apparaissent de tous côtés dans le fond de l'œil, se
réunissent en certains points et se présentent à leur dernier
stade sous forme de plaques blanches avec pigmentation
centrale ou périphérique. Tel est, nous l'avons vu précédemment, le tableau de la choroïdite simple disséminée.

D'autres fois on trouve les caractères d'une choroïdite aréolaire : l'éruption est alors périmaculaire, les taches d'abord noirâtres, se décolorent ensuite du centre à la périphérie. Faisons remarquer que dans ces deux variétés de choroïdite les taches peuvent être arrondies, tangentes et subintrantes, cerclées de blanc ou de noir, mais que ce n'est pas seulement en raison de leur aspect circiné ou polycyclique, constaté isolément, qu'on peut affirmer la nature syphilitique de la choroïdite. Il n'en est pas de même dans la rétinite pigmentaire syphilitique, où la constatation d'anneaux ou de segments d'anneaux devient pathognomonique, comme dans l'exanthème cutané. A la choroïde c'est l'aspect habituel de toute tache qui évolue vers l'atrophie et qui ainsi, n'a pas de facies caractéristique.

Si l'on recherche l'état des vaisseaux rétiniens on voit qu'ils ne sont pas altérés, ils passent au-dessus des taches ou des placards choroïdiens ; en outre c'est tardivement que survient une altération papillaire.

Cette choroïdite, en raison d'une éruption confluente ou répétée, peut se terminer par une atrophie étendue. Au milieu de vastes placards blanchâtres avec îlots pigmentaires, on peut encore remarquer quelques vestiges de choroïde saine ou des bandes vasculaires respectées.

Nous signalerons une choroïdite centrale syphilitique qui présente une gravité particulière. Dans la région maculaire apparaît un large placard rougeâtre ou verdâtre (Alexander) (1) qui progressivement devient noirâtre. En raison de la localisation de ce foyer exsudatif et hémorragique, les désordres visuels seront nécessairement très graves.

Ces choroïdites syphilitiques éruptives peuvent correspondre à des accidents concomitants résolutifs ou secondaires, mais souvent elles sont contemporaines d'accidents tardifs, c'est-à-dire de syphilomes tertiaires. Il s'agit donc

____

(1) Alexander, *Syph. und Auge*, Wiesbaden, 1889.

soit de macules et de papules, soit de gommes syphilitiques
de la choroïde. Alexander a reconnu à l'ophtalmoscope des
gommes choroïdiennes : Nettleship (1) et Schöbl (2) ont pu
établir, à l'aide du microscope, que ces gommes pouvaient
évoluer primitivement et uniquement dans la couche chorio-
capillaire et donner l'image ophtalmoscopique que nous
avons décrite.

Dans la très grande majorité des cas, alors qu'il s'agit
nettement d'une éruption syphilitique choroïdienne, on
aura l'image ophtalmoscopique d'une choroïdite simple. Il
n'y a pas lieu de s'en étonner, puisque nous connaissons à
propos du tégument externe, les difficultés d'un diagnostic
basé uniquement sur un signe, l'exanthème. En outre, à la
choroïde, la forme circinée des groupes de papules n'implique
pas l'idée de syphilis et la couleur cuivrée n'y a jamais été
reconnue.

Pour faire le diagnostic de choroïdite syphilitique il con-
viendra de s'appuyer sur les antécédents, l'état actuel
du malade ou l'action du traitement spécifique; on ne devra pas faire le diagnostic de la syphilis par la choroïdite,
mais de la choroïdite syphilitique par la syphilis.

Notons toutefois que Galezowski admet que dans le cas
de syphilis, le trouble visuel est généralement plus marqué
que dans une affection simple, que dans la choroïdite syphilitique il y a dyschromatopsie plus ou moins prononcée,
alors que la perception des couleurs reste intacte dans les
autres choroïdites.

Dans la syphilis héréditaire nous retrouverons toutes ces
altérations choroïdiennes, on le conçoit aisément, puisque
dans la syphilis héréditaire toutes les manifestations de la
syphilis acquise, secondaire et surtout tertiaire, peuvent se
produire avec le même cortège symptomatique.

On remarquera, dans la choroïdite héréditaire, la tendance

(1) Nettleship, *Opht. Hosp. Rep.*, XI.
(2) Schöbl, *Central. f. Augen*, 1888.

à la localisation équatoriale. Cependant Galezowski (1),
Fuchs (2), Fournier et Sauvigneau (3) ont décrit des choroïdites disséminée ou aréolaire, Rochon-Duvigneaud (4)
une choroïdite centrale.

Si l'image de la choroïdite syphilitique est difficile à distinguer de celle de la choroïdite simple, le diagnostic est
plus aisé quand il y a chorio-rétinite.

En effet dans les cas où les lésions rétiniennes, que nous
avons décrites ailleurs, accompagnent les foyers de choroïdite, la nature de ces chorio-rétinites est facile à reconnaître, car nous possédons un ensemble de caractères qui
deviennent alors pathognomoniques.

On peut observer des foyers arrondis, ordonnés le long
des vaisseaux rétiniens ; ce sont des masses d'aspect moniliforme, échelonnées ou disposées en grappe. C'est en somme
un stade plus avancé de la rétinite syphilitique scléro-
gommeuse avec envahissement choroïdien.

D'autres fois, spécialement dans la syphilis héréditaire,
c'est un mélange des taches étoilées ou circinées de la rétinite pigmentaire syphilitique et des plaques choroïdiennes
à nuance diverse (*Phot.* 30).

(1) Galezowski, *Soc. d'opht. de Paris*, 1890.
(2) Fuchs, *Arch. f. Augen*, XXXII, 1896.
(3) Fournier et Sauvigneau, *Soc. de derm. et de syph.*, 1896.
(4) Rochon-Duvigneaud, *Arch. d'opht.*, 1895.

OBSERVATIONS ET PHOT. 35 ET 36.

Observation et Phot. 35.

HÉMORRAGIE TRAUMATIQUE DE LA RÉTINE. — RUPTURE DE LA CHOROÏDE.

OEil gauche.

C. N..., quinze ans. Il y a quinze jours le malade a reçu une pierre sur l'œil gauche ; le projectile avait le volume du poing et était lancé à une distance de 4 mètres environ. Douleurs vives à la suite, les paupières sont devenues ecchymotiques et l'œil est resté caché pendant trois jours.

Actuellement, le malade ne distingue pas les doigts. On voit à l'ophtalmoscope la papille elliptique, à grand axe vertical. Excavation physiologique centrale, vaisseaux normaux.

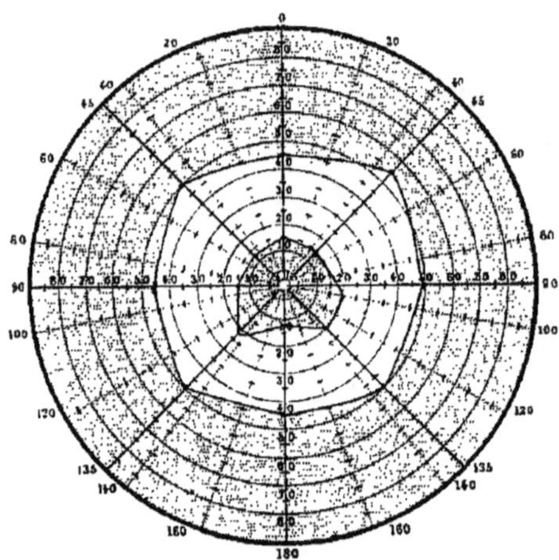

Fig. 73.

Dans la région maculaire et jusqu'au bord externe de la papille, hémorragie en flaque irrégulière et noirâtre. Deux lignes blanchâtres concentriques, et une troisième beaucoup plus petite, regardent dans leur concavité la macula et semblent pouvoir se rapporter à des ruptures de la choroïde. Champ visuel avec scotome (fig. 73).

Phot. 35. — Rupture de la choroïde.
Hémorragie traumatique de la rétine.

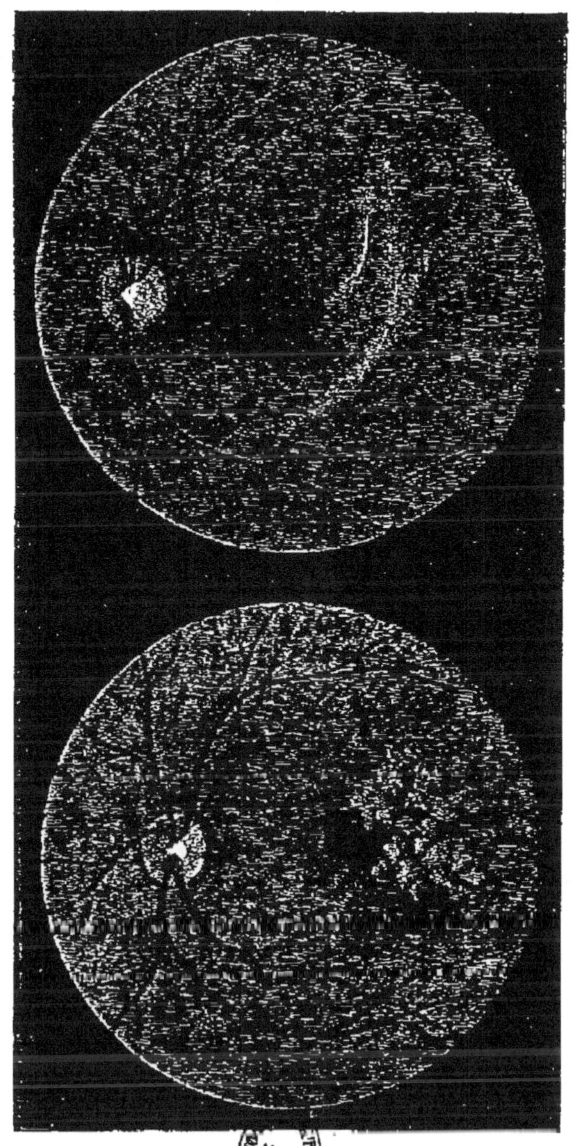

Phot. 36. — Choroïdite maculaire hémorragique.

Observation et Phot. 36.

CHOROÏDITE MACULAIRE HÉMORRAGIQUE.

OEil gauche.

Pierre G..., vingt-neuf ans. Il y a deux mois le malade, qui avait une bonne santé, brusquement s'est aperçu de troubles visuels du côté de l'œil gauche. Emmétropie.

Scotome central dans le champ visuel (fig. 74). V. $= \dfrac{1}{50}$. Pas de troubles des milieux.

A l'ophtalmoscope, papille normale. Environ à deux ou trois

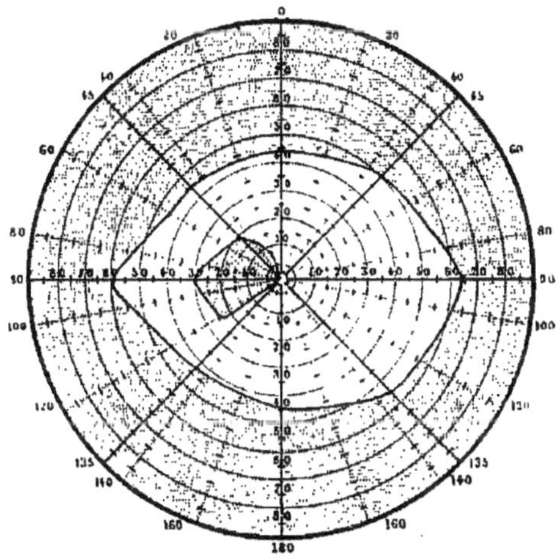

Fig. 74.

diamètres papillaires du bord temporal de la papille, on constate une plaque rouge (hémorragie maculaire) et en dehors d'elle des taches blanches à contours irréguliers ne faisant pas de saillie notable. Autour de ces taches légère hypercoloration de la choroïde. Sur le fond blanchâtre des taches choroïdiennes, et à leur pourtour, apparaissent en noir des dépôts de pigment.

O. D. V. $= 1$. Émmétropie. Champ visuel normal.

Observation et Phot. 37.

CHOROÏDITE ATROPHIQUE PÉRIPAPILLAIRE (*OEil droit*).

T. D..., cinquante-deux ans. Pas de maladies antérieures.

O. D. La vue a commencé à baisser à l'œil droit, il y a trois ans; jusqu'alors la malade y voyait parfaitement. Depuis deux mois la vue a diminué plus rapidement. $V. = \frac{1}{15}$.

Examen ophtalmoscopique : Papille assez décolorée, vaisseaux normaux, plaque blanchâtre atrophique trilobée ; elle est située à la partie supéro-externe de la papille, avec piqueté pigmentaire au centre et bordure périphérique très foncée. Choroïdite atrophique avec dépôts pigmentaires, à diverses périodes; lésions peu marquées du côté nasal.

Observation et Phot. 38.

CHOROÏDITE ATROPHIQUE (*OEil droit*).

L. L..., trente-six ans. Le malade s'est observé minutieusement; il nous donne par écrit les renseignements qui suivent : Depuis environ deux ans, tous les deux ou trois mois, troubles subits de la vue durant quinze ou vingt minutes. Ces troubles consistaient dans des brouillards ou des nuages de poussière s'élevant de terre, surtout quand le malade avait beaucoup écrit ou lu : dans l'intervalle la vue était excellente. Il y a sept mois les mêmes signes se sont produits dans les deux yeux à la fois pour ne plus disparaître. Les objets paraissaient doubles, coupés en deux, déformés. Une ligne droite paraissait courbe. En regardant une plaine, le malade voyait des montagnes.

Aujourd'hui, il ne voit que la lumière de l'œil droit. A l'œil gauche il est surtout gêné par un brouillard permanent et des mouches qui voltigent. Le malade n'a jamais eu de syphilis, pas d'alcoolisme. Influenza il y a cinq ans.

O. D. Rien extérieurement, papille normale, pas de trouble des milieux, réfraction statique — 1,50. Acuité visuelle : distingue les doigts, mais pourrait à peine se conduire.

A l'examen ophtalmoscopique, papille normale, vaisseaux normaux, nombreuses plaques d'atrophie choroïdienne dans toute la demi-circonférence supérieure, grand placard ou petites plaques tendant à devenir coalescentes. En bas et en dedans plaque blanchâtre sur laquelle passent les vaisseaux nasaux inférieurs.

O. G. Réfraction statique — 1 dioptrie. $V. = \frac{1}{3}$. Papille normale, excavation physiologique centrale. En haut et en dehors, large plaque blanchâtre entourée de dépôts pigmentaires et petites plaques d'atrophie choroïdienne. Les vaisseaux temporaux supérieurs passent sur ces plaques au niveau desquelles on constate des ondulations par le déplacement parallactique.

Phot. 37. — Choroïdite atrophique.

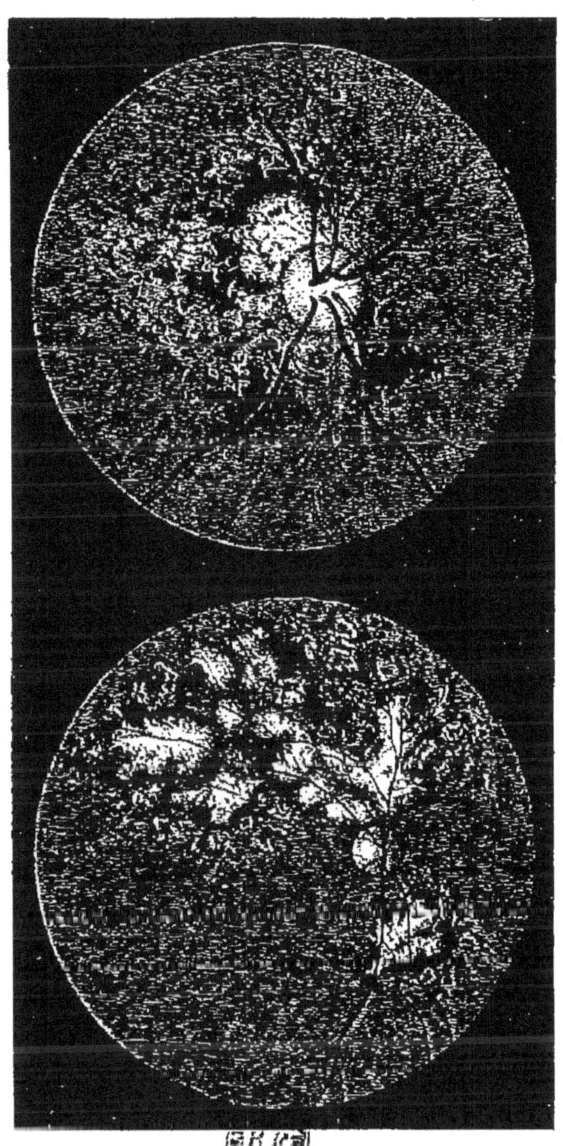

Phot. 38. — Choroïdite atrophique.

III. — SCLÉRO-CHOROIDITES MYOPIQUES;
STAPHYLOMES POSTÉRIEURS.

I. — *Lésions myopiques du fond de l'œil.*

Par le terme de scléro-choroïdites postérieures, on désigne un ensemble d'altérations du fond de l'œil causées par la myopie axile et appréciables à l'examen ophtalmoscopique.

Si les recherches sur la réfraction d'un œil observé nous ont appris que la myopie est inférieure à — 2 D., qu'elle ne dépasse pas — 6 D. ou qu'elle est supérieure à — 6 D., il est d'usage d'admettre qu'il s'agit d'une myopie faible dans le premier cas, d'une myopie moyenne ou forte dans les autres cas.

En étudiant la marche d'une myopie, nous la déclarons stationnaire si, apparue vers dix à douze ans, elle n'augmente pas ou tout au moins augmente peu jusqu'à l'âge de vingt ou vingt-deux ans, époque à laquelle finit la croissance. Nous dirons qu'elle est progressive quand elle atteint assez rapidement un degré élevé.

L'examen de la seule image du fond de l'œil peut souvent nous indiquer si la myopie est faible, moyenne ou forte, si elle est congénitale, stationnaire ou progressive. Pour poser le diagnostic et le pronostic d'une myopie il est indispensable d'en rechercher successivement le degré et l'image ophtalmoscopique, ces deux examens se complètent l'un l'autre.

Dans cette étude ophtalmoscopique de la myopie, nous décrirons un staphylome postérieur en forme de croissant, indice d'une myopie légère. Si le staphylome postérieur est plus étendu, c'est un cône s'accompagnant de sclérectasie, il caractérise la myopie moyenne.

La myopie forte s'accompagne des signes précédents plus

marqués encore. C'est alors une véritable scléro-choroïdite postérieure, les désordres du fond de l'œil ne sont pas seulement juxtapapillaires (staphylome), mais aussi maculaires (chorio-rétinites, apoplexies).

Enfin ce staphylome revêt un aspect différent suivant que la myopie est congénitale, stationnaire ou progressive, de là les termes de staphylome postérieur congénital, stationnaire ou progressif.

Toutes ces divisions sont quelque peu schématiques et les cas de transition ne sont pas rares. En outre la myopie, même forte, peut, dans certains cas, ne s'accompagner d'aucune trace de staphylome.

1° **Myopie faible.** — La myopie légère peut être compatible avec l'intégrité du fond de l'œil, mais dans la plupart des cas on note l'existence d'un *staphylome postérieur en croissant.*

Le terme de staphylome postérieur (σταφυλή, graine de raisin) indique l'ectasie ou la protubérance postérieure de la sclérotique, c'est-à-dire la distension du pôle postérieur du globe oculaire accompagnée d'atrophie choroïdienne. Toutefois si le staphylome postérieur est toujours caractérisé par des lésions choroïdiennes, la dilatation sclérale peut manquer au début. On peut donc dire staphylome postérieur, ce terme est consacré par l'usage, alors que la dilatation staphylomateuse n'est pas appréciable, comme par exemple dans la myopie faible.

Voici la description d'un fond d'œil atteint de myopie légère : On observe un petit croissant blanchâtre dont la concavité embrasse la moitié externe de la papille et dont la convexité regarde la région maculaire.

Quand le croissant est mince il semble, à un examen superficiel, que la papille soit agrandie ou plutôt que son anneau sclérotical soit élargi en sa partie externe.

Le bord concave du croissant peut être légèrement pigmenté ou ombré, mais c'est principalement le bord convexe qui est limité par un liséré, sombre ou noirâtre, qui tranche nettement avec les parties saines voisines.

Au début le petit staphylome postérieur enchâssé dans le bord externe papillaire présente quelques vestiges choroïdiens reconnaissables à un lacis de vaisseaux rosés, mais plus tard il est du ton blanc bleuâtre de la sclérotique et semble renforcer l'arc ou l'anneau péripapillaire scléral avec lequel il se confond.

Weiss a signalé un reflet rétinien en croissant regardant le segment interne de la papille, signe prodromique de la myopie et causé par un épanchement liquide entre le corps vitré et le rétine. Randall (1) l'a noté fréquemment et le considère comme déterminé par l'élongation du globe et l'exagération de la proéminence du segment nasal papillaire.

2° **Myopie moyenne**. — Dans un degré plus avancé de myopie, le staphylome ne se présente plus sous la forme d'un croissant, mais sous celle d'un *cône*. C'est le petit cône, le cône moyen, le grand cône (de Jæger).

Le croissant s'est agrandi suivant le méridien horizontal, il est devenu un triangle à sommet arrondi, un cône tronqué dont la base curviligne enserre la papille et dont le sommet mousse est dirigé du côté de la macula.

Le cône est d'une couleur scléroticale, c'est-à-dire blanc bleuâtre avec reflets chatoyants. Parfois ce staphylome est légèrement pigmenté, irrégulièrement, plus souvent la pigmentation se présente sous forme d'arcs ou lignes concentriques regardant la papille et montrant que le croissant a franchi peu à peu ses limites noirâtres par la juxtaposition d'un deuxième, puis d'un troisième croissant, pour se montrer en définitive sous forme d'un grand cône, à bord externe net et tranché par un liséré périphérique noirâtre.

Le staphylome au lieu de se développer en cône peut former une auréole à la papille. Le croissant au lieu d'avoir

____

(1) Randall, *Assoc. méd. américaine*, juin 1893.

poussé uniquement du côté de la macula, est devenu un anneau qui embrasse la papille de tous ses côtés, c'est le staphylome annulaire. Il est à remarquer que dans ce cas la partie temporale de l'anneau qui a été la première à apparaître est toujours plus développée que la partie nasale. La bague péripapillaire a son chaton du côté maculaire. Citons le cas inverse, exceptionnel, c'est la sclérectasie nasale (Masselon).

Les différences de niveau du staphylome démontrent la présence d'une dilatation sclérale.

Cette sclérectasie, ou bosselure postérieure, se reconnaît par un reflet argenté d'un arc ouvert en dedans et siégeant au milieu du cône ou à sa limite externe. C'est un reflet dû à un accident de terrain, il est du reste semblable à ceux que l'on note au niveau des ondulations de la région périmaculaire.

De plus en étudiant, par le déplacement parallactique, les vaisseaux maculaires qui passent sur le cône et forment de légers crochets au bord de l'ectasie, on se renseignera sur la dépression staphylomateuse.

A ce degré de myopie on peut constater sur le bord nasal de la papille un petit croissant grisâtre. Alors il ne s'agit pas d'un staphylome, mais bien d'un repli rétino-choroïdien, en forme de croissant pigmenté, sur lequel les vaisseaux rétiniens nasaux font un crochet très caractéristique.

Le staphylome postérieur, en raison de sa blancheur et par effet de contraste, donne à la papille une couleur rouge plus foncée que normalement. De même en raison du fond de blancheur éclatante, les petits vaisseaux péripapillaires, les vaisseaux maculaires directs spécialement, sont vus et distingués avec une netteté exceptionnelle.

Il existe cependant des cas où la papille est réellement congestionnée, surtout du côté interne.

3° **Myopie forte.** — Le staphylome tel que nous venons de le décrire est stationnaire, sa marche a subi un temps d'arrêt, car ses limites sont nettes, c'est-à-dire pigmentées.

D'autres fois le staphylome n'a pas de limites précises, c'est alors le staphylome postérieur progressif, indice d'une myopie forte ou qui tend à le devenir.

Le cône n'est plus limité par une bordure pigmentaire bien dessinée. Le pigment est distribué irrégulièrement, tout autour la choroïde est pâle, atrophiée (*Phot.* 40).

Tantôt le staphylome se développe par l'agrandissement du cône, sa marche étant progressive du côté de la macula. Tantôt apparaissent en même temps dans la région péripapillaire des foyers de choroïdite atrophique, c'est-à-dire des îlots de couleur rosée au début où se dessinent les vaisseaux choroïdiens, puis à coloration blanchâtre avec quelques amas de pigment ou quelques vestiges de vaisseaux.

Ces foyers de choroïdite atrophique se réunissent enfin au staphylome et l'agrandissent ainsi (*Phot.* 41).

Il est à remarquer que le staphylome ne gagne jamais la macula par son accroissement propre, ce sont les foyers maculaires qui atteignent le staphylome.

A un degré avancé de la myopie on note une déformation papillaire et des modifications du trajet des vaisseaux, d'autant plus marquées que la myopie a pris une allure maligne dès le jeune âge, époque à laquelle la coque oculaire n'a pas encore acquis sa résistance normale.

La papille devient ovalaire, à grand diamètre vertical. L'insertion du nerf optique étant refoulée en dedans, le segment interne de la papille devient voussuré et le segment externe étalé subit une traction en dehors dans la direction du pôle postérieur qui s'est effondré dans cet œil pyriforme.

Les vaisseaux rétiniens éprouvent des modifications dans leur parcours. Les vaisseaux temporaux supérieurs et inférieurs sont étirés en dehors, ils ne dessinent plus une courbe embrassant la région maculaire, leur trajet tend à devenir rectiligne et ils décrivent entre eux un triangle à sommet papillaire. Quant aux vaisseaux nasaux, attirés d'abord en dehors, ils se recourbent ensuite en dedans et décrivent ainsi un crochet à ouverture nasale.

Nous avons encore à étudier les lésions consécutives aux hémorragies maculaires et les taches des choroïdites myopiques qui, ainsi que nous l'avons dit, arrivent à confondre leur image ophtalmoscopique avec celle d'un staphylome.

Chorio-rétinite maculaire. — Au niveau de la macula, siège de la vision distincte et point où l'œil subit sa plus grande distension dans la myopie forte, les altérations sont très fréquentes. Elles n'entraînent pas une cécité absolue comme le décollement de la rétine, mais elles sont la cause d'une incapacité pour tout travail minutieux.

Les altérations portent sur la rétine ou sur la choroïde, plus souvent dans un stade avancé il s'agit d'une chorio-rétinite.

Au niveau de la macula on observe fréquemment des hémorragies rétiniennes caractéristiques. C'est un pointillé rougeâtre dû à de petites hémorragies des fins capillaires périmaculaires. Ces hémorragies se produisent dans la couche granuleuse externe et plus tard leurs reliquats donnent lieu soit à de petites masses punctiformes blanches ou jaunâtres, à reflets miroitants, soit à un pointillé noirâtre. Ce sont là les diverses transformations du pigment sanguin.

D'autres fois c'est une disparition de l'épithélium pigmentaire rétinien qui permet d'apercevoir nettement la choroïde avec ses vaisseaux et ses îlots pigmentaires.

Les choroïdites maculaires, en dehors de leur localisation, n'offrent rien de particulier. Elles se rencontrent le plus fréquemment dans la myopie, 80 p. 100 (Speiser) (1).

C'est une choroïdite *hémorragique* qui survient brusquement. On remarque une plaque rouge noirâtre ou brunâtre en pleine région maculaire. Dans la suite on apercevra les bandes vasculaires choroïdiennes rouge sombre

____

(1) Speiser, Th. de Bâle, 1892.

serpentant au milieu du pigment distribué inégalement.

Progressivement les vaisseaux se transforment en cordonnets grisâtres et on a l'image ophtalmoscopique d'un placard blanc nacré dont les bords sont déchiqués et pigmentés.

D'autres fois on note une choroïdite *exsudative*, c'est-à-dire l'apparition d'un exsudat maculaire de coloration jaunâtre ou brunâtre.

Cet exsudat se résorbe et à sa place c'est encore la sclérotique dénudée que l'on aperçoit; la choroïde est sclérosée, ses vaisseaux ont disparu, seuls quelques amas pigmentaires persistent.

Enfin très fréquemment il sera donné d'observer une choroïdite *atrophique*. Elle est en général secondaire aux formes précédentes, parfois cependant elle est primitive et survient d'emblée sans qu'on ait constaté antérieurement des foyers hémorragiques ou exsudatifs.

Alors on verra apparaître une tache claire parsemée de bandes roses entremêlées qui deviendront des lignes blanches. Ces taches multiples au début donnent au pôle postérieur de l'œil un aspect géographique, c'est l'image d'un archipel. Les îlots blanchâtres mouchetés et encadrés de noir, séparés par des languettes rouges de tissu sain, se réunissent et finalement c'est un vaste placard qui remplira le fond de l'œil, quand ces lésions de chorio-rétinite maculaire et le staphylome temporal se seront fusionnés. La plaque de chorio-rétinite a marché à la rencontre du cône staphylomateux.

On doit rechercher certains signes objectifs de la myopie forte, indices des lésions maculaires. Le malade est d'abord incommodé par un brouillard qui lui voile les objets ; il accuse la présence de mouches volantes causées par des troubles de nutrition du vitré. Les troubles rétiniens s'annoncent par une vive sensibilité à la lumière, par des éblouissements et par la métamorphopsie.

On notera que l'acuité visuelle a beaucoup baissé. Un scotome central survient brusquement ou progressivement suivant que la chorio-rétinite est d'origine hémorragique ou d'emblée atrophique.

4° **Marche et pathogénie des altérations myopiques.** — Nous avons décrit les lésions ophtalmoscopiques du fond d'œil du myope. Nous avons à indiquer rapidement quelles sont les modifications qui ont donné naissance aux staphylomes postérieurs et aux altérations maculaires et quelle est leur cause.

Dans le staphylome du début ou d'une myopie faible, c'est l'épithélium pigmentaire rétinien qui est tout d'abord frappé. C'est grâce à la disparition de cette couche pigmentaire que l'on peut apercevoir la choroïde sous-jacente avec sa couleur rosée, avec ses vaisseaux et ses tractus pigmentaires.

C'est la première étape du staphylome lorsque le croissant est encore rosé et pigmenté.

Plus tardivement les vaisseaux choroïdiens s'oblitèrent et se transforment en bandes grisâtres, le pigment choroïdien est réparti irrégulièrement, la choroïde s'atrophie. Le croissant sera complètement blanchâtre quand la couche épithéliale rétinienne pigmentaire et la choroïde auront disparu par actions mécanique et trophique, laissant la sclérotique très perceptible avec sa teinte blanche nacrée et ses reflets bleuâtres. Si la choroïde tout entière est atrophiée il n'en est pas de même de la rétine ; son épithélium pigmentaire disparaît, la couche des cellules visuelles est aussi profondément modifiée, comme l'indique à l'examen l'agrandissement de la tache de Mariotte, mais la couche des fibres nerveuses reste presque intacte. Cette couche persiste en effet toujours, il est facile de le reconnaître quand anormalement ses fibres sont opaques; elle est cependant tiraillée en dehors ainsi que l'indique le trajet rectiligne des vaisseaux maculaires directs.

Sous quelle influence se produisent ces modifications dans l'œil myope?

L'œil myope est plus long que l'œil normal. Le diamètre antéro-postérieur au lieu d'être de 24 millimètres peut atteindre 30 à 35 millimètres dans l'œil staphylomateux (1).

Weiss assigne à l'œil myope une brièveté anormale du nerf optique qui, pendant les mouvements de convergence, opère des tractions répétées sur la coque oculaire. Progressivement le pôle postérieur aminci est refoulé en arrière, l'insertion de la choroïde à la partie externe cède, d'où formation du croissant staphylomateux.

Panas (2) admet un défaut natif de résistance de la sclérotique.

A côté de ces causes d'ordre congénital on a fait valoir des causes acquises. Ce seraient les muscles extrinsèques de la convergence qui contribueraient à déformer la coque oculaire. D'autre part le muscle ciliaire serait en cause ; par ses contractions il a pour effet d'attirer la choroïde en avant et d'après Hansen et Vœlker ce muscle, en se contractant, pourrait faire céder son insertion optique.

G. Martin s'est attaché à montrer le rôle du spasme du muscle ciliaire et surtout de ses contractions partielles donnant naissance au staphylome. La localisation externe du croissant résulterait de traction musculaire et de pression au niveau du pôle postérieur. Cette cause spasmodique peut en effet dominer la scène dans la myopie du début ; elle paraît confirmée par les opérations de notre collègue Jaboulay (3) qui a amélioré la vision et la scléro-choroïdite postérieure myopique par la section du sympathique cervical.

Quoi qu'il en soit ces causes doivent se combiner pour

(1) Une augmentation ou une diminution de 1 millimètre de l'axe de l'œil correspond à une amétropie (myopie ou hyperopie) de 2 dioptries et demie (Tscherning).

(2) Panas, *Tr. des mal. des yeux*, 1894.

(3) Jaboulay, *Lyon médical*, n° 21, 1897.

engendrer la myopie et la prédominance de l'une ou l'autre d'entre d'elles détermine tantôt le staphylome postérieur congénital, tantôt le staphylome postérieur acquis.

Avec le refoulement et l'amincissement du fond de l'œil, il se produit progressivement soit un détachement, soit une dystrophie de l'épithélium rétinien et de la choroïde au niveau de leur insertion papillaire externe. Ainsi apparaissent les premières altérations myopiques, le staphylome postérieur en croissant. Ces lésions s'étendent peu à peu et la région maculaire subit à son tour des altérations.

Il est à remarquer que la localisation du staphylome est commandée par celle de l'ectasie. Si l'ectasie est située au pôle postérieur, les lésions auront de la tendance à frapper la région maculaire; si elle siège au niveau de l'insertion des gaines du nerf optique, le staphylome deviendra annulaire.

II. — *Staphylome postérieur congénital.*

Ici comme pour le staphylome postérieur acquis, nous dirons qu'on désigne par ce terme une modification ou une disparition de la choroïde dans une partie ou dans tout le pourtour de la papille, ce qui permet de reconnaître à l'ophtalmoscope la sclérotique avec ou sans ectasie appréciable.

Dans le staphylome, le terme de congénital indique que les lésions sont apparues de bonne heure dans un œil encore malléable, incomplètement formé, sans impliquer leur constatation dès la naissance. Comme pour toute affection congénitale ces lésions peuvent ne se révéler qu'à une époque plus ou moins tardive de l'existence, mais leur pathogénie se rattache toujours à un trouble de développement.

Cette malformation staphylomateuse consistera dans des modifications qui ont quelque analogie avec celles déjà indiquées et qui portent sur le nerf optique et le pôle postérieur de l'œil.

La papille est déformée, elle est fortement ovalaire, droite ou oblique. Sa moitié temporale décolorée, présente parfois une excavation physiologique très marquée (Nuel) (1), plus fréquemment elle est seulement affaissée et ses bords sont indistincts (Masselon). On fera cette remarque en observant le parcours des petits vaisseaux qui dans le premier cas n'ont pas un trajet horizontal régulier, puisqu'il est interrompu par le rebord de l'excavation.

Les vaisseaux temporaux au lieu de décrire, de leur émergence optique à leur terminaison, un fer à cheval ouvert en dehors, décrivent un triangle à base externe. Leur trajet n'est plus serpentin, il devient rectiligne, comme tiré en dehors (*Phot.* 42).

Les vaisseaux nasaux, au lieu de décrire une courbe ouverte en dedans, se dirigent verticalement, parfois même en dehors, puis se portent brusquement en dedans.

Le staphylome peut être annulaire et entourer ainsi la papille en prenant un plus grand développement du côté temporal.

Plus souvent il s'agit seulement d'un staphylome temporal en cône (*Phot.* 43). Le segment externe de la papille décolorée est bordé d'un croissant sclérotical blanc éclatant ou se continue insensiblement avec le staphylome. Ce staphylome a l'aspect d'un large croissant s'insérant aux parties supérieures et inférieures de l'ovale papillaire.

Comme caractère très important nous signalerons un liséré pigmentaire très net,qui circonscrit soit le staphylome annulaire, soit la papille et le staphylome temporal : à sa périphérie brusquement on aperçoit la couleur rouge normale du fond de l'œil.

Sur ce fond blanchâtre parsemé de points grisâtres, sans vestiges choroïdiens, se détachent avec une grande netteté les vaisseaux maculaires directs et les gros vaisseaux tem-

(1) Nuel, *Société d'opht.*, 1890.

poraux qui tendent à se rapprocher de l'horizontale dans leur parcours au-devant du staphylome.

En somme cette image ophtalmoscopique du staphylome postérieur congénital doit être connue. On la rencontre presque exclusivement chez le myope (1) et ces lésions sont généralement stationnaires et non progressives. On ne voit, dans le staphylome postérieur acquis, ni des modifications aussi marquées portant sur les vaisseaux, ni un staphylome avec déformation papillaire considérable et bordure de pigment, sans désordres graves du côté de la macula.

Nous faisons suivre cette étude ophtalmoscopique de la myopie de la description d'une série de croissants qui par un examen attentif peuvent être distingués de ceux que nous avons passés en revue et qui en diffèrent surtout par leur pathogénie.

III. — *Croissant papillaire inférieur*.

On observe au niveau du bord inférieur de la papille une bande semi-lunaire blanche d'origine congénitale ; ce croissant anormal porte le nom de croissant inférieur de la papille, c'est Fuchs (2) qui le premier en a donné la description.

Cette demi-lune est de couleur blanc grisâtre, légèrement différente de la teinte nacrée de l'anneau sclérotical. Elle se continue avec l'anneau sclérotical qui, lui-même, peut être doublé périphériquement de l'anneau choroïdien pigmentaire. Ce croissant est plaqué dans le quart inférieur du disque, il peut être réduit à un petit arc blanchâtre surmontant l'anneau sclérotical. Son étendue est variable, tantôt c'est un croissant mince à extrémités effilées et largement ouvert, tantôt c'est un arc plein avec corde tendue horizontalement.

(1) Notre observation 43 fait exception ; il s'agit d'un hyperope.
. (2) Fuchs, *Arch f. Opht.*, XXVIII.

Dans les cas extrêmes, assez rares, la papille est ainsi formée de deux segments : l'un supérieur avec tissu papillaire rosé normal, l'autre inférieur avec bande blanchâtre.

Plus le croissant inférieur est développé, moins la papille est visible, et réciproquement. Ce croissant est donc papillaire et non péripapillaire, puisqu'il empiète sur le disque optique.

Sur son arête les vaisseaux sortent de la papille en décrivant un coude très perceptible. C'est brusquement que le tissu papillaire de couleur rosée se trouve remplacé par la lunule gris blanchâtre.

Remarquons que ce croissant est d'origine congénitale, qu'il s'accompagne de myopie, et surtout d'astigmatisme marqué qui nécessite l'usage du verre correcteur pour l'examen. Très souvent l'acuité visuelle est imparfaite.

On a attribué ce croissant à un colobome léger soit du nerf optique, soit de la choroïde. Nous serions plus disposé à admettre qu'il s'agit là d'une anomalie par excès, se rapprochant des prolongements anormaux de la lame criblée, d'une lame criblée un peu dense et feutrée dans sa partie inférieure.

IV. — *Croissants juxtapapillaires astigmatiques et congénitaux.*

Les croissants juxtapapillaires, les staphylomes postérieurs, ne sont pas toujours en rapport direct avec la myopie. Si l'image ophtalmoscopique de ces lunules est la même dans beaucoup de cas, leur pathogénie diffère, mais elle est souvent obscure.

Il existe des croissants que l'on doit rapporter à l'astigmatisme ; on lira avec intérêt l'observation que nous rapportons d'un sujet astigmate (*Phot.* 44) avec croissant nasal inférieur juxtapapillaire. Le muscle ciliaire, a montré

G. Martin (1), peut par des contractions partielles amener des désordres dans un point correspondant à l'insertion postérieure du petit nombre de fibres contractées, désordres qui se manifestent alors par la formation de croissants. Ceux-ci s'observent soit à l'extrémité des contractions correctrices, soit à l'extrémité de la contraction astigmogène. Exemples du premier cas : astigmatisme cornéen vertical avec croissant horizontal ; astigmatisme cornéen horizontal avec croissant vertical ; astigmatisme cornéen de l'œil droit oblique sur 45° avec croissant sur 135°. Exemples du deuxième cas : astigmatisme oblique de l'œil droit sur 135° ; astigmatisme cristallinien.

D'autres croissants inférieurs et externes peuvent être rencontrés chez des sujets ne présentant aucun vice de réfraction. Truc et Gaudibert (2) en ont trouvé une proportion de 25 cas sur 100 sujets observés. Ces lunules sont évidemment congénitales, on en a fait parfois des colobomes rudimentaires de la choroïde.

Il y a une série d'images intermédiaires entre les colobomes du nerf optique, de la choroïde, les staphylomes postérieurs et dans certains cas il est difficile de se prononcer. Toutefois quand il s'agit de *lunules* ou de *faux* juxtapapillaires sans autres signes, il n'y a pas véritablement à invoquer une malformation, c'est une variété d'arc sclérotical, c'est une modification d'insertion ou de pigmentation de la choroïde.

(1) G. Martin, *loc. cit.*, Paris 1895.
(2) Truc et Gaudibert, *Ann. d'oculist.*, 1897.

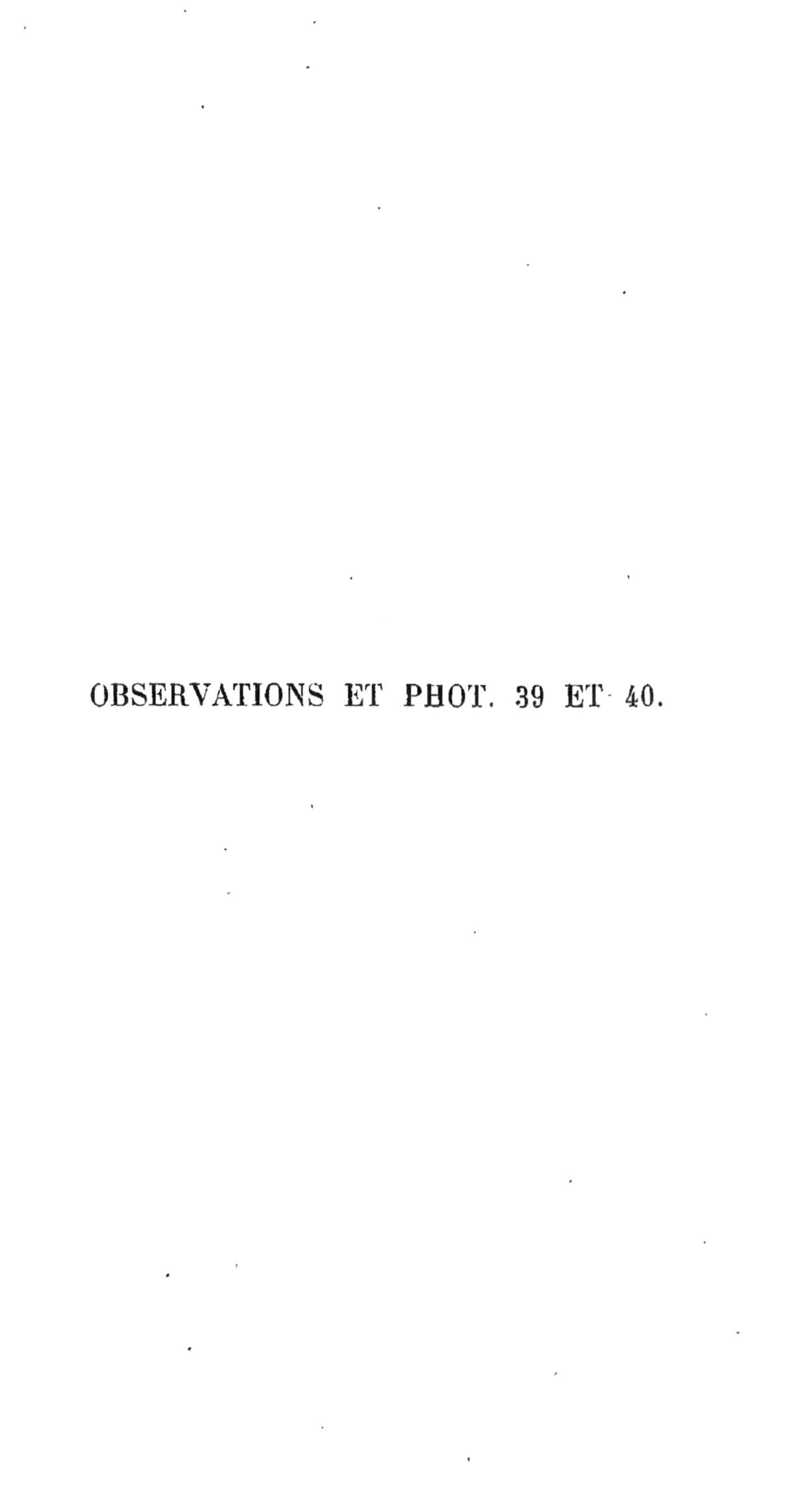

OBSERVATIONS ET PHOT. 39 ET 40.

Observation et Phot. 39.

CHOROÏDITE ATROPHIQUE PÉRIPAPILLAIRE. — EXCAVATION ATROPHIQUE
DE LA PAPILLE.

OEil droit.

L. G..., soixante et onze ans, pas d'antécédents, pas de syphilis, pas d'alcoolisme. Depuis deux ans, la vue a progressivement baissé du côté droit, puis du côté gauche. Jamais de douleur, jusqu'à cette perte presque absolue de la vue. Le malade ne peut plus reconnaître ses enfants.

O. D. A l'examen ophtalmoscopique, pas de troubles des milieux, papille blanche atrophique, excavation totale de la papille augmentant progressivement des bords au centre et facile à constater par le déplacement parallactique. Au centre excavation physiologique où l'on aperçoit le dessin de la lame criblée, profondeur de 1 millim. 6. Atrophie choroïdienne péripapillaire avec de nombreux dépôts pigmentaires. Vaisseaux normaux, dépigmentation épithéliale permettant d'apercevoir les losanges pigmentés de la choroïde.

Rien d'anormal à la macula qui ne se distingue du fond de l'œil par aucun aspect spécial.

O. G. Mêmes constatations que du côté droit, excavation d'une profondeur de 2 millimètres.

Observation et Phot. 40.

STAPHYLOME MYOPIQUE PROGRESSIF.

OEil gauche.

S'est aperçu de sa myopie à l'âge de vingt ans. Ce malade âgé aujourd'hui de trente-cinq ans raconte que depuis quelques mois il a du larmoiement, de l'asthénopie.

O. G. Vision à 5 mètres sans verre $= \frac{2}{50}$. Avec -6 D. $= \frac{2}{3}$.

Léger astigmatisme, axe oblique.

A l'ophtalmoscope, papille rose avec excavation centrale physiologique. Staphylome temporal en croissant avec bordure pigmentaire frangée. En dehors, début de choroïdite atrophique.

PHOT. 39. — Choroïdite atrophique péri-papillaire.
Excavation atrophique de la papille.

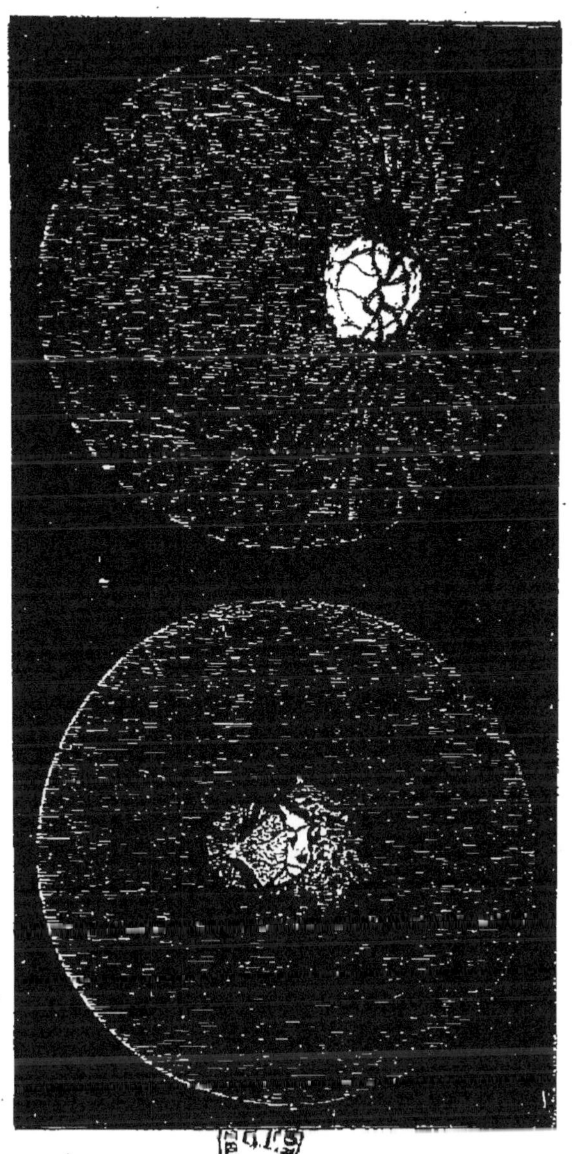

PHOT. 40. — Staphylôme myopique progressif.

Observation et Phot. 41.

SCLÉRO-CHOROÏDITE MYOPIQUE. (*OEil gauche.*)

M.... trente-huit ans. Cette malade n'a jamais joui d'une bonne vue. Fièvre typhoïde à onze ans. Depuis huit ans, sa vision est très compromise, elle est entrée à l'hospice des Incurables (Perron).

O. D. Image renversée. Rien extérieurement. La pupille réagit à la lumière. Corps flottants du vitré. Papille ovale rosée. Large plaque de scléro-choroïdite, s'appuyant sur le bord externe de la papille avec rebords pigmentaires périphériques. Les vaisseaux maculaires directs et les vaisseaux temporaux supérieurs se dessinent nettement sur le fond blanc scléral. Trois plaques d'atrophie choroïdienne du côté nasal. Dépigmentation permettant de voir les vasa verticosa. Myopie de 20 dioptries.

O. G. Image renversée. Corps flottants du vitré ; papille ovale rose avec excavation physiologique centrale. Staphylome annulaire surtout développé du côté temporal. Vaisseaux rétiniens très visibles sur la plaque d'atrophie choroïdienne bien limitée à la périphérie par un liséré pigmentaire. Plusieurs plaques d'atrophie semblable. Stroma choroïdien très visible. Myopie 18 dioptries.

Observation et Phot. 42.

STAPHYLOME CONGÉNITAL. — CHOROÏDITE MYOPIQUE (*OEil gauche.*)

M. P..., médecin, trente-sept ans. Le père et la mère avaient une vue excellente. Une tante très myope, une sœur myope. Tout jeune, ce sujet avait mauvaise vue. A douze ans, il portait des verres — 11 dioptries. Aujourd'hui yeux enfoncés dans l'orbite, fente palpébrale très petite. O. D., V. $= \dfrac{3}{50}$. O. G., V. $= \dfrac{2}{50}$.

O. D. Acuité ramenée à $\dfrac{2}{3}$ avec sphérique — 14 D. et cylindre concave 1,50, axe horizontal.

O. G. Acuité ramenée à $\dfrac{1}{3}$ avec sphérique — 16 D. et cylindre concave 2, axe oblique.

O. D. A l'examen ophtalmoscopique à l'image renversée, on voit un vaste staphylome congénital avec liséré pigmentaire périphérique. Bord temporal de l'excavation vu avec — 16 D., fond vu avec — 20 D.

O. G. Les altérations sont plus accusées, papille ovalaire avec excavation dans sa portion temporale. Les vaisseaux nasaux décrivent un coude brusque pour se porter en dedans. Les vaisseaux temporaux supérieurs et, spécialement la veine temporale, ont un trajet horizontal. Ils se portent ensuite en dehors. Choroïdite maculaire et périmaculaire. Champ visuel rétréci.

Phot. 41. — Scléro-choroïdite myopique.

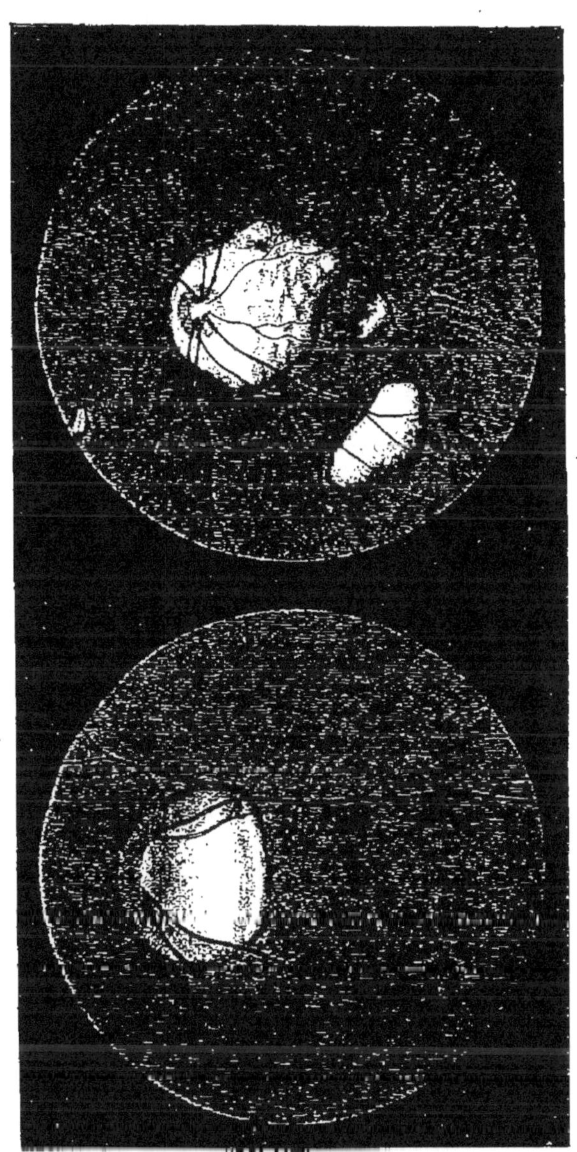

Phot. 42. — Staphylome congénital. Choroïdite myopique

OBSERVATIONS ET PHOT. 43 ET 44.

Observation et Phot. 43.

STAPHYLOME CONGÉNITAL.

OEil gauche.

E. S..., seize ans, habite la Croix-Rousse. Hyperopie + 4 dioptries.

O. G. Le disque papillaire se divise en deux portions :

1° Une portion interne ou nasale, de couleur rose, en forme de croissant à concavité externe et représentant une papille déformée. Ce croissant papillaire rose diminue d'intensité de coloris vers ses extrémités. Il est limité du côté de la choroïde par un bord pigmenté surtout très net en bas.

2° Une portion externe blanche, le staphylome. Cette partie est située sur un plan plus profond, elle a quelques reflets chatoyants et nacrés. On remarque une fine bande de pigmentation limitant le bord papillaire. Quelques fins vaisseaux maculaires directs se détachent sur le fond blanc, la forme générale de cette papille a un aspect de coquillage. Les vaisseaux se dessinent en deux bouquets vasculaires, ils semblent sortir de la profondeur du croissant rosé et se dirigent en dehors en formant un triangle à sommet nasal. Coude très marqué des veines nasales supérieures. Rien d'anormal à la choroïde.

Observation et Phot. 44.

CROISSANT NASAL INFÉRIEUR (ASTIGMATISME MIXTE).

OEil droit.

N..., trente-six ans. A toujours eu la vue assez basse, mais n'a jamais porté de verres dans son enfance ou son adolescence. C'est en passant le conseil de revision qu'on s'est aperçu de l'inégalité de sa vue. Rien d'anormal extérieurement.

O. D. Vision à 5 mètres sans verres $\frac{1}{6}$. A la skiascopie et à l'ophtalmomètre de Javal et Schioetz, astigmatisme mixte (hyperomyopique) ± 3 dioptries, axe oblique. Acuité après correction $= \frac{1}{2}$.

A l'ophtalmoscope, papille ovale à grand axe oblique ; après correction avec des verres cylindriques, papille ronde avec excavation centrale. Croissant blanc en bas et du côté nasal. Vaisseaux ayant subi en haut une traction du côté nasal.

O. G. Léger astigmatisme. Myopie — 5. Staphylome en croissant.

Phot. 43. — Staphylome congénital.

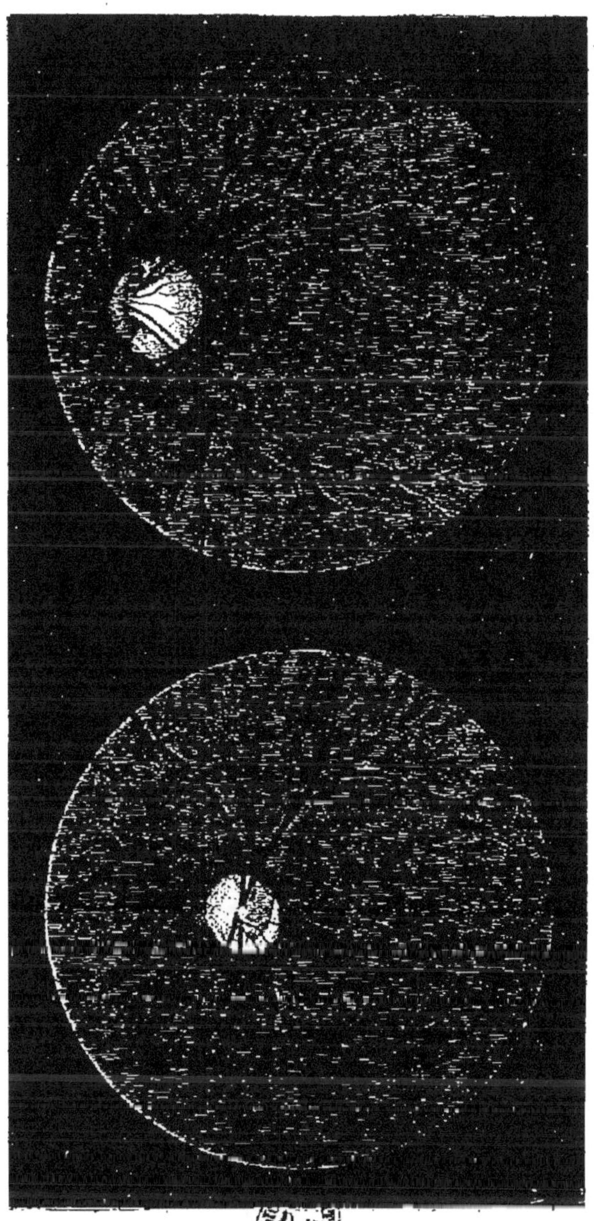

Phot. 44. — Croissant nasal inférieur
Astigmatisme mixte.

IV. — TUMEURS DE LA CHOROIDE.

I. — *Verrucosités de la choroïde.*

Il s'agit là d'altérations séniles, mais que l'on peut aussi rencontrer dans le jeune âge si l'œil est déjà frappé d'autres lésions, telles que rétinite pigmentaire ou choroïdite. Il est très important de connaître les caractères ophtalmoscopiques de ces verrucosités qui semblent n'altérer en rien la vision, quoiqu'on ait avancé qu'elles pouvaient être la cause de la diminution de l'acuité visuelle chez le vieillard, et qui ressemblent à d'autres altérations dont le pronostic est tout autre.

Cette dégénérescence verruqueuse a été décrite par Donders (1), Wedl (2), aujourd'hui encore on étudie l'anatomie pathologique de ces productions : Les uns y voient une altération colloïde de l'épithélium pigmentaire rétinien, d'autres une production hyaline ou verruqueuse partant de la lame vitrée de la choroïde.

En tout cas on voit sur les coupes histologiques de petites masses polypeuses, à lamelles imbriquées, dont le pédicule s'insère à la vitrée et dont le corps est coiffé par la couche pigmentaire de la rétine. Liebreich s'est attaché à en indiquer les signes ophtalmoscopiques, signalons encore les descriptions de Wooker, Masselon.

L'affection est bilatérale, on voit à l'ophtalmoscope un pointillé gris jaunâtre autour de la macula et de la papille. C'est une série de granulations jaunâtres, semées au hasard dans ces limites ou groupées sur une grande surface, quelquefois même disposées en chaînettes. Les plus grosses verrues ne dépassent guère le diamètre d'un vaisseau central de la papille; quelquefois entourées d'un léger liséré

(1) Donders, *Arch. f. Opht.*, I.
(2) Wedl, Wien, 1986.

pigmentaire, elles peuvent avoir un contour dont la couleur se dégrade insensiblement.

On évitera facilement la confusion, soit avec les tubercules choroïdiens plus volumineux, constatés chez des malades atteints de lésions pleuro-pulmonaires ou méningées, soit avec les granulations graisseuses miroitantes des rétinites, en amas ou circonscrites, qui s'accompagnent d'autres altérations du côté de la rétine ou de ses vaisseaux.

II. — *Cancer de la choroïde.*

Le cancer de la choroïde, au point de vue anatomo-pathologique, est le plus généralement un sarcome, c'est-à-dire une tumeur maligne d'origine conjonctive. S'il naît aux dépens des corpuscules conjonctifs étoilés c'est un sarcome noir ou mélanique, sinon c'est un leucosarcome, le sarcome banal des autres régions, variété plus rarement observée à la choroïde que la précédente.

Bard (1) a démontré que ces tumeurs malignes étaient surtout d'origine épithéliale, que c'étaient de véritables carcinomes choroïdiens émanant de la couche épithéliale qui unit la choroïde à la rétine.

Nous avons admis, d'après la donnée classique aujourd'hui, que l'épithélium pigmentaire, tour à tour rattaché par les auteurs à la choroïde et à la rétine, faisait réellement partie de la rétine : ces épithéliomes diffus ou carcinomes sont donc rétiniens. Toutefois ces tumeurs malignes, qu'elles soient conjonctives ou épithéliales, évoluent dans le stroma choroïdien plutôt que dans le tissu nerveux rétinien; qu'il s'agisse histologiquement d'un sarcome choroïdien ou d'un carcinome rétino-choroïdien, on peut dire que cliniquement, on est en présence de néoplasmes choroïdiens très différents par leur cortège symp-

(1) Bard, *Précis d'anat. pathol.*, 1890.

tomatique des tumeurs rétiniennes, telles que les gliomes.

Outre ces néoplasmes primitifs, on peut voir des foyers secondaires qui s'accompagnent à peu près des mêmes signes, quelquefois dans les deux yeux. Ces noyaux de généralisation partent surtout d'une glande mammaire cancéreuse et viennent coloniser dans la choroïde.

Comme pour le cancer de la rétine, un diagnostic précoce est de rigueur, en cas de tumeur primitive, pour permettre une énucléation hâtive qui peut mettre à l'abri de récidives mortelles. On comprend donc l'importance de l'ophtalmoscope qui, seul au début, peut parfois faire affirmer la présence du néoplasme dans le fond de l'œil. Notons toutefois que ces tumeurs (tumeurs primitives surtout), se rencontrent moins fréquemment au pôle postérieur qu'à l'équateur et au corps ciliaire, où leurs symptômes diffèrent.

Au début on remarque une dilatation de la pupille, une diminution de l'acuité visuelle, un scotome dans le point où évolue le néoplasme; ce sont là des signes incertains. Dès ce moment on peut constater, ou seulement soupçonner, la tumeur avec l'ophtalmoscope. Il faut s'efforcer de ne pas attendre pour la dépister, la deuxième période ou période de glaucome dans laquelle apparaissent les douleurs et les signes du côté de la cornée, de la chambre antérieure, de l'iris.

La tumeur se présente sous deux aspects ophtalmoscopiques très différents :

Elle proémine dans le fond de l'œil;

Elle plonge dans le liquide d'un décollement rétinien qu'elle a provoqué.

Dans le premier cas, on voit dans une partie quelconque du fond de l'œil une masse à teinte jaunâtre qui pousse en avant la rétine, dont elle se coiffe. Faisons remarquer que même le mélanosarcome, qui sera d'un noir charbonneux à la coupe, aura cette coloration jaunâtre à l'examen ophtalmoscopique. Ce néoplasme à forme arrondie proémine plus ou moins; la tumeur est unique et bombée si elle est primitive, si elle est secondaire on remarque plusieurs foyers métastatiques aplatis en gâteau (Lagrange) (1), avec granulations pigmentaires à la périphérie. Le déplacement parallactique prouve qu'il y a saillie; en outre à l'image droite, en relâchant son accommodation et en étudiant successivement le sommet du mamelon néoplasique et une région saine du voisinage, on peut apprécier le degré de l'élévation; une hypermétropie de 6 dioptries par exemple au niveau du néoplasme équivaut à 2 millimètres de soulèvement.

A ce moment la rétine est soulevée par la tumeur plutôt que décollée, il n'y a pas interposition de liquide. Ce pseudo-décollement ne flotte pas si l'on imprime un mouvement à l'œil, il n'est pas mobile. Au pourtour de la tumeur on peut voir la rétine légèrement étirée en petits plis qui disparaissent en avant de la masse saillante.

A l'image droite on peut constater un signe de certitude de la présence du néoplasme, c'est le double réseau vasculaire. On voit sur la rétine les vaisseaux rétiniens normaux, mais cette membrane saine et transparente permet aussi d'apercevoir sur la tumeur choroïdienne sous-jacente un réseau pathologique. Ce réseau de couleur sombre, est formé de vaisseaux de dimensions inégales qui se croisent en tous sens, les uns semblables au réseau de la pie-mère, paraissent ramper sur la tumeur, les autres en surgissent pour y plonger de nouveau. Ce sont les vaisseaux néoformés de la tumeur. Cette remarque faite par Becker en 1870, puis par Brière et Perrin (2) est d'un grande valeur et permet d'assurer d'une façon précise la présence d'une tumeur. Toutefois ce signe est passager. Le néoplasme qui pointe et repousse la rétine en avant ne peut manquer peu à peu d'altérer sa transparence. Aussi dans la suite, une hypérémie de la

(1) Lagrange, *Arch. d'opht.*, 1897.
(2) Perrin, *Dict. de Dechambre*, t. XVII.

rétine, des exsudats, des taches hémorragiques masquent la tumeur et surtout son délicat réseau vasculaire.

Parfois quand un leucosarcome possède une coloration gris jaunâtre, qui ne tranche que très peu de celle des tissus sains, une bonne méthode d'examen consistera à faire usage du miroir concave de l'ophtalmoscope et de l'éclairage électrique. Alors on examinera le fond de l'œil, non pas par le trou central du miroir, mais à côté du miroir. On reçoit ainsi les rayons divergents qui partent du mamelon néoplasique. Sur un fond nébuleux une masse rougeâtre, qui est le néoplasme, se détache seule.

Plus tard, quand la tumeur émerge franchement du fond de l'œil, repoussant en avant le vitré, il peut se produire un chatoiement de la pupille, signe bien plus fréquemment observé dans le gliome de la rétine. A cette période les douleurs réactionnelles ont apparu, on préférera à l'ophtalmoscope l'éclairage latéral qui donnera des renseignements assez précis. Si le fond d'œil est inéclairable, on pourra utiliser l'éclairage de contact dont les indications ont été bien posées par Rochon-Duvigneaud. En effet quand on applique une petite lampe électrique contre la sclérotique, la pupille s'éclaire malgré les opacités cristalliniennes ou vitréennes, malgré un décollement rétinien; au contraire, lorsque cette lampe est appliquée au point correspondant de la sclérotique où siège la tumeur, la pupille reste noire au lieu de s'éclairer. C'est donc une bonne méthode d'examen pour les néoplasmes équatoriaux.

Si la tumeur a provoqué un véritable décollement de la rétine, les signes ophtalmoscopiques diffèrent des précédents. Ce peut être une assez grosse tumeur. Alors, dans sa partie proéminente, on la voit bosselée avec son réseau vasculaire pathologique; sur ses côtés on aperçoit la rétine normale décollée sur une certaine étendue, de couleur cendrée, avec ses replis ondulés et ses vaisseaux serpentins. Le diagnostic dans ce cas est assez simple.

Bien plus souvent il s'agit d'une petite tumeur profondément située et séparée de la rétine décollée par un liquide séreux ou séro-sanguinolent. A l'ophtalmoscope pas de trace de tumeur, on aperçoit seulement un décollement et il faut s'assurer que ce décollement est symptomatique d'un néoplasme en s'appuyant sur les caractères suivants :

Le cancer de la choroïde se présente chez l'enfant (Lagrange) ou chez le vieillard. Un décollement de la rétine à ces périodes de la vie fera donc supposer un néoplasme caché. Le décollement rétinien simple se voit dans l'adolescence ou chez l'adulte.

Un décollement simple apparaît brusquement, le malade tout à coup a remarqué un voile obscur devant les objets; dans le cas de néoplasme, il se produit plus lentement.

Le décollement simple se rencontre presque uniquement chez le myope ou à la suite d'un traumatisme, voilà donc un côté étiologique à établir.

L'aspect du décollement pourra en indiquer la cause. En cas de tumeur, le décollement est circonscrit, il a un pourtour abrupt quelquefois entouré d'une collerette plissée. Siège-t-il dans la région maculaire, il est caractéristique d'un néoplasme. En outre on sait que le décollement myopique apparaît ordinairement en haut, pour se déplacer suivant la pesanteur et se montrer enfin à la partie inférieure. On doit donc se méfier d'un décollement qui, au premier examen situé en haut ou latéralement, siège toujours en un point insolite au bout de peu de temps et à une seconde recherche.

On appréciera l'état de la tension oculaire : toute tumeur provoque très rapidement l'exagération du tonus: au contraire dans le décollement simple il y a tension normale et souvent hypotonie.

Mais on ne saurait trop se persuader que le diagnostic du décollement par tumeur présente parfois des difficultés

insurmontables. Aussi comprend-on que Hirschberg ait
proposé la ponction exploratrice qui, évacuant pour un
temps le liquide sous-rétinien, permet à la tumeur d'apparaître coiffée de la rétine et sous l'aspect caractéristique que
nous lui avons reconnu dans son premier stade.

CHAPITRE IV

MALFORMATIONS DU FOND DE L'OEIL

Nous avons cru devoir scinder en deux chapitres différents
les anomalies du fond de l'œil. Nous avons étudié avec les
affections du nerf optique, les fibres nerveuses à myéline,
les prolongements anormaux de la lame criblée, les vestiges de l'artère hyaloïde, ce sont là des anomalies simples;
c'est-à-dire des déviations organiques constituant une déro-
gation à l'ordre habituel. Nous comprenons les colobomes
et l'albinisme parmi les malformations ou arrêts de développement, susceptibles de s'étendre à plusieurs membranes
de l'œil.

Cette distinction entre les anomalies et les malformations
a surtout un intérêt descriptif : le colobome du nerf optique
et celui de la choroïde s'étudient ainsi dans un même chapitre,
et forment une suite naturelle à l'étude de certains staphylomes postérieurs et des scléro-choroïdites centrales
dont les signes ophtalmoscopiques sont parfois presque
identiques.

I. — COLOBOMES DU FOND DE L'ŒIL.

Sous le nom de colobome du fond de l'œil on désigne
un vice de conformation siégeant dans l'espace compris
entre la papille optique et les procès ciliaires ou dans la
région maculaire. Suivant que l'arrêt de développement est
localisé aux limites de la papille ou à une partie de la cho-

roïde, il s'agit d'un colobome du nerf optique ou d'un
colobome choroïdien, malformations que nous réunissons
dans un même chapitre, en raison de leur coexistence possible et de l'analogie des causes qui président à leur développement.

I. — *Colobome du nerf optique.*

On désigne par colobome du nerf optique une malformation caractérisée à l'ophtalmoscope par une augmentation de la surface et par une excavation de la papille.
Nous montrerons plus loin que le colobome du nerf optique
est une fissure congénitale qui résulte de l'absence de
fermeture de la fente optique au niveau de l'insertion du
pédoncule sur la vésicule oculaire (ou des gaines du nerf
optique sur le globe oculaire).

Leibreich (1) sépara en 1859 cette affection congénitale
du groupe des lésions acquises, mais à de Jæger, à Van
Duyse surtout (2) revient le mérite d'en avoir donné une
étude minutieuse basée sur l'examen ophtalmoscopique et
anatomo-pathologique.

L'anomalie dépend du degré d'occlusion de la fente
optique, de l'élargissement de l'anneau scléro-choroïdien
et de l'implantation plus ou moins vicieuse des gaines du
nerf optique sur la sclérotique.

Ophtalmoscopie. — Ce qui frappe tout d'abord dans l'observation du colobome du nerf optique à l'image renversée,
c'est l'aspect de la papille qui a des dimensions plus considérables qu'à l'état normal, correspondant parfois à deux
ou trois diamètres papillaires. A l'image droite les détails
suivants sont reconnaissables :

En allant de haut en bas (fig. 75), on voit le tissu péripapillaire qui est normal, puis l'anneau choroïdien qui tranche

(1) Liebreich, *Arch. f. Opht.*, V.
(2) Van Duyse, *Ann. d'oculist.*, 1884, et *Arch. d'opht.*, 1897.

nettement par sa pigmentation souvent intense. Au-dessous de l'anneau blanc sclérotical, c'ést la papille avec sa couleur rosée habituelle, mais au lieu d'un disque papillaire complet, on ne voit qu'un croissant de papille normale. Ce croissant, ou zone rosée, occupe en général le 1/3 ou mieux seulement le 1/4 supérieur du disque anormal. Sa convexité regarde l'anneau scléral, sa concavité tournée en bas présente un rebord demi-circulaire tranchant qui surplombe une cavité située au-dessous et qui se prolonge en cul-de-sac en arrière du croissant papillaire.

Sur l'arête vive du rebord se trouvent les vaisseaux, qui les uns sortent du croissant, les autres décrivent sur l'arête un coude très marqué, car ils émergent de la cavité située au-dessous et en arrière du croissant papillaire de couleur rosée.

A sa partie inférieure on aperçoit un disque incomplet et blanc, où les 2/3 ou les 3/4 de cette papille anormalement blanche se confondent en bas avec l'anneau scléral. Elle s'enfonce sous le croissant supérieur en haut, en forme de poche, et se poursuit en bas jusqu'à l'anneau choroïdien. Ce segment médian et inférieur de la papille est blanc jaunâtre, puis dans le bas devient blanc bleuâtre; son fond se relève progressivement ou en plusieurs étages de haut en bas pour se continuer sans ressaut avec le plan rétinien voisin. Quelquefois ce bord inférieur est excavé. Des vaisseaux qui partent en haut de la cavité rétropapillaire sillonnent cette zone blanche et quittent la papille pour passer sur la rétine normale avec ou sans crochet, suivant qu'il y a, sur le bord, excavation ou absence d'excavation.

Les bords latéraux de cette zone blanche peuvent se relever progressivement du centre à la périphérie et se continuer sans ressaut avec les parties voisines. D'autres fois on remarque un bord escarpé du côté temporal dont la poche peut être très voisine, alors qu'il n'existe qu'un plan incliné du côté nasal.

En somme ce disque papillaire anormal comprend une petite zone rosée supérieure, une grande zone blanchâtre inférieure, une poche centrale ou un peu externe; dans le fond de la fosse naissent les vaisseaux centraux de la rétine. C'est bien, comme l'a dit Arlt, une lésion qui semble avoir été faite en refoulant avec le pouce la région placée immédiatement au-dessous du nerf optique.

Quelquefois, mais plus rarement, comme l'ont montré Van Duyse, Vossius (1), Fuchs (2), la poche n'est plus unique, il en existe plusieurs petites, sous l'aspect de dépressions grisâtres, de compartiments limités par des travées sur la surface de la zone blanche. D'autres fois la cavité prend la forme d'une demi-lune, d'un croissant qui sera médian ou inférieur et entouré d'un tissu rosé de portion de papille saine. Enfin le colobome peut être annulaire, la papille normale est entourée d'une rainure colobomateuse, plus rarement la dépression blanche falciforme est supérieure [Mauthner (3), Streatfield (4), Remak (5)].

Dans le colobome peu développé, il n'existe qu'une dépression en entonnoir des gaines, visible à l'ophtalmoscope au-dessous de la papille sous l'aspect d'une dilatation sacciforme (*Phot.* 45).

A un degré plus avancé, son étendue peut atteindre vingt fois celle de la papille, il s'agit de colobome du nerf optique, de la choroïde, de l'iris. Il y a donc des colobomes plus ou moins développés et des variétés d'aspect très nombreuses.

Depuis l'excavation physiologique très marquée, forme de colobome très atténué et rudimentaire, jusqu'à l'ectasie du plancher oculaire ou colobome complexe, on trouve une série d'images intermédiaires.

(1) Vossius, *Arch. f. Opht.*, 1883.
(2) Fuchs, *Arch. f. Opht.*, 1885.
(3) Mauthner, *Wien. med. Bl.*, 1882.
(4) Streatfield, *The Lancet*, 1882.
(5) Remak, *Central. f. prakt. Augen.*, 1884.

Il est indispensable, pour bien comprendre la cause et la constitution du colobome, de l'étudier sur une coupe de

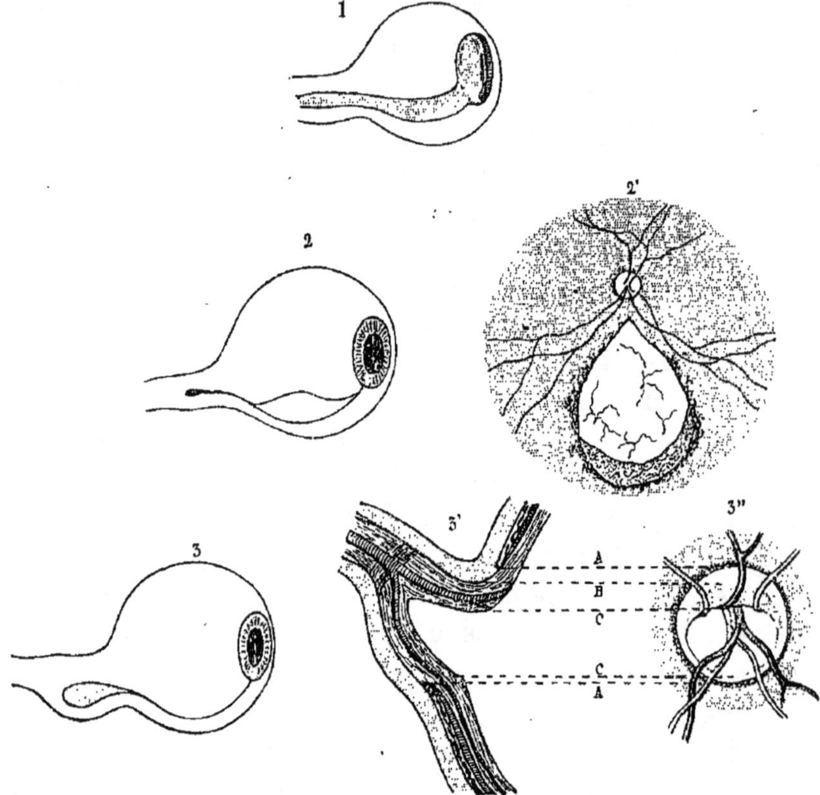

Fig. 75 (schématique). — Fente fœtale et colobomes du fond de l'œil.

1, fente de la vésicule et du pédoncule optique ; 2, persistance de la fente fœtale (portion oculaire), d'où 2′, colobome inférieur de la choroïde ; 3, persistance de la fente fœtale (portion optique), d'où 3″, colobome du nerf optique ; 3″, papille avec anneau scléro-choroïdien distendu ; croissant de tissu papillaire normal sur lequel se coudent les vaisseaux ; excavation profonde au-dessous ; 3′, coupe verticale : excavation en coup de pouce ; A, anneau choroïdien ; B, anneau scléral ; C, zone papillaire normale et vaisseaux issus de la cavité rétropapillaire.

l'œil faite suivant l'axe vertical de la papille et que l'on comparera à l'image ophtalmoscopique (fig. 75).

Tout d'abord il y a élargissement des trous choroïdien
et sclérotical, d'où dimension exagérée du disque papillaire. En raison de l'occlusion incomplète ou tardive de la
fente pédonculaire, les gaines du nerf optique et spécialement la gaine externe ont perdu leur structure résistante ;
à la partie inférieure elles se distendent, d'où déformation en
ampoule. La gaine externe à son insertion oculaire prend
la forme d'un bassinet, d'une cornemuse. Au début le colobome est donc représenté par une très large excavation
papillaire à bords taillés à pic.

Mais peu à peu s'ajoutent des déformations secondaires
en raison du développement progressif de l'œil. La paroi
affaiblie cède, se laisse distendre et refouler en bas et en
arrière. Il se forme ainsi un cul-de-sac dirigé en arrière ;
la papille est alors divisée en deux segments, un segment
normal antéro-supérieur qui tend à s'incliner au-devant d'un
segment anormal postéro-inférieur. L'insertion du nerf optique est vicieuse car, elle est oblique de haut en bas et
d'arrière en avant ; elle est aussi vicieuse suivant l'axe horizontal et l'excavation physiologique centrale devient excentrique.

L'ectasie des gaines se produit surtout en bas et en
dedans au niveau de la fente embryonnaire. Les gaines
sont étirées sur le bord nasal de la papille, elles sont cou-
dées du côté temporal, ainsi s'expliquent les faits les plus
communs où l'excavation papillaire est taillée à pic du côté
externe et inclinée en pente douce du côté interne.

Les aspects divers et la situation des poches s'expliquent
ainsi par les modifications secondaires d'une coudure sur-
venue au point d'insertion des gaines du nerf optique sur
le globe et par des bosselures variables de la poche ampul-
laire amincie.

Les vaisseaux centraux de la rétine qui ont suivi l'axe
du nerf naissent les uns sur le croissant rosé, les autres
sur la zone inférieure de la papille et sortent du cul-de-

sac postérieur en suivant soit son plafond, soit son plancher.

La zone inférieure de la papille est de couleur blanc bleuâtre ou grisâtre en raison du tissu conjonctif dissocié de la gaine externe et de la lame criblée, tissu qui forme le plan de soutien des fibres transparentes du nerf optique. Ces fibres ne sont pas ramassées en faisceaux comme à l'état normal, elles ne peuvent combler le pédoncule optique, leur organe d'appui, ou les gaines beaucoup trop larges, aussi s'étalent-elles à la surface de l'entonnoir et de là leur peu d'épaisseur.

II. — *Colobomes de la choroïde.*

Le colobome de la choroïde consiste en une anomalie congénitale caractérisée par l'absence ou l'atrophie de la choroïde dans une étendue plus ou moins grande. Cette solution de continuité a deux lieux d'élection : au-dessous du nerf optique c'est le colobome inférieur de la choroïde et le colobome du plancher oculaire ; au niveau de la région maculaire, c'est le colobome central ou maculaire.

1° Colobome inférieur. — Cette malformation est des mieux connues, elle n'est pas très rare. On la rencontre tantôt sur un œil, le gauche de préférence, tantôt sur les deux yeux ; bien souvent elle coïncide avec la division de l'iris, il s'agit alors d'un colobome irido-choroïdien.

La fissure congénitale de l'iris siège généralement en bas et un peu en dedans, il en est de même de celle de la choroïde.

Le colobome de la choroïde a la *forme* d'un ovale, dont le grand axe est non pas médian, mais reporté un peu en dedans et dont les extrémités sont inégales. L'extrémité supérieure est la plus petite, elle est située en arrière. Elle est séparée de la papille par un pont, plus ou moins étendu, de tissu choroïdien sain ou altéré. D'autres fois cette extrémité s'insère sur la papille elle-même, reconnaissable à sa

teinte rosée. Si elle empiète sur la papille, il s'agit alors
d'une combinaison des colobomes de la choroïde et du nerf
optique, d'un colobome du plancher oculaire.

L'extrémité inférieure est en avant. Elle est plus ou moins
rapprochée des procès ciliaires normaux ou atrophiés, fis-
surés même; dans ce dernier cas l'échancrure est irido-
choroïdienne.

Ce colobome choroïdien ressemble à un pain de sucre
dont la petite extrémité est en haut, plus ou moins appendue
à la limite inférieure de la papille, et dont la grosse extrémité atteint les procès ciliaires, ou s'en rapproche (*Phot.* 46).

La *coloration* du colobome est diverse, car elle varie suivant l'état anatomique et l'épaisseur du tissu choroïdien,
suivant aussi l'ectasie de la sclérotique. La teinte en est
généralement ardoisée, grisâtre, blanc bleuâtre, chatoyante:
elle est déterminée par la sclérotique sous-jacente, dénudée
complètement ou en partie.

Presque toujours il persiste un mince feuillet de choroïde
modifiée, atrophiée, contenant quelques cellules pigmentaires.

Le centre du colobome est la partie la plus amincie et la
plus blanche. Sa surface semble plissée, parcourue par
des lignes arquées, ouvertes en haut, semblables à celles
d'un coquillage de moule.

Les *bords* de la fissure sont souvent nettement délimités
par une zone pigmentaire qui forme contraste. Ce coloborme
est caractérisé non seulement par la division de la choroïde,
mais encore par une ectasie du plancher oculaire correspondant. L'altération ne porte pas uniquement sur la choroïde
et l'on peut noter que la sclérotique et la rétine participent
au processus atrophique.

La sclérotique présente un arrêt de développement : elle
est amincie, refoulée en arrière, d'où dépression quelquefois irrégulière du colobome. Ce sont des stries en escalier,
une série de gradins regardant la papille ou des bosselures

inégales. Sur une pièce anatomique la voussure sclérale proémine à l'extérieur, c'est la protubérance sclérale d'Ammon.

D'après les constatations microscopiques, la rétine est plus ou moins modifiée. Arlt (1), Manz (2) attribuent ces altérations de structure aux tractions de la membrane rétinienne, Deutschmann (3), Thalberg (4) à une scléro-choroïdite intra-utérine.

La rétine peut manquer et s'il en est de même de la choroïde, c'est la sclérotique ectasiée que l'on aperçoit à l'ophtalmoscope. Toutefois dans la plupart des cas la rétine existe, mais elle est altérée dans sa structure : tantôt elle recouvre complètement le colobome et se moule sur les ondulations, tantôt partie des bords du colobome, elle passe comme un pont au-dessus de la fissure ; dans le premier cas elle ressemble à la pie-mère qui tapisse les circonvolutions cérébrales, dans le deuxième cas à l'arachnoïde.

Ces modifications du fond de l'œil étant reconnues à l'ophtalmoscope, il convient de rechercher l'état des vaisseaux. Dans certains cas on pourra parfaitement discerner les vaisseaux de la rétine, de la choroïde, de la sclérotique.

Les vaisseaux rétiniens qui naissent de la papille ne pénètrent que peu ou nullement sur la surface du colobome. Généralement ils se recourbent brusquement sur ses bords ; ainsi déjetés latéralement sur les parties voisines normales, ils reprennent un trajet régulier.

Dans l'étendue du colobome, on aperçoit quelques branches vasculaires, dont les unes semblent émerger de la sclérotique.

Les vaisseaux choroïdiens se reconnaissent à leur aspect rubané, à leur lacis irrégulier. Parfois on peut les suivre

(1) Arlt, *Die Krankh. der Aug.*, 1854.
(2) Manz, *Klin. Monatsbl.*, 1876.
(3) Deutschmann, *Klin. Mon. f. Aug.*, 1881.
(4) Thalberg, *Arch. f. Aug.*, 1883.

jusqu'à la choroïde normale, plus souvent on aperçoit seulement un tronc grêle qui se termine par quelques arborisations.

L'amincissement des tuniques peut être tel qu'il est donné de voir les vaisseaux ciliaires perforer la sclérotique et les petits vaisseaux scléroticaux former des réseaux irréguliers à larges mailles.

2° **Colobome central**. — Le colobome central est dû à l'atrophie congénitale de la choroïde et à l'ectasie du globe oculaire dans la partie correspondant à la région maculaire.

Ce colobome a des caractères spéciaux en raison de sa localisation. En outre ses signes sont obscurs, il est relativement rare et fréquemment confondu avec la sclérochoroïdite postérieure.

Il siège en dehors du disque optique, à une distance d'environ 1 à 2 diamètres papillaires; plus rarement il s'appuie sur la papille elle-même.

La lacune a une forme elliptique, arrondie, triangulaire, rhomboïde. Tantôt c'est une tache moins grande que la papille, tantôt au contraire elle est plus vaste et mesure 2 à 3 diamètres papillaires.

La tache est blanche, de couleur blanc bleuâtre à reflet sclérotical, elle possède un aspect nacré au centre. Ici quelques vestiges de vaisseaux choroïdiens sous forme de bandes rougeâtres, là de rares vaisseaux ciliaires courts qui sortent de la sclérotique. Sur la surface brillante de la tache, sur les bords des vastes colobomes, des branches de vaisseaux rétiniens juxtamaculaires devenus très visibles rampent dans la rétine, voile grisâtre jeté au-devant de la tache blanche.

En tout cas le colobome est découpé nettement au fond de l'œil, en plein tissu sain de couleur rouge. Il est bordé par des amas de pigment qui s'avancent parfois vers le centre; ses limites sont des plus précises, ce sont là des signes caractéris·ques. Généralement la lacune est excavée et l'on peut apercevoir des vaisseaux rétiniens qui descendent à pic et en crochet sur ses bords (Debierre et Picqué) (1). A l'image droite on apprécie facilement la profondeur de la bosselure maculaire.

L'étude du champ visuel est très importante pour le diagnostic de cette lésion. Souvent malgré la lacune, il y a intégrité absolue de la vision centrale, généralement on constate que la perception lumineuse est émoussée, mais non pas abolie comme ce serait le cas dans pareille lésion acquise. La rétine existe donc peu modifiée, amincie seulement (2) et il y a adaptation de l'œil à la malformation.

III. — *Pathogénie des colobomes*.

L'œil est constitué au début par la vésicule optique primitive qui bientôt se pédiculise. Elle se continue ainsi avec la vésicule cérébrale antérieure par le pédoncule optique primitif. La vésicule refoule en avant le mésoderme, rencontre l'ectoderme ; elle avait tout d'abord la forme d'une calotte sphérique, elle s'invagine alors pour embrasser le cristallin et devenir, sous la forme d'une cupule de gland de chêne, la vésicule optique secondaire avec son pédoncule optique secondaire. Cette cupule est d'abord incomplète : au moment de l'invagination de la vésicule, la paroi inférieure est refoulée contre la paroi supérieure, déterminant ainsi une gouttière à double paroi, ouverte en bas et en dedans. Cette gouttière qui se poursuit sur le pédoncule, est la fente optique ou embryonnaire qui laisse pénétrer le tissu mésodermique chargé de constituer le corps vitré et la cristalloïde.

Cette fente logera en arrière les vaisseaux centraux de la rétine, quand les bords de la gouttière se réuniront et constitueront ainsi, par leur soudure, le nerf optique et ses

(1) Picqué, *Mal. congén. de l'œil.*, Th. agrég., 1886.
(2) Deyl, Congrès de Moscou, 1897.

vaisseaux. Cette soudure se fait d'abord aux deux extrémités de la fente (corps ciliaire d'abord, puis gaine optique)
et se termine vers la septième semaine. C'est la vésicule
oculaire qui fournira la rétine ; son pédoncule se transfor-
mera en nerf optique, quoiqu'il ne serve que de gouttière
conductrice aux fibres du nerf optique venant des couches
optiques à la rétine.

Le colobome du nerf optique est dû à l'absence de la fermeture de la fente fœtale dans sa portion vésiculo-pédon-
culaire. Le colobome inférieur de la choroïde, plus rare que
le précédent, est dû à un arrêt de développement de la fente
dans sa portion choroïdienne, portion médiane qui doit se
fermer avant ses extrémités.

Il y a, dans ces cas, malformation partielle de la fente
fœtale, la malformation sera complète dans les cas de
colobome total du nerf optique et de la choroïde.

Dans le colobome inférieur de la choroïde la persistance
de cette fente ou le manque d'adhérence parfaite entre ses
deux lèvres, empêche la formation complète de la choroïde
et de la sclérotique qui sont remplacées par du tissu connectif.

La pathogénie du colobome central est plus discutable que
celle du colobome inférieur. Deux opinions sont en présence :

1° Nous savons que la fente optique siège en bas et en
dedans ; pour expliquer la situation de la macula en dehors,
Manz et Vossius admettent que le bulbe fœtal a subi un
mouvement de rotation en dehors qui a rapporté la fente
optique de dedans en dehors.

2° La macula ferait partie, au début de l'évolution, de la
fente oculaire qui s'étendrait non seulement jusqu'au nerf
optique, mais en dehors, pour s'en séparer plus tard. La
macula représenterait un reliquat de la fente optique
(Hirschberg) (1) et le colobome central une portion de la
fente embryonnaire non fermée.

____

(1) Hirschberg, *Central. f. prakt. Aug.*, 1881.

Comme pour le colobome facial, ou bec-de-lièvre complexe, on a recherché la lésion causale de la malformation
de la fente optique.

Cette soudure imparfaite aurait, dit-on, une cause mécanique, c'est un bouchon mésodermique trop volumineux
qui s'oppose à la fermeture de la fente ou détermine sa
rupture.

Deutschmann, Haab (1), Falchi (2), ont invoqué une lésion
pathologique intra-utérine. Une chorio-rétinite limitée aux
lèvres de la fente en serait la cause, comme l'ont montré
les recherches anatomo-pathologiques.

Il s'agit toutefois de savoir si la chorio-rétinite partielle
est vraiment primitive ou seulement secondaire (Bock) (3),
car souvent les yeux colobomateux sont atteints de troubles
nutritifs et inflammatoires.

(1) Haab, *Arch. f. Opht.*, 1878.
(2) Falchi, *Ziegler's Beitr.*, 1891.
(3) Bock, *Die Augenblase*, 1893.

OBSERVATIONS ET PHOT. 45 ET 46.

Observation et Phot. 45.

COLOBOME DU NERF OPTIQUE. (*Œil gauche.*)

Pierre A..., quarante-huit ans. Engagé à quinze ans dans la marine. En Cochinchine, dysenterie. Éthylisme, tabagisme. Pas de syphilis. Souffle systolique au cœur. Hémiplégie droite, aphasie, agraphie, cécité verbale.

O. D. Normal. O. G. Emmétropie, champ visuel normal, colobome du nerf optique. La papille apparaît au premier abord, à grand axe vertical comme une papille d'astigmate selon la règle. En regardant plus exactement on constate que le bord papillaire n'est pas nettement elliptique. Au disque circulaire normal est venue se surajouter une sorte de coque qui siège à la demi-circonférence inférieure. Le pourtour de la papille est bordé par un anneau sclérotical complet. Cet anneau semble s'être étalé à la partie inférieure pour constituer le colobome. Le tissu papillaire a conservé sa teinte normale rose, le colobome a une coloration blanche. Les vaisseaux sont normaux comme calibre. A la partie inférieure du colobome se trouvent deux artères qui naissent directement du colobome, un vaisseau analogue se voit du côté maculaire. La veine papillaire inférieure émerge de l'excavation physiologique centrale.

Observation et Phot. 46.

COLOBOME DE LA CHOROÏDE. (*Œil droit.*)

C..., vingt-trois ans. O. D. Colobome de l'iris. La fente irienne est dirigée en bas et en dedans. Rien au cristallin ni aux procès ciliaires.

Examen ophtalmoscopique : Papille ronde avec croissant pigmentaire du côté maculaire. Rien à la macula. Quand on explore les différents points du fond choroïdien, on constate en bas une vaste région blanche. Elle a la forme d'un ovale à grand axe antéro-postérieur, dont une extrémité arrive à un diamètre papillaire et demi du disque optique et dont l'autre est limitée en avant par des rudiments de procès ciliaires. Couleur blanche du colobome qui montre la sclérotique dénudée et éclatante. Sur cette dernière apparaissent quelques vaisseaux scléroticaux ramifiés, ondulés, et s'enfonçant brusquement dans le tissu scléral en des points d'une intensité de coloration plus marquée. Quelques fines ramifications vasculaires appartenant au système des vaisseaux rétiniens dépassent la limite choroïdienne et apparaissent sur le colobome.

Bordure de pigment surtout accusée en bas et en avant. Le colobome paraît s'accompagner d'ectasie ; il présente nettement une zone où l'atrophie choroïdienne est moins prononcée et où certains vaisseaux sont encore visibles.

O. G. Rien d'anormal à l'iris et à la choroïde.

Phot. 45. — Colobome du nerf optique.

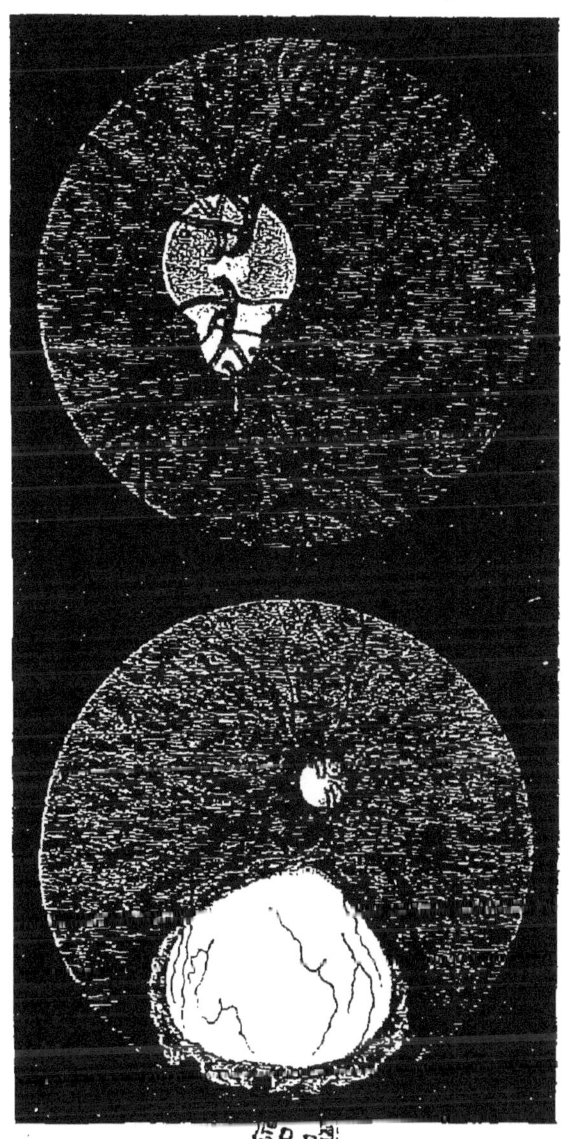

Phot. 46. — Colobome de la choroïde.

II. — ALBINISME.

L'albinisme de l'œil résulte d'un arrêt de développement caractérisé par l'absence absolue ou relative du pigment physiologique qui apparaît normalement pendant la vie intra-utérine.

L'albinisme de l'œil est complet ou partiel, généralement le tégument externe participe à la décoloration. La peau est d'un blanc mat, les cheveux et les cils sont duveteux et d'une coloration blanc jaune ou blanc de lin.

A l'œil, l'iris se dessine, sur un fond lumineux rougeâtre, en une fine dentelle d'un gris blanchâtre. La pupille est d'un rouge éclatant. Maurice Raynaud, chez un albinos myope, a montré que l'on pouvait voir les vaisseaux rétiniens ou choroïdiens sans miroir, le sujet simplement placé dans un demi-jour. A l'examen ophtalmoscopique le fond de l'œil est d'une coloration blanc rose, c'est la couleur blanche de la sclérotique tempérée par l'interposition de la couleur rose de la chorio-capillaire choroïdienne. Sur ce fond décoloré, on aperçoit les vaisseaux rouges, tortueux, de la choroïde et les vaisseaux rétiniens de couleur carminée ; l'on peut étudier ainsi très facilement la disposition des divers plans vasculaires.

Toutefois la papille se détache mal dans le fond de l'œil, la macula n'est révélée par aucune disposition spéciale (*Phot.* 8). Quand le miroir projette des rayons lumineux sur la papille, on peut voir la sclérotique amincie s'éclairer, devenir translucide. Toute la coque oculaire privée de son pigment choroïdien prend alors une coloration rosée que nous ne saurions mieux comparer qu'à celle de l'hydrocèle vaginale vue au stéthoscope.

L'albinisme est causé non pas par l'absence des cellules du stroma de la choroïde, du corps ciliaire, de l'iris, mais uniquement par la disparition de leur pigment. Du côté de l'épithélium rétinien on note une modification des cellules hexagonales qui deviennent arrondies (Wharton Jones), elles sont incolores et ne contiennent que quelques granulations grisâtres (Robin). Manz a confirmé ces faits : les cellules choroïdiennes sont entièrement privées de pigment, celles de l'épithélium rétinien partiellement. Nous ferons observer que ces constatations sont très importantes ; ainsi le rôle des cellules pigmentaires rétiniennes est, à l'encontre de celui des cellules choroïdiennes, de tout premier ordre dans le mécanisme de la vision. Il y a seulement diminution de l'acuité visuelle chez l'albinos, sans doute causée par l'altération pigmentaire de la rétine.

On note très souvent chez l'albinos la coexistence d'un nystagmus horizontal, d'une myopie, d'un strabisme.

En résumé, dans l'albinisme, l'œil est privé de son pigment naturel, c'est-à-dire de la doublure opaque en vertu de laquelle le globe oculaire est une chambre noire. L'éclat rouge de la pupille s'explique par les rayons lumineux qui transpercent l'œil de toute part et éclairent son intérieur. L'albinos ne pouvant modérer l'intensité lumineuse est héliophobe : au jour il marche la tête inclinée, les paupières presque closes. C'est pour ce motif qu'il devient nyctalope, car au crépuscule la lumière ne l'incommode plus, elle ne traverse que les parties transparentes (cornée...) et non les parties amincies (sclérotique, iris).

On a voulu ranger l'albinisme dans la classe des affections dyscrasiques (Mansfeld et Mayerhausen) parce que l'albinos est en général de constitution débile et qu'il succombe souvent jeune. Les deux sujets que nous avons examinés étaient des adultes assez robustes ; quant à l'aspect souffreteux qu'on attribue aux albinos, il peut être dû aux conditions sociales fâcheuses dans lesquelles ils sont placés. Il ne faut donc pas confondre l'effet et la cause.

L'albinisme est une malformation congénitale et héréditaire ; comme pour toutes les anomalies la transmission se fait d'une manière inconstante. Dans l'un de nos cas, le grand-oncle paternel seul était albinos parmi les ascendants ou collatéraux.

Ce que nous voyons chez l'animal, fréquemment albinos (lapin, furet, cheval, moineau, grive, canard, etc.) confirme l'idée d'un vice de conformation et non d'une maladie ou leucopathie.

De tout temps on a remarqué la fréquence de l'albinisme chez le nègre. Nous avons présenté dans une de nos leçons cliniques à l'Antiquaille en 1894 un nègre pie, originaire du Soudan équatorial, où pareille conformation n'est pas rare, paraît-il. Ce qui nous avait frappé chez ce sujet, c'est qu'à côté de la décoloration complète de la peau, des poils et de l'œil, il existait un grand nombre de nævi pigmentaires disséminés dans le dos où s'accumulait un pigment qui manquait ailleurs.

Bibliographie.

MAYERHAUSEN, *Klin. Mbl.*, 1882. — MANZ, *Arch. f. Opht.*, 1878. — MANS-FELD, Brunswick, 1822. — JONES, *Arch. gén. de méd.*, 1833. — ROBIN, *Dict. de Nysten*, Pigment, 1857. — PRICHARD, *Hist. nat. de l'homme*, 1843. — RAYNAUD, *Nouveau Dict. de méd.*, Albinie, 1864.

LE FOND DE L'ŒIL CHEZ L'ANIMAL

Au point de vue de l'étude ophtalmoscopique, on doit diviser les animaux domestiques en deux groupes : ceux dont le fond de l'œil a de grandes analogies avec celui de l'homme, tel le lapin, et ceux dont l'hémisphère postérieur de l'œil présente un éclat plus ou moins brillant, tels le chat, le chien, le cheval, le bœuf, l'âne, la chèvre, le mouton...

Cette étude comparée, que l'on néglige en général, est très importante à notre avis, car le fond de l'œil se voit bien plus facilement chez l'animal que chez l'homme. On peut donc avec beaucoup d'intérêt commencer par s'exercer sur certains animaux dans l'étude ophtalmoscopique.

L'examen ophtalmoscopique peut se pratiquer à l'image droite dans une pièce obscure, à l'aide de la lumière solaire projetée par exemple à travers la lucarne d'un volet, ou comme chez l'homme à la lumière artificielle. L'animal se laisse facilement examiner, comme nous avons pu le constater à maintes reprises.

L'atropinisation n'est pas nécessaire pour le lapin ou le chat, elle est indispensable pour les grands animaux.

Fréquemment il sera donné de constater des anomalies ou affections telles que choroïdite, atrophie du nerf optique (1),... qui permettent d'établir un parallèle entre les di-

____

(1) Nicolas et Fromaget, *Ophtalmoscopie vétérinaire*, Paris, 1898.

verses maladies des membranes profondes de l'œil chez l'homme et l'animal.

Lapin.

Chez le lapin on voit à l'ophtalmoscope une papille ronde ou ovale, de couleur rose, avec ou sans excavation. Les vaisseaux rétiniens émergent près du centre de la papille en deux faisceaux diamétralement opposés et comportant chacun une veine et une artère.

Quelques autres vaisseaux se détachent de la périphérie de la papille. La veine est de nuance légèrement plus foncée que l'artère.

Autour de la papille il est de règle de constater la présence de divers bouquets de fibres opaques à myéline, dont la présence constitue chez l'homme une anomalie. Les deux faisceaux vasculaires se dirigent horizontalement en deux sens opposés, il en est de même des fibres à myéline qui supportent les vaisseaux rétiniens, peu ou pas enfouis. Ces fibres opaques ont l'aspect d'une bande horizontale d'où s'échappent en tous sens quelques houppes blanchâtres. Cette bande d'une blancheur de la neige, est finement striée et jaunâtre à la périphérie. Latéralement les fibres à myéline se poursuivent jusqu'à 3 ou 4 diamètres papillaires sur une hauteur de 1 ou 2 diamètres.

Le fond choroïdien est rouge brun et ne permet pas d'apercevoir les vaisseaux choroïdiens.

Chez le lapin *albinos*, les fibres à myéline ont généralement un développement moindre, ou se distinguent mal. Le fond choroïdien est blanc rosé et sur ce dernier les vaisseaux choroïdiens se détachent très nettement en rouge clair ; ils sont irréguliers, ailleurs ils sont vorticellés et leurs tourbillons se ramassent pour plonger dans la sclérotique. Les vaisseaux rétiniens, par leur teinte rouge sombre ou carminée, se distinguent facilement.

FOND DE L'OEIL AVEC TAPIS.

Nous verrons plus loin, qu'en ophtalmoscopie comme en anatomie, on distingue un tapis sombre et un tapis clair.

Le tapis sombre correspond anatomiquement à la choroïde de couleur rouge comme chez l'homme, d'autres fois, il est de nuances plus foncées allant jusqu'au noir. Il borde périphériquement le tapis clair.

Le tapis clair du fond de l'œil de certains animaux est une couche spéciale, couche fondamentale de Tourneux, interposée entre la chorio-capillaire et la couche des gros vaisseaux, dans une zone limitée du fond de l'œil. Ce tapis est traversé par des canaux faisant communiquer les gros vaisseaux et le réseau choroïdien superficiel. Ce tapis, ainsi enchâssé dans la choroïde, est fibreux ou cellulaire. Dans le premier cas, il est formé par des fibres lamineuses, dans le second par des cellules spéciales superposées en étage, dites cellules irisantes ou chatoyantes, bien étudiées par Tourneux (1).

Chez les herbivores le tapis est fibreux ; chez les carnivores il est cellulaire, aussi l'œil de ces derniers animaux est-il d'un éclat plus intense et tout particulier dans l'obscurité.

Il semblerait que le tapis soit un miroir qui renforce l'excitation lumineuse, par la réflexion répétée des rayons qui ont pénétré dans l'œil. Là est peut-être l'explication de la précision des mouvements du chat, animal toujours pourvu d'un tapis remarquable, et son aptitude à se diriger dans l'obscurité.

Si l'on examine à l'ophtalmoscope pareils fonds d'yeux, on reconnaîtra la papille sous la forme d'un disque, d'une ellipse, de coloration rose ou bistre et située un peu au-dessous d'une ligne horizontale divisant le fond de l'œil en deux demi-cir-

(1) Tourneux, *Journ. de l'anat.*, 1878.

conférences. Au-dessus de la papille se trouve, occupant une grande partie de la demi-circonférence supérieure, le tapis clair ou brillant, *tapetum lucidum* : c'est le miroir de l'œil avec son reflet métallique. Il est bleu, jaune, vert, rose, souvent c'est un pointillé formé de ces diverses couleurs, phénomène dû à la décomposition de la lumière (Tourneux).

A son pourtour dans les régions excentriques, ainsi que dans la demi-circonférence inférieure, on voit le tapis sombre, *tapetum nigrum*, couche plus ou moins pigmentée, voile rouge brique ou brun charbonneux, laissant apparaître en le masquant plus ou moins le rouge choroïdien sous-jacent.

La macula ne se révèle par aucune particularité ophtalmoscopique, et elle n'est visible que chez le singe. Elle n'est plus reconnaissable chez l'animal à partir de l'ordre des lémuriens (faux singes).

Si l'on compare la vascularisation rétinienne des animaux que nous étudions à celle de l'homme, on remarque que chez ce dernier elle est beaucoup plus riche en arborisations; du reste la rétine manque de vaisseaux dans certaines classes animales.

I. — *Chat*.

La papille du chat est située dans le tapis clair, elle est ronde, de couleur grise, sépia, entourée d'un anneau de couleur lilas, bleue, verte. La papille est excavée en totalité, on ne voit bien son fond qu'avec des verrou négatifs et les vaisseaux qui sortent sur son pourtour décrivent un crochet très caractéristique.

On remarquera qu'aussitôt à leur sortie de la papille, les vaisseaux forment trois groupes principaux. L'un supérieur qui se dirige en haut, rampe au-devant du tapis clair et va se perdre dans le tapis sombre. Les deux autres inférieurs, se dirigeant l'un en dedans, l'autre en dehors. Chaque groupe comprend une artère et une veine, bien distinctes l'une de l'autre. La veine est volumineuse, noirâtre, s'enroule en certains points autour de l'artère. L'artère est plus petite, de couleur rouge, quelquefois bordée d'une double ligne sombre.

Le tapis sombre peut déborder de tous côtés le tapis clair, il est alors périphérique : il siège surtout dans le 1/3 inférieur du fond de l'œil. De couleur lilas ou noirâtre, surtout rouge noirâtre, il ne réfléchit pas la lumière et les vaisseaux ne s'y distinguent que peu ou absolument pas ; d'une façon générale, il rappelle l'aspect du fond de l'œil d'un nègre.

Le tapis clair peut occuper les 2/3 supérieurs du fond de l'œil, ailleurs il forme une plaque irrégulière ou un demi-cercle. Sa base horizontale siège au-dessous de la papille et son sommet arrondi est dirigé en haut. Sa couleur est éclatante, jaune doré, verdâtre ou bleuâtre.

Tantôt c'est un semis de ponctuations vertes sur un fond jaune, tantôt c'est un tapis nettement jaune d'or, avec la coloration verte ramassée au pourtour et lui formant une bordure brillante et déchiquetée.

Au miroir simple le tapis clair donne un reflet étincelant jaune verdâtre, c'est bien l'aspect de l'œil de chat miroitant dans l'obscurité. Le tapis sombre donne seulement une lueur sans éclat, tout à fait différente.

L'examen ophtalmoscopique se fait facilement sans atropinisation.

II. — *Chien*.

Le fond de l'œil du chien présente des aspects multiples. La papille est ronde ou ovale, triangulaire ou trilobée. Elle est de coloration rose, bleu pâle, jaunâtre ou brunâtre. Elle peut être entourée d'un cercle pigmentaire. La papille siège parfois complètement dans le tapis brillant, d'autres fois le tapis sombre lui est tangent, elle peut enfin empiéter sur lui. Si l'on passe à l'étude de la vascularisation, on remarquera que les artères et les veines se différencient moins nettement que dans l'œil du chat.

Les vaisseaux sortent parfois du centre de la papille, quelquefois en trois faisceaux principaux. Dans un cas de papille losangique, j'ai vu quatre vaisseaux principaux dessiner une croix. Signalons un polygone veineux intrapapillaire que nous avons rencontré chez trois sujets. D'autres fois tous les vaisseaux émergent des bords de la papille.

Le tapis clair est éclatant, il est vert bleu, vert émeraude, jaune doré, blanchâtre.

Il peut être limité par des bords à coloration plus foncée. Ailleurs presque tout le fond de l'œil est occupé par un tapis brillant uniformément jaunâtre en certains points, bleuâtres en d'autres avec un fin pointillé verdâtre. On peut observer un tapis granité à piqueté rose, bleu, vert, sur fond or, scintillant comme le verre irisé.

A la partie inférieure seulement, parfois on aperçoit le tapis sombre, noirâtre ou marron. Quelquefois le tapis sombre entourant le tapis clair est rougeâtre comme le fond de l'œil humain, alors les vaisseaux se distinguent nettement. Sur le tapis noir charbonneux, avec îles ou presqu'îles noires sur les bords, nous n'avons pu reconnaître les vaisseaux (caniches noirs).

Le tapis sombre varie donc comme teinte et comme étendue, il en est de même du tapis clair qui est diffus ou limité par des bords.

III. — *Cheval et Ruminants*.

1° **Cheval**. — Le fond d'œil normal a été bien étudié par Bayer (1), Nicolas (2).

La papille est elliptique à grand diamètre horizontal. Elle est de couleur rose ou orangée, à la périphérie sa teinte est plus sombre, elle devient rouge ou carminée. Des arborisations vasculaires très ténues en stries ou en pointillés la

(1) Bayer, *Bildl. Darst. des Auges uns. Hausthiere*, Wien, 1892.
(2) Nicolas, Thèse de Bordeaux, 1896.

sillonnent. La papille est déprimée surtout à sa partie inférieure, elle est entourée d'un large anneau sclérotical gris blanchâtre, qui peut se réduire à l'état de croissant.

Les vaisseaux émergent de la périphérie et forment une auréole avec radiations rouges autour de la papille ; ces vaisseaux se divisent bientôt dichotomiquement. On a beaucoup de difficulté à reconnaître les artères des veines.

La papille siège dans la demi-circonférence inférieure du fond de l'œil, elle est en plein tapis sombre. Ce tapis sombre est de teinte brun rougeâtre ou rouge brique, dans ce dernier cas son épaisseur est peu marquée et on devine la présence de la choroïde sous-jacente.

Dans toute la demi-circonférence supérieure du fond de l'œil existe le tapis clair ; quelquefois ce tapis clair est entouré excentriquement du tapis sombre qui se prolonge vers le haut. Ce tapis clair présente des nuances plus foncées à la périphérie qu'au centre. A la périphérie il est violet, bleu, vert ; au centre en forme de triangle ou de demi-disque on voit une nappe jaunâtre. Souvent il existe un piqueté ou une striation sombre se détachant sur le fond plus clair.

Chez l'albinos ou dans les cas de colobome ou d'amincissement du tapis, les vaisseaux choroïdiens se dessinent très bien ; on voit le fond choroïdien rose ou rouge, à la périphérie existent quelques îlots verdâtres ou un léger reflet bleu vert.

2º Ruminants. — Le fond d'œil des autres herbivores présente de grandes analogies avec celui du cheval, que nous venons de décrire.

Chez le bœuf ou la vache le tapis brillant est bleu ou vert ; la papille est blanchâtre, les vaisseaux émergent de son centre en un faisceau supérieur et un ou deux faisceaux inférieurs. Les veines sont noirâtres, les artères s'enroulent autour d'elles.

Il en est de même chez la chèvre et le mouton, mais là on rencontre peu la disposition spiroïde des vaisseaux.

OBSERVATIONS ET PHOT. 47 ET 48.

Observation et Phot. 47.

FIBRES NERVEUSES OPAQUES (HOMME).

Œil droit.

M..., étudiant, vingt-quatre ans. Acuité normale, champ visuel normal, pas de scotome, emmétropie.

O. D. Papille légèrement elliptique, rose, donnant l'impression d'une papille un peu blanche en raison de la coloration rouge sombre du fond. Ni cercle scléral bien net, ni cercle choroïdien. A la limite supérieure de la papille, deux masses blanches. On a l'impression de flocons d'ouate adhérents au pourtour papillaire, ayant subi une traction par leur partie libre. Les vaisseaux rétiniens passent en avant de ces flammèches blanches, ce sont donc les fibres du plan postérieur qui ont conservé leur myéline. Ces îlots blancs disparaissent près de la limite de la papille, les fibres amyéliniques de la papille sont revenues temporairement myéliniques. Les bords des amas de fibres myéliniques sont dentelés et de couleur rose jaunâtre, tandis que leur centre est d'un blanc éclatant. Les amas de fibres opaques sont dirigés dans le sens normal des fibres, l'un est en panache, l'autre est irrégulièrement bilobé.

O. G. Rien d'anormal, pas de fibres opaques (1).

Observation et Phot. 48.

FOND D'OEIL NORMAL D'UN LAPIN.

Lapin à poils gris. Astigmatisme hyperopique. O. G. Papille ronde et rose émergeant au milieu d'un vaste amas de fibres nerveuses à myéline. Cet amas est constitué par deux îlots latéraux correspondant à la direction des bouquets vasculaires. La papille en est complètement entourée, ils se prolongent latéralement assez loin jusqu'à près de quatre diamètres papillaires. Ces fibres nerveuses myéliniques ont une fine striation sur les bords qui s'atténuent insensiblement dans le tissu choroïdien. Les vaisseaux passent en avant des amas.

Le fond choroïdien est rouge brun et ne permet pas d'apercevoir les vaisseaux choroïdiens. Même disposition à droite.

---

(1) Cette observation devrait prendre place à côté de l'obs. 10; nous avons préféré mettre en regard les fibres opaques anormales de l'homme et les fibres opaques normales du lapin.

PHOT. 47. — Fibres nerveuses opaques (Homme).

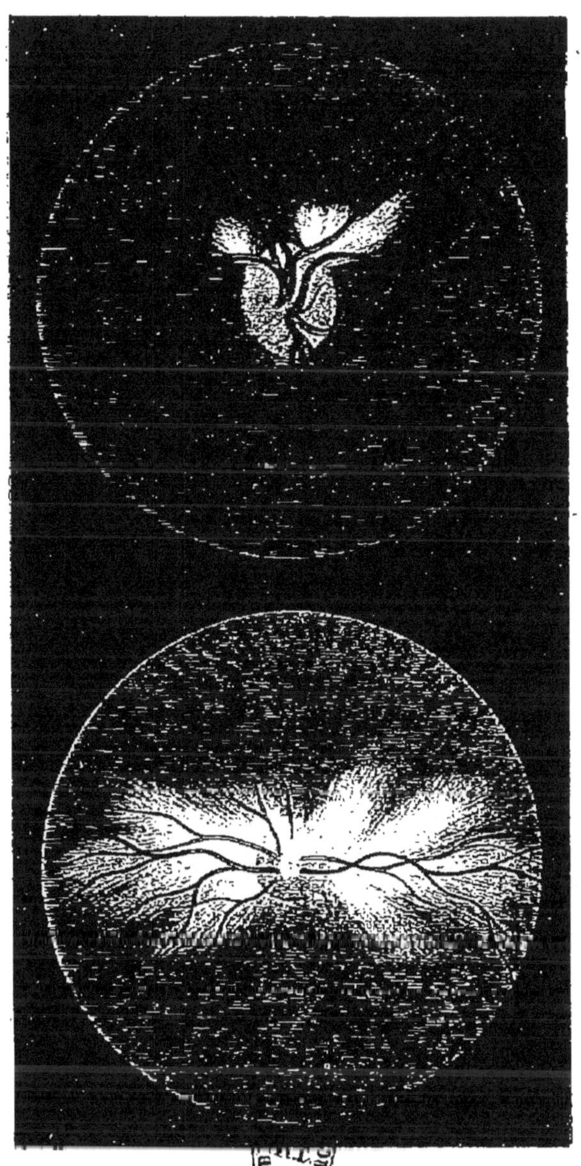

PHOT. 48. — Fond d'œil normal d'un Lapin.
Fibres nerveuses opaques.

OBSERVATIONS ET PHOT. 49 ET 50.

Observation et Phot. 49.

FOND D'OEIL NORMAL D'UN CHAT.

Chat à poils noirs et blancs. Hypermétropie avec astigmatisme. Pupille en forme de fente verticale. Avec le simple miroir, le regard de l'animal dirigé en haut, la demi-circonférence supérieure de l'hémisphère postérieur du globe est éclairée par les rayons ophtalmoscopiques, on constate que la pupille offre un reflet jaune verdâtre éclatant. L'œil ressemble à une source lumineuse. Si le regard de l'animal est dirigé en bas, à la place du reflet étinçelant, on note une lueur pupillaire rouge noirâtre, de même si le regard est dirigé en haut et si l'on explore les limites les plus périphériques. Donc en allant de haut en bas le regard dirigé en bas, puis en haut, éclat sombre, puis brillant, puis enfin sombre.

A l'ophtalmoscope, papille assez régulièrement sombre, de couleur gris foncé, profondément excavée dans sa totalité. On a l'impression d'une excavation glaucomateuse avec crochet des vaisseaux. Le fond de la papille ne se distingue qu'avec des verres négatifs.

Les 2/3 inférieurs de la demi-circonférence supérieure sont occupés par une large surface triangulaire avec base horizontale et sommet arrondi. C'est le tapis clair. Il est de couleur jaune doré, lavé de blanc au centre. Sur ses bords se trouve une bande d'un vert brillant d'un diamètre papillaire. Les contours sont déchiquetés, irisés. Le tapis sombre est de couleur sépia.

La papille est située dans le tapis brillant, côtoyant son bord inférieur horizontal à l'union du 1/3 interne avec les 2/3 externes. Elle est entourée d'une auréole verte. Les vaisseaux sortent du pourtour de la papille en trois faisceaux principaux, l'un supérieur, les deux autres inférieurs et divergents. La veine se distingue de l'artère par une coloration noirâtre. A chaque artère correspond une veine, ces vaisseaux suivent une marche parallèle ou décrivent une spire comme les vaisseaux du cordon ombilical.

Ce dessin et le suivant sont renversés sur la planche.

Observation et Phot. 50.

FOND D'OEIL NORMAL D'UN CHIEN.

Chiens à poils roux. Astigmatisme hyperopique. Papille un peu irrégulière, à forme triangulaire dans sa moitié supérieure. Couleur blanc rosé, coloration blanchâtre au centre. Contours pigmentés. Les vaisseaux veineux sortent de la papille en cinq branches principales et naissent d'un polygone au milieu de la papille. Les vaisseaux artériels apparaissent à la périphérie de la papille sous la forme de nombreuses artérioles.

Immédiatement au-dessus de la papille apparaît le tapis brillant, sous forme d'une plaque de couleur blanc jaunâtre au centre avec éclat cuivré. Les bords présentent des reflets verdâtres. Les vaisseaux passent très nettement au-devant du tapis sans aucune ondulation sur les bords. Autour du tapis brillant et surtout au-dessous de la papille, dans la demi-circonférence inférieure du fond de l'œil, on aperçoit une coloration rougeâtre, marbrée de bandelettes brunâtres donnant plus l'impression de la choroïde que celle d'un tapis sombre.

PHOT. 49. — Fond d'œil normal d'un Chat.

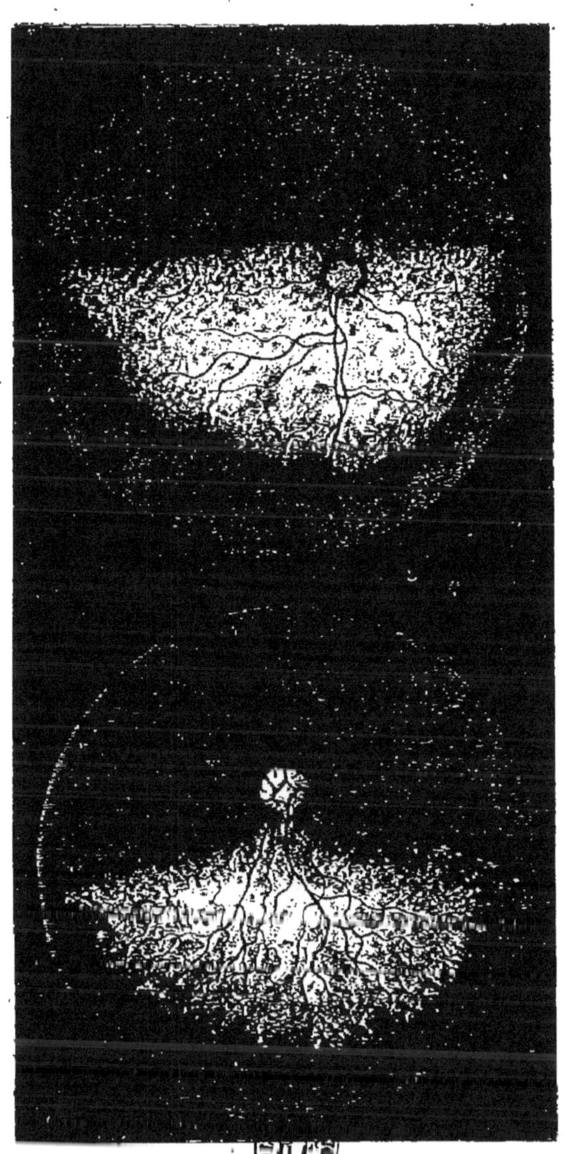

PHOT. 50. — Fond d'œil normal d'un Chien.

TABLE DE L'ICONOGRAPHIE OPHTALMOSCOPIQUE

TABLE DES MATIÈRES

DEUXIÈME PARTIE

Ophtalmoscopie descriptive et iconographique.

I. — LE FOND DE L'OEIL NORMAL.

II. — LE FOND DE L'OEIL PATHOLOGIQUE.

Le fond de l'œil chez l'animal.

1026-98. — Corbeil. Imprimerie Ed. Crété.

TRAITÉ

DES

MALADIES DES YEUX

PAR

PH. PANAS

Professeur de clinique ophtalmologique à la Faculté de médecine
Chirurgien de l'Hôtel-Dieu, membre de l'Académie de médecine
Membre honoraire et ancien président de la Société de chirurgie

2 vol. grand in-8 avec 453 figures et 7 planches coloriées.
Cartonnés. . . . . **40 francs.**

Ce *Traité d'ophtalmologie* est le fruit d'une longue étude poursuivie dans les salles d'hôpital, dans l'enseignement clinique et au laboratoire. L'auteur a mis largement à contribution la riche littérature ophtalmologique des principaux centres scientifiques, pensant que le temps où l'on voulait assigner des frontières à la science est à jamais passé.

Le *premier volume* comprend l'anatomie, la physiologie, l'embryologie, l'optique physiologique et la pathologie du globe de l'œil. Il se termine par l'instruction ministérielle sur l'aptitude au service militaire.

Le *second* contient ce qui a trait à la musculature, aux paupières, aux voies lacrymales, à l'orbite et aux sinus cranio-faciaux ; le tout envisagé au point de vue de l'anatomie, de la physiologie et de la pathologie. Il est ainsi divisé :

Anatomie de l'appareil moteur du globe ; Troubles de la mobilité des yeux ; Strabisme ; Paupières et conjonctivite ; Pathologie des paupières ; Maladies de la conjonctive. Affections de la caroncule et du pli semilunaire ; Anatomie de l'appareil lacrymal ; Pathologie des glandes lacrymales ; Pathologie des voies d'excrétion des larmes ; Anatomie de l'orbite ; Inflammation de l'orbite ; Opérations qui se pratiquent sur l'orbite ; Tératologie de l'orbite; Sinus cranio-faciaux.

Vu l'intérêt qui s'y rattache, les articles consacrés à la cataracte, au glaucome et à l'ophtalmie sympathique constituent autant de monographies.

En un mot, essentiellement pratique, cet ouvrage s'adresse autant aux étudiants et aux praticiens qu'aux ophtalmologues de profession.

Traité
de Chirurgie

Publié sous la direction

DE MM.

Simon DUPLAY

Professeur de clinique chirurgicale à la
Faculté de médecine de Paris
Chirurgien de l'Hôtel-Dieu
Membre de l'Académie de médecine

Paul RECLUS

Professeur agrégé à la Faculté de
médecine de Paris
Secrétaire génér. de la Société de chirurgie
Chirurgien des hôpitaux
Membre de l'Académie de médecine

PAR MM.

BERGER. — BROCA. — DELBET. — DELENS. — DEMOULIN
J.-L. FAURE. — FORGUE. — GÉRARD-MARCHANT
HARTMANN. — HEYDENREICH. — JALAGUIER. — KIRMISSON
LAGRANGE. — LEJARS. — MICHAUX. — NÉLATON
PEYROT. -- PONCET. — QUÉNU
RICARD. — RIEFFEL. — SEGOND. — TUFFIER. — WALTHER

Deuxième édition entièrement refondue

8 forts volumes grand in-8° avec nombreuses figures dans le texte.
Prix pour les Souscripteurs . . . . . **150** fr.

Le tome IV contient les *Maladies de l'œil et de ses annexes*, par
M. E. DELENS, chirurgien à l'hôpital Lariboisière, professeur agrégé
de la Faculté de médecine de Paris, membre de la Société de
chirurgie, et forme 1 volume grand in-8° de 896 pages avec
figures dans le texte, et est vendu séparément . . . . **18** fr.

Traité pratique des maladies des yeux, par M. le Dr MEYER. 3e édition entièrement revue et augmentée. 1 vol. petit in-8 avec 261 figures dans le texte.. 12 fr.

Précis théorique et pratique de l'examen de l'œil et de la vision, par M. le Dr CHAUVEL, médecin principal de l'armée, professeur à l'Ecole du Val-de-Grâce. 1 vol. in-18 diamant, avec 149 figures. Cartonné à l'anglaise... 6 fr.

Ophtalmologie. Hygiène de l'œil, par le Dr TROUSSEAU, médecin de la Clinique nationale des Quinze-Vingts. 1 vol. petit in-8 de l'*Encyclopédie des Aide-Mémoire*.................................... 2 fr. 50

Ophtalmologie. — Maladies des paupières et des membranes externes de l'œil, par le Dr DE LAPERSONNE, professeur de clinique ophtalmologique à la Faculté de médecine de Lille. 1 vol. petit in-8 de l'*Encyclopédie des Aide-Mémoire*............... 2 fr. 50

Éléments d'ophtalmologie à l'usage des médecins praticiens. Leçons cliniques professées à la Faculté de médecine de Lyon, par M. le Dr GAYET. 1 vol. in-8................................... 8 fr.

Atlas des maladies profondes de l'œil : Ophtalmoscopie et Anatomie pathologique, par MM. les Drs Maurice PERRIN et PONCET (de Cluny). 1 vol. grand in-8 jésus de 92 planches chromo-lithographiques avec explications en regard...................... 100 fr.

Revue générale d'ophtalmologie. — Recueil mensuel bibliographique analytique, critique, dirigé par M. le professeur DOR, à Lyon, et M. le Dr E. MEYER, à Paris. Secrétaire de la rédaction : M. V. CAUDRON.

La *Revue générale d'ophtalmologie* paraît mensuellement depuis 1882.

Prix de l'abonnement annuel : Paris, 20 fr. — Départements, 22 fr. — Union postale, 22 fr. 50.

Traité de Thérapeutique chirurgicale, par ÉMILE FORGUE, professeur de clinique chirurgicale à la Faculté de Montpellier, membre correspondant de la Société de chirurgie, chirurgien en chef de l'hôpital Saint-Éloi, et PAUL RECLUS, professeur agrégé à la Faculté de médecine de Paris, chirurgien de l'hôpital Laënnec, secrétaire de la Société de chirurgie, membre de l'Académie de médecine. *Deuxième édition entièrement refondue.* 2 vol. grand in-8, de 2116 pages, avec 472 figures dans le texte................. 34 fr.

Manuel de Pathologie externe, par MM. RECLUS, KIRMISSON, PEYROT, BOUILLY, professeurs agrégés à la Faculté de médecine de Paris, chirurgiens des hôpitaux. 4 vol. in-8 .... 40 fr.

Manuel de Pathologie interne, par M. le Dr DIEULAFOY, professeur à la Faculté de médecine de Paris, médecin des hôpitaux. Nouvelle édition, 4 vol. in-18 diamant, cartonnés à l'anglaise. 28 fr.